国家级一流本科课程配套教材
北大社·“十四五”普通高等教育本科规划教材
高等院校材料专业“互联网+”创新规划教材

金属材料及热处理

主　编　蒋　亮　苏　娟
副主编　秦　春　李涌泉

内 容 简 介

“金属材料及热处理”是材料科学与工程、机械工程类等学科相关专业的一门重要课程，是一门与工业生产和工程技术密不可分的应用科学。它以数学、物理、化学、材料力学、机械制造原理等为基础，从金属材料的晶体结构、结晶规律、塑性变形规律、合金相图、热处理技术、材料应用等方面阐述金属材料的成分、组织结构与性能间的基本规律，以及提高材料性能的途径。全面学习和掌握这门课程能为金属材料的正确生产、选用、设计、加工、处理、研究和开发打下坚实的专业基础。本书的主要内容包括金属学基础、金属的塑性变形与再结晶、钢的热处理原理、钢的热处理工艺、工业用钢、铸铁和有色金属及其合金。

本书可作为高等学校“金属材料及热处理”“金属学与热处理”“机械工程材料”等课程的教材，也可作为从事材料科学与工程、材料成型及控制工程、机械工程等技术人员的参考书。

图书在版编目(CIP)数据

金属材料及热处理/蒋亮，苏娟主编．—北京：北京大学出版社，2023.9
高等院校材料专业“互联网+”创新规划教材
ISBN 978-7-301-34189-6

Ⅰ.①金… Ⅱ.①蒋… ②苏… Ⅲ.①金属材料—高等学校—教材②热处理—高等学校—教材 Ⅳ.①TG14②TG15

中国国家版本馆CIP数据核字（2023）第122468号

书　　名　金属材料及热处理
JINSHU CAILIAO JI RECHULI
著作责任者　蒋亮　苏娟　主编
策划编辑　童君鑫
责任编辑　关　英　童君鑫
数字编辑　蒙俞材
标准书号　ISBN 978-7-301-34189-6
出版发行　北京大学出版社
地　　址　北京市海淀区成府路205号　100871
网　　址　http://www.pup.cn　新浪微博：@北京大学出版社
电子邮箱　编辑部 pup6@pup.cn　总编室 zpup@pup.cn
电　　话　邮购部 010-62752015　发行部 010-62750672　编辑部 010-62750667
印 刷 者　大厂回族自治县彩虹印刷有限公司
发 行 者　北京大学出版社
经 销 者　新华书店
787毫米×1092毫米　16开本　12.5印张　304千字
2023年9月第1版　2023年9月第1次印刷
定　　价　49.00元

前　言

当前，我国推动创新驱动发展，以新技术、新产业、新业态、新模式为代表的新经济突飞猛进，这为高等工程教育带来契机的同时，也对高等工程教育改革提出了新要求。基于“新工科”背景下培养科学基础扎实、工程能力强、综合素质高的人才教学新理念，为满足高等院校材料科学与工程、机械工程及相关专业教学需要，我们编写了此书。理论教学和实验教学可以使学生更好地学习和理解热处理理论知识，锻炼学生从实验结果中发现和归纳科学问题的综合分析思维能力，培养学生运用所学知识解决实际问题的工程应用和工程实践能力，最终使学生全面掌握热处理基本知识和技能，为其以后从事相关工作打下坚实的基础。

本书由北方民族大学蒋亮和内蒙古工业大学苏娟担任主编，北方民族大学秦春和李涌泉担任副主编。全书共 7 章，第 1、2 章由苏娟编写，第 5 章由秦春、蒋亮编写，第 6 章由李涌泉、蒋亮编写，其余章由蒋亮编写。全书由蒋亮统稿，研究生李鹏翔、郑彬和本科生刘宝中参与了图片编辑和 3D 模型制造工作。本书为北方民族大学先进装备制造现代产业学院建设规划教材。在编写过程中，编者参考了国内外专家和同行的教材、专著和其他研究成果，并参阅了国家标准和互联网上公开的相关理论和实验资料，得到了北方民族大学一流专业“材料成型及控制工程”建设项目和北方民族大学本科教材“金属材料及热处理”建设项目的经费支持，以及工业和信息化部“专精特新产业学院”建设项目和宁夏回族自治区级“现代产业学院”建设项目的经费支持，编者在此一并表示衷心的感谢。

2019 年 12 月，内蒙古工业大学“金属学与热处理”课程被认定为省级线上线下混合式一流课程和省级线上一流课程，其对应的在线课程链接为：https：//coursehome. zhihuishu. com/courseHome/2100384＃teachTeam。2023 年 6 月，北方民族大学“金属材料及热处理”课程被认定为第二批国家级线上线下混合式一流课程和省级课程思政示范课程，其对应的在线课程链接为：https：//coursehome. zhihuishu. com/courseHome/1000010003＃teachTeam。

由于编者水平有限，书中难免仍存在不妥之处，恳请同行专家和读者批评指正。

编　者

2023 年 2 月

目　录

第1章 金属学基础

1. 通过对金属晶体结构的学习，学生能够计算三种典型金属晶体结构的致密度、配位数和原子半径。

2. 通过对金属中各种晶体缺陷的认识，学生能够探究清楚晶体缺陷在金属中的重要性及其与日常生活的相关性。

3. 通过对相图的学习，学生能够利用杠杆定律计算各相的相对量，并且能够说明不同合金的平衡结晶过程及室温下的相组成物及组织组成物。

引言

习近平总书记在党的二十大报告中指出，“促进人与自然和谐共生，推动构建人类命运共同体，创造人类文明新形态”。作为人类最早发现并开始加以利用的一种材料，金属可以说从方方面面影响着人类的历史发展进程。从最初把金属打造成狩猎武器，到如今人类的生活已完全离不开金属，可见金属早已融入了人类社会。金属材料也可以说是人类文明发展的全程见证者，人类在六千多年前已能冶炼黄铜，在四千多年前已有简单的青铜工具，在三千多年前已用陨铁制造兵器。我们的祖先在二千五百多年前的春秋时期已会冶炼生铁，比欧洲要早一千八百多年。18 世纪，钢铁工业的迅速发展使钢铁成为了产业革命的物质基础和重要内容。19 世纪中叶，现代平炉和转炉镍管炼钢技术的出现标志着人类真正进入了钢铁时代。与此同时，铝、镁、钛等金属相继问世，铜、铅、锌等金属也得到广泛应用。

金属在人类社会发展过程中扮演一个时期社会性质缩影的角色，如青铜器时代、铁器时代等。之所以这样为这些时代命名，最主要的原因是人类在这一时期开发出了某种新的金属，而这一金属几乎决定了人类在这一时期的文明发展进程。例如，在战国时期，铁器的发明和使用既大大解放了农村的生产力，又在投入战争使用后，大大缩短了战争的进程。由此可见，金属材料在古代社会占有举足轻重的地位。在现代社会，虽然金属已不再像过去那样有着决定社会性质或是国家兴亡的作用，但依然有着自己的一片天地。不同于过去人们长期使用的传统金属（如铜，铁等），在人类社会中的用途比较单一；如今人们已经开发出了绝大多数金属在现代社会的各种新型用途。由于高科技的迅速发展，金属在交通、武器、文化甚至艺术等领域都有了自己的身影，而且在这些领域中都起着至关重要的作用。

金属能在现代社会立足，一是因其本身具有的各种性能优势，如塑性、导电性、导热性等，这些优势恰好能够迎合一些新科技发展的需要，使金属在现代的应用更加与时俱进；二是传统金属推动了社会的进步，使人类有能力不断地开发新型金属。因此，金属在人类社会的发展史可以归纳为：传统金属促进了高科技发展，而高科技又推动了新型金属在人类社会中的应用。

1.1 金属学概述

金属及其相关制品在生活中随处可见，常见的金属有不锈钢、铁、金、银、铜、铝和锌等。金属在我们生活中的用处非常广泛，除日常生活中的锅碗瓢盆、首饰、装饰品外，在电子、汽车、工业等领域也有重要用途。人们普遍认为具有特定光泽（即对可见光强烈反射而不透明）、塑性、导热性和导电性的一类物质为金属。但是，实际上有些金属并不具有良好的塑性，有些金属的导电性还不如某些非金属。所以，目前给出对金属比较科学的定义是：金属是具有正的电阻温度系数的物质，其电阻随温度的升高而增加。而非金属是具有负的电阻温度系数的物质，其电阻随温度的升高而降低。为探究金属与非金属不同的原因，下面将从金属原子与非金属原子的结构及原子间键合方式来分析说明。

1.1.1 金属原子的结构

以铜原子为例（图 1－1），原子是化学反应不可再分的最小微粒，一个原子包含一个原子核及若干围绕在原子核周围的电子，核外电子都在自己所在的轨道上运动。核外电子按能级不同由低到高分层排列，内层电子的能量低，最为稳定；最外层及次外层电子的能量高，与原子核结合较弱，这些电子在原子参与化学反应时能够成键，所以称为价电子。

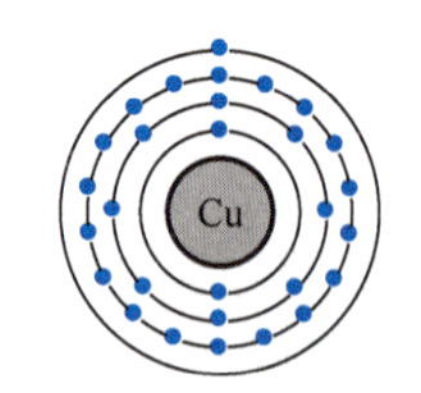

图 1－1 铜原子的结构

金属原子的最外层的电子数很少，一般为 1～2 个，最多不超过 3 个。由于这些外层电子与原子核的结合力弱，因此很容易脱离原子核的束缚而变成自由电子。非金属原子的最外层电子数较多，最多 7 个，最少 4 个，易获得电子。金属原子易失去电子变成正离子，非金属原子易得到电子变成负离子。因此，金属元素被称为正电性元素，而非金属元素称为负电性元素。元素周期表中还有一些元素被称为过渡金属元素，如铁、钛、钒、钴、铬、锰、镍等，这些金属的原子间结合力特别强、熔点高、强度高。这主要是由于过渡金属的原子结构特点，即在次外层尚未填满电子的情况下，最外层就先填充了电子。因此，过渡金属的原子不仅容易失去最外层电子，而且容易失去次外层的1～2个电子。当过渡金属的原子相互结合时，不仅最外层电子参与结合，而且次外层电子也参与结合，所以过渡金属元素的化合价是可变的。

1.1.2 原子间键合方式

原子间产生的相互作用使原子结合在一起，由于金属与非金属的原子结构不同，因此原子间键合方式也不同，宏观表现为金属材料与非金属材料的性能有很大差异。原子间键合方式一般主要包含五类：离子键、共价键、金属键、范德瓦耳斯键和氢键。

离子键

离子键（ionic bond）是当正电性元素和负电性元素接触时，得失电子使它们各自变成正离子和负离子，二者靠静电作用结合而形成的化学键，如氯化钠的键合方式就是典型的离子键。以离子键结合的材料具有相当高的强度、硬度及很高的熔点，但导电性较差。

共价键（covalent bond）是相邻原子共用它们外部的价电子，形成稳定的电子满壳层，利用共用电子对而形成的化学键，如金刚石的键合方式就是典型的共价键。共价键既有饱和性又有方向性，以共价键结合的材料具有较高的熔点和硬度，但塑性和电绝缘性较差。

金属原子间的键合方式为金属键，金属原子容易失去最外层电子，形成带正电荷的正离子，当金属原子结合成晶体时，金属正离子在晶体空间规则排列。脱离了束缚的最外层电子就是自由电子或者是价电子，不再只围绕自己的原子核运动，而是与所有的价电子一起在所有原子核周围按量子力学规律运动。由规则排列的正离子与运动于其间的公有化的自由电子的静电作用而形成的化学键称为金属键（metallic bond），如图1－2所示，所以金属键不属于任何一个原子。

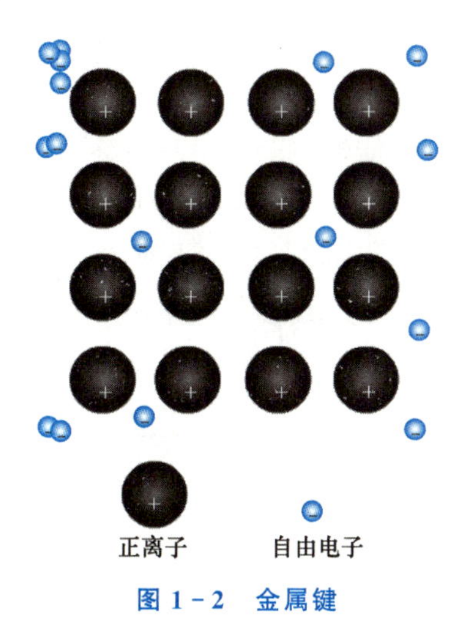

图1－2 金属键

共价键

图1-2彩图

金属键无饱和性和方向性，强度低于离子键和共价键。当金属的两部分发生相对位移时，金属的正离子始终被包围在电子云中，从而保持金属键结合。这样，金属就能经受变形而不发生断裂，并具有良好的塑性。随着温度的升高，正离子或原子本身振动的振幅会加大，从而阻碍电子通过，使电阻升高，因此金属具有正的电阻温度系数。自由电子很容易吸收可见光的能量而被激发到较高的能级，当它跃回原来的能级时，会把吸收的可见光能量重新辐射出来，从而使金属不透明，并具有金属光泽。自由电子的运动和正离子的振动使金属具有良好的导热性。在外加电场作用下，金属中的自由电子能够沿电场方向做定向运动形成电流，从而显示出良好的导电性。金属主要以金属键的方式键合，但也会出现金属键与共价键或离子键键合的情况。

范德瓦耳斯键是外层电子已饱和的中性原子（如惰性气体原子）或中性分子之间的相互作用力。其本质是由于电荷分布引起原子或分子极化，从而在它们之间产生吸引力。

氢键是氢原子与电负性大的原子 X 以共价键结合，与电负性大、半径小的原子 Y（如 O、F、N 等）接近，在原子 X 与原子 Y 之间以氢原子为媒介，生成 X—H…Y 形式的一种特殊的分子间或分子内的相互作用。

1.2 金属的晶体结构

晶体的内部结构称为晶体结构。晶体是原子、离子、分子等在三维空间做有规则的周期性排列的物质。这种排列是长程有序的，而所有的非晶体，如玻璃、木材、棉花等，其内部的原子是散乱分布的，最多有些局部的短程有序排列。在晶体中，原子排列的规律及原子的种类不同，可以形成各种各样的晶体结构，晶体结构不同，其性能也不同。因此，想要了解金属的性能差异，就必须先了解金属的晶体结构。

1.2.1 金属的理想晶体结构

晶体的基本特征是原子排列的规则性。为了探究晶体的结构特征，先将晶体理想化，即假设理想晶体中原子、离子、分子或各种原子集团都是固定不动的刚性球，晶体由这些刚性球堆垛而成。将每一个刚性球抽象为几何点，这些几何点即阵点，阵点在三维空间的周期性排列所形成的阵列称为空间点阵。将阵点人为地用直线连接起来形成空间格子，即晶格（lattice）。从晶格中选取一个能够完全反映晶格特征的最小的几何单元来分析晶体中原子排列的情况，这个最小的几何单元称为晶胞（crystal cell）。通过研究晶胞的结构特征就可以方便地研究晶体的结构特征。晶体、晶格与晶胞示意图如图 1-3 所示。

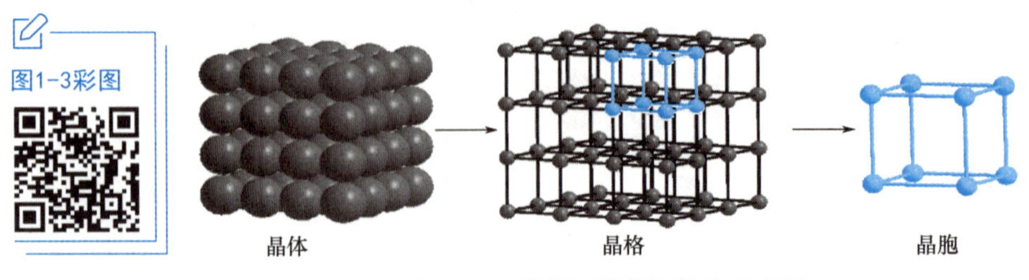

图 1-3 晶体、晶格与晶胞示意图

一般晶胞的形状为平行六面体，确定该平行六面体的参数为三个棱边 a、b、c 和三个轴间夹角 α、β、γ，这些参数称为点阵常数（图1-4）。六个点阵常数（或称晶格常数）决定了晶胞的尺寸和形状。

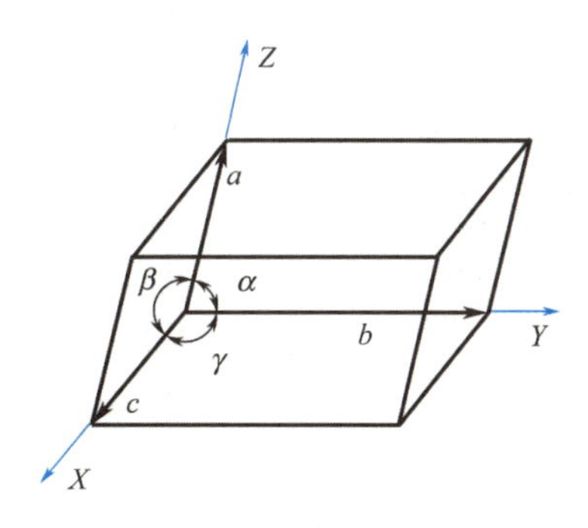

图1-4 点阵常数

组成晶体的原子种类不同或者排列规则不同，可以形成各种各样的晶体结构，即实际存在的晶体结构可以有很多种。根据晶胞的三个棱边 a、b、c 和三个轴间夹角 α、β、γ 的相互关系进行分类，空间点阵只有14种类型，称为布拉维点阵。若进一步根据空间点阵的基本特点进行归纳整理，又可将14种空间点阵归属7个晶系。

在工业上使用的金属元素中，除少数较复杂的晶体结构外，绝大多数金属元素都具有比较简单的晶体结构，其中最典型、最常见的金属晶体结构有三种类型，即体心立方结构、面心立方结构和密排六方结构。前两种属于立方晶系，后一种属于六方晶系。

1. 典型金属晶体结构

体心立方结构

（1）体心立方结构（body-centered cubic structure）。

体心立方结构模型如图1-5所示。晶胞的三个棱边长度相等，三个轴间夹角均为90°，从而构成立方体。除在晶胞的八个角上各有一个原子外，在立方体的中心还有一个原子。α-Fe、Cr、V等约30种金属具有体心立方结构。

（a）刚性球模型

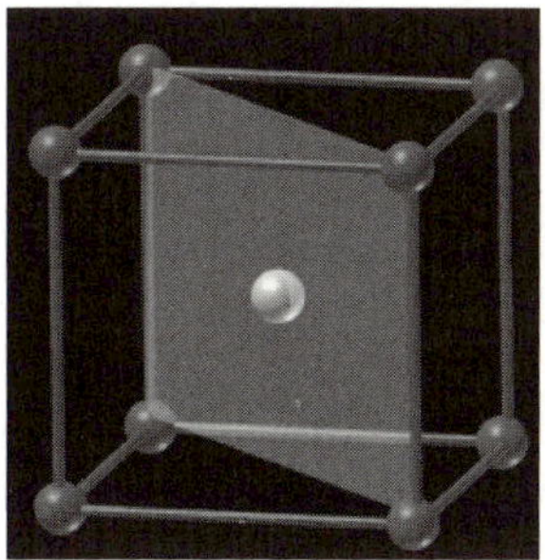

（b）质点模型

（c）晶胞原子数模型

图1-5 体心立方结构模型

（2）面心立方结构（face-centered cubic structure）。

面心立方结构模型如图1-6所示。在晶胞的八个角上各有一个原子构成立方体，在立方体六个面的中心各有一个原子。γ - Fe、Cu、Al 等约 20 种金属具有面心立方结构。

面心立方结构1

(a) 刚性球模型

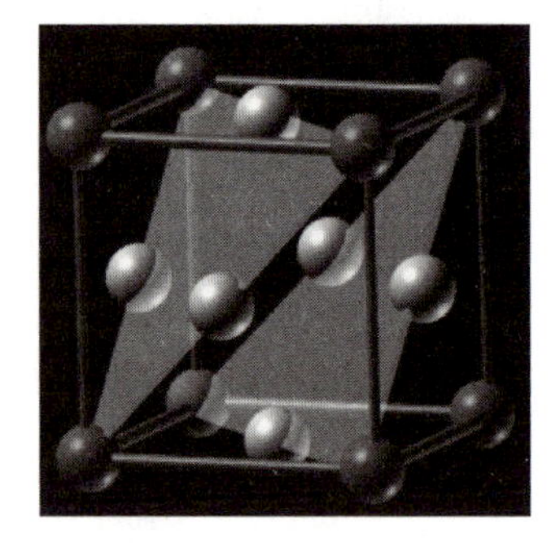

(b) 质点模型

面心立方结构2

(c) 晶胞原子数模型

图 1 - 6　面心立方结构模型

(3) 密排六方结构(close-packed hexagonal structure)。

密排六方结构模型如图 1 - 7 所示。在晶胞的 12 个角上各有一个原子,构成六棱柱,上底面和下底面的中心各有一个原子,晶胞内部还有三个原子。Zn、Mg、α - Ti 等金属具有密排六方结构。

2. 晶胞原子数

晶胞原子数=晶胞内体心原子数+1/2 面心原子数+1/8 顶角原子数。体心立方晶胞原子数为 $8\times1/8+1=2$,面心立方晶胞原子数为 $8\times1/8+6\times1/2=4$,密排六方晶胞原子数为 $12\times1/6+2\times1/2+3=6$。

3. 原子半径

原子半径 r 是两个相互接触原子中心距离的一半。在体心立方晶胞中,原子沿立方体对角线紧密接触,设晶胞的点阵常数为 a,则对角线的长度为$\sqrt{3}a$,所以体心立方晶胞中的原子半径 $r=\sqrt{3}a/4$。在面心立方晶胞中,只有沿晶胞六个面的对角线方向原子是相互接触的,原子间保持相切关系,面对角线的长度为$\sqrt{2}a$,它包含的 4 个原子半径的长度相等,所以面心立方晶胞的原子半径 $r=\sqrt{2}a/4$。在密排六方晶胞中,一个边长 a 包含了两

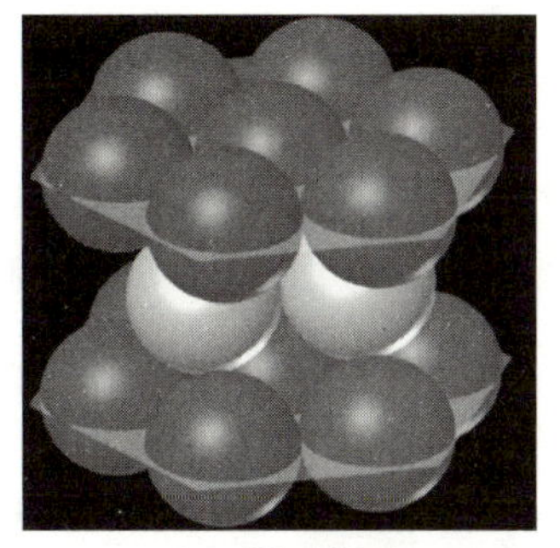

（a）刚性球模型

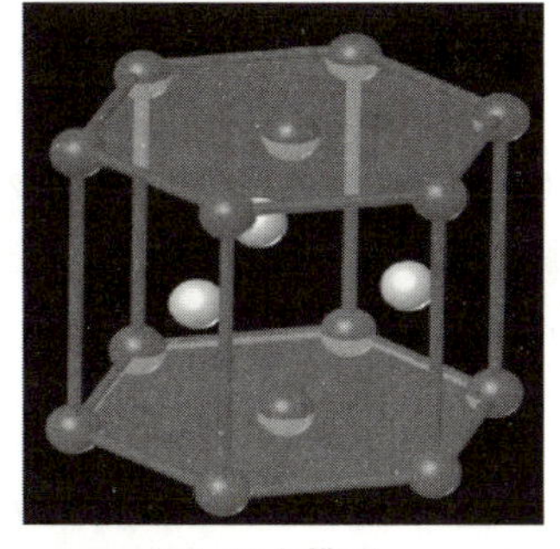

（b）质点模型

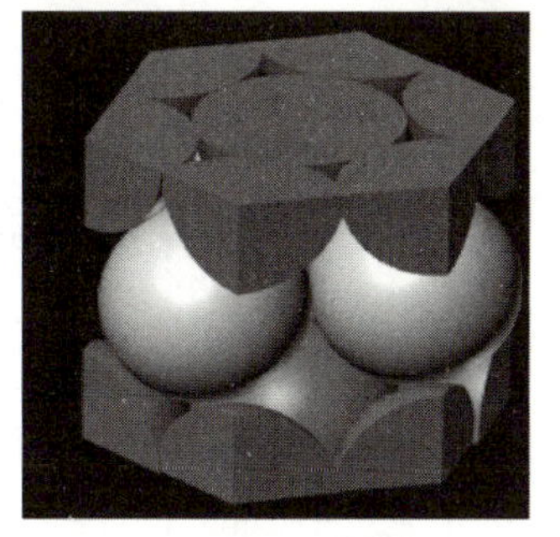

（c）晶胞原子数模型

图 1-7　密排六方结构模型

密排六方结构1

密排六方结构2

个原子半径，所以密排六方晶胞的原子半径 $r=a/2$。

4. 配位数

配位数是指晶体结构中与任一原子最近邻并且等距离的原子数。体心立方结构中，以立方体中心的原子来看，与其最近邻并且等距离的原子有 8 个，所以体心立方结构的配位数为 8。同理，面心立方结构的配位数为 12，密排六方结构的配位数也为 12。

5. 致密度

致密度是指晶胞中原子所占的体积分数，致密度＝晶胞原子数×一个原子体积÷晶胞体积。体心立方结构的致密度是 0.68，说明还有 32%的空间没有被原子占据，存在间隙体积。面心立方结构的致密度为 0.74，密排六方结构的致密度也为 0.74。配位数和致密度都能表示晶体中原子排列的紧密程度，而晶体中原子排列的紧密程度也是反映晶体结构特征的一个重要因素。

6. 间隙半径

从致密度的数值可以知道，晶胞中必然存在间隙。由 6 个原子组成的八面体中间的间隙称为八面体间隙，由 4 个原子组成的四面体中间的间隙称为四面体间隙。间隙中能够容纳的最大球体半径称为间隙半径。

（1）体心立方结构的间隙。

体心立方结构的八面体间隙如图 1-8（a）所示，八面体四个角上的原子中心到间隙中心的距离为$\sqrt{2}a/2$，上下顶点的原子中心到间隙中心的距离为 $a/2$。间隙的棱边长度不全相等，因此它是一个不对称的扁八面体间隙。若想求得间隙半径，应选择间隙顶点到间隙中心的距离最短的那条线段，它的长度为 $a/2$，这个线段包括了一个原子半径和一个间隙半径，所以间隙半径$=a/2-\sqrt{3}a/4=0.067a$。体心立方结构的八面体间隙位置在面心和棱的中点，晶胞中八面体间隙有 6 个。

体心立方结构的四面体间隙如图 1-8（b）所示，晶胞中四面体间隙有 12 个，间隙半径$=\sqrt{5}a/4-\sqrt{3}a/4=0.126a$，在体心立方结构中，四面体间隙半径比八面体间隙半径大得多。

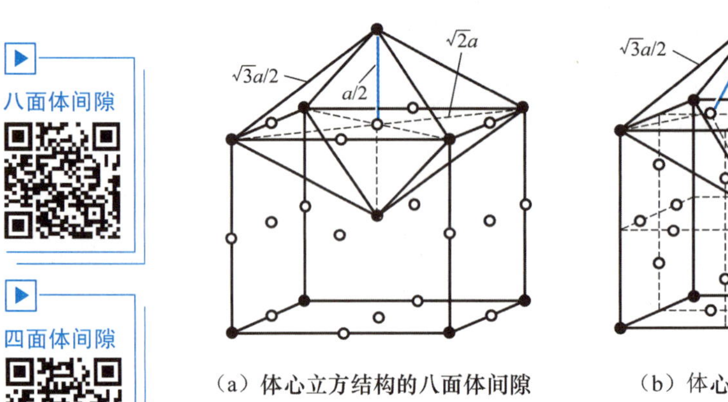

（a）体心立方结构的八面体间隙　　（b）体心立方结构的四面体间隙

图 1-8　体心立方结构的间隙

（2）面心立方结构的间隙。

面心立方结构的八面体间隙如图 1-9（a）所示，位于体心和棱的中点，晶胞中八面体间隙有 4 个，间隙半径$=a/2-\sqrt{2}a/4=0.146a$。面心立方结构的四面体间隙都在晶胞内部，共有 8 个，如图 1-9（b）所示，间隙半径$=\sqrt{3}a/4-\sqrt{2}a/4=0.079a$。在面心立方结构中，四面体间隙比八面体间隙小得多。

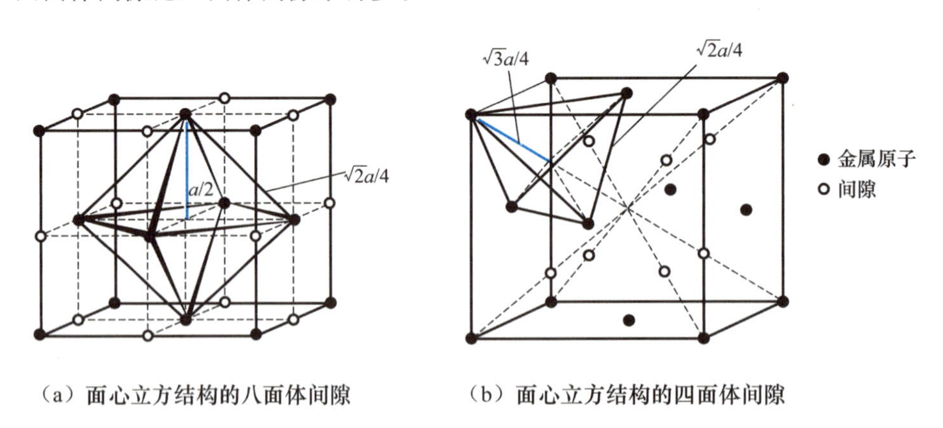

（a）面心立方结构的八面体间隙　　（b）面心立方结构的四面体间隙

图 1-9　面心立方结构的间隙

（3）密排六方结构的间隙。

密排六方结构的间隙与面心立方结构的间隙相似，如图 1-10 所示。当原子半径相等时，间隙大小也完全相等，只是间隙中心在晶胞中的位置和数量不同。在密排六方结构中，八面体间隙有6个，四面体间隙有12个。

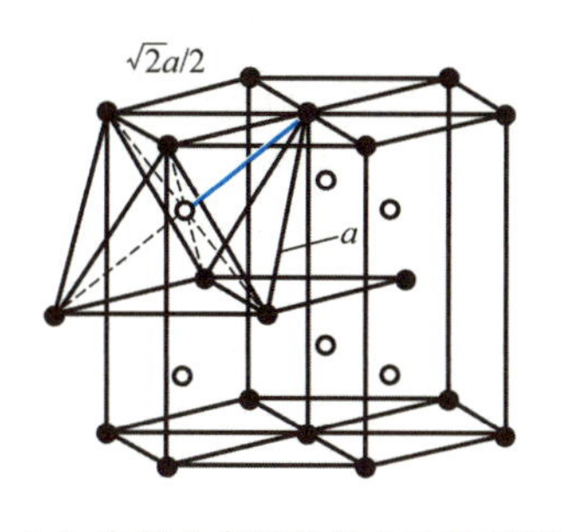

（a）密排六方结构的八面体间隙

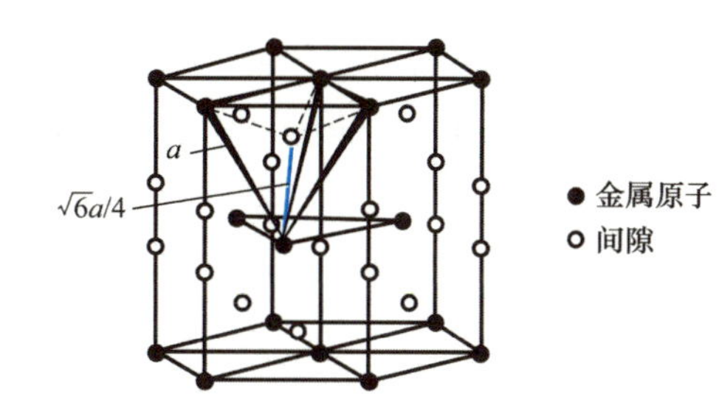

（b）密排六方结构的四面体间隙

图1-10 密排六方结构的间隙

1.2.2 金属的实际晶体结构

在金属的实际晶体结构中，原子排列并不像理想晶体那么规则，总是存在一些原子排列不规则或不完整的区域，把这些区域称为晶体缺陷。虽然晶体中绝大部分原子还是规则地周期性排列，但是这些偏离规则排列的原子形成的晶体缺陷会对晶体性能产生很大的影响。根据晶体缺陷的几何形态，可将晶体缺陷分为以下三类。

（1）点缺陷（point defect）。它的特征是在三个方向上的尺寸都很小，相当于原子的尺寸。

（2）线缺陷（line defect）。它的特征是在两个方向上的尺寸很小，另外一个方向上的尺寸相对很大。

（3）面缺陷（plane defect）。它的特征是在一个方向上的尺寸很小，另外两个方向上的尺寸相对很大。

1. 点缺陷

原子偏离规则排列的区域在三个方向上尺寸都很小的缺陷称为点缺陷，一般包括空位、间隙原子和置换原子。

（1）空位（vacancy）。

空位是指晶体结构中本应由质点正常占有的位置，实际上却缺失了质点而留下空缺的位置，如图1-11所示。由于空位的存在，其周围原子失去了一个近邻原子而使相互间的作用失去平衡，因此它们朝空位方向稍微移动，偏离平衡位置，这就在空位的周围出现涉及几个原子间距范围的弹性畸变区。

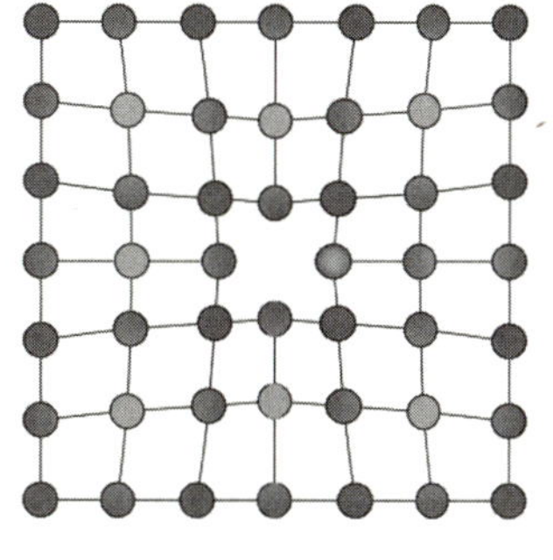

图1-11 空位

实际上，金属晶体中的原子不是固定不动的，而是以其平衡位置为中心不停地进行热振动。在某一温度下的某一瞬间，一些原子具有足够高的能量，可以克服周围原子对它的约束，脱离原来的平衡位置而迁移到别处，从而形成空位。脱位原子迁移到晶界或表面形成的空位称为肖特基空位（Schottky vacancy），脱位原子挤入空隙形成的空位称为弗仑克尔空位（Frenkel vacancy）。

（2）间隙原子（interstitial atom）。

在晶体点阵间隙位置中出现的原子称为间隙原子，如图 1-12 所示。间隙原子有同类间隙原子和异类间隙原子。其中，异类间隙原子一般是半径很小的非金属原子。尽管异类间隙原子半径很小，但仍比晶格中的间隙大得多，所以其造成的晶格畸变远比空位严重。

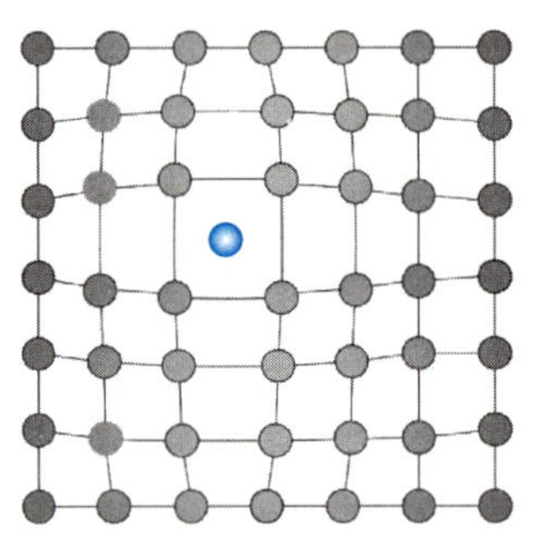

图 1-12　间隙原子

（3）置换原子（replace atoms）。

处于晶体点阵结点位置的取代原有原子的其他类原子称为置换原子，如图 1-13 所示。置换原子在一定温度下有一个平衡浓度值，一般称为固溶度（或称溶解度），通常它比间隙原子的固溶度要大得多。由于置换原子的大小与基体原子不可能完全相同，因此其周围邻近原子也将偏离其平衡位置，造成晶格畸变。

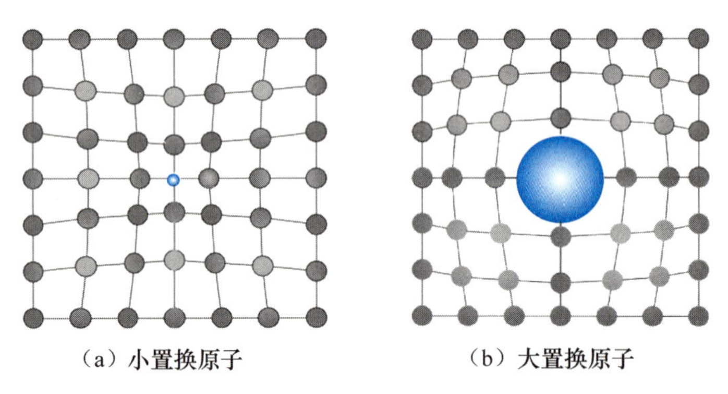

图 1-13　置换原子

2. 线缺陷

原子偏离规则排列的区域在某一方向上的尺寸与晶体或晶粒的尺寸相当，而在其他方向上的尺寸可以忽略的一类缺陷称为线缺陷。晶体中的线缺陷实际上是各种类型的位错。位错是晶体内某处有一列或若干列原子发生有规律的错排现象，使长度达几百至几万个原子间距、宽度约 3～5 个原子间距范围内的原子离开其平衡位置，发生有规律的错排。相比之下，位错宽度显得非常小，所以把位错看成是线缺陷，但事实上，位错是一条具有一定宽度的细长的管道。位错的基本类型有刃型位错和螺型位错。

(1) 刃型位错 (edge dislocation)。

刃型位错示意图如图 1-14 所示。由于某种原因，晶体的一部分相对于另一部分出现一个多余的半原子面。这个多余的半原子面犹如切入晶体的刀片，刀片的刃口即为位错线，这种线缺陷称为刃型位错。半原子面在滑移面上方为正刃型位错，半原子面在滑移面下方为负刃型位错。就正刃型位错而言，滑移面上方的原子显得拥挤，原子间距变小，晶格受到压应力；滑移面下方的原子则显得稀疏，原子间距变大，晶格受到拉应力；而在滑移面上，晶格受到的是切应力。

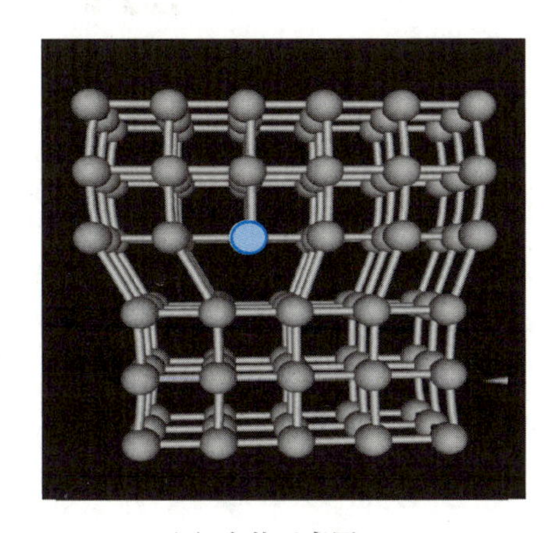

(a) 立体示意图

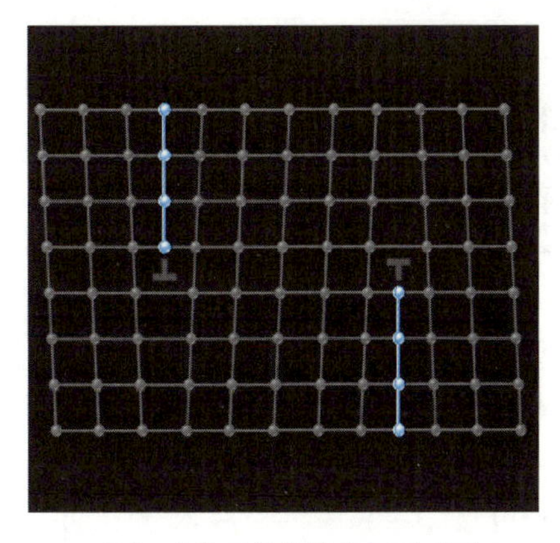

(b) 垂直于位错线的原子平面

图 1-14 刃型位错示意图

位错有可能是在晶体形成过程中产生的，也有可能是在晶体发生塑性变形时产生的。位错的形成如图 1-15 所示，假设在晶体右上角施加一切应力 τ，促使右上角晶体中的原子沿滑移面 $ABCD$ 从右往左移动一个原子间距 b。由于此时晶体左上角的原子还没滑移，于是在晶体内部就出现了已滑移区和未滑移区的边界 AB。在边界 AB 附近，原子排列的规律性受到破坏，AB 边界线相当于前面提到的多余半原子面的边缘，其结构刚好是一个正刃型位错。因此，可以把位错线理解为晶体中已滑移区和未滑移区的边界线。

位错的模型

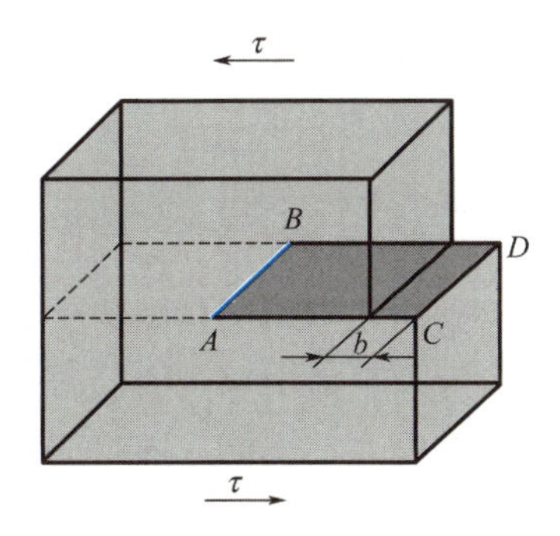

图 1-15 位错的形成

(2) 螺型位错 (screw dislocation)。

螺型位错示意图如图 1-16 所示。晶体的某一部分相对于其余部分发生滑移，原子平

面沿一根轴线盘旋上升，每绕轴线一周，原子面上升一个原子间距，在中央轴线处即为螺型位错。设想在一个简单的立方晶体中，沿某一晶面切一刀贯穿于晶体右侧至 BC 处，在晶体右端施加一切应力 τ，使右端上下两部分沿滑移面 $ABCD$ 产生一个原子间距的相对切变。从螺型位错俯视图［图 1-16(b)］看，滑移区上下两层原子发生了错动，于是就出现了已滑移区和未滑移区的边界 BC。在 aa' 和 BC 之间上下两层相邻原子发生错排和对不齐的现象，这一区域的原子被扭曲成螺旋形，犹如螺纹。由于位错线附近的原子是按螺旋形排列的，因此这种位错称为螺型位错，BC 是螺型位错线。

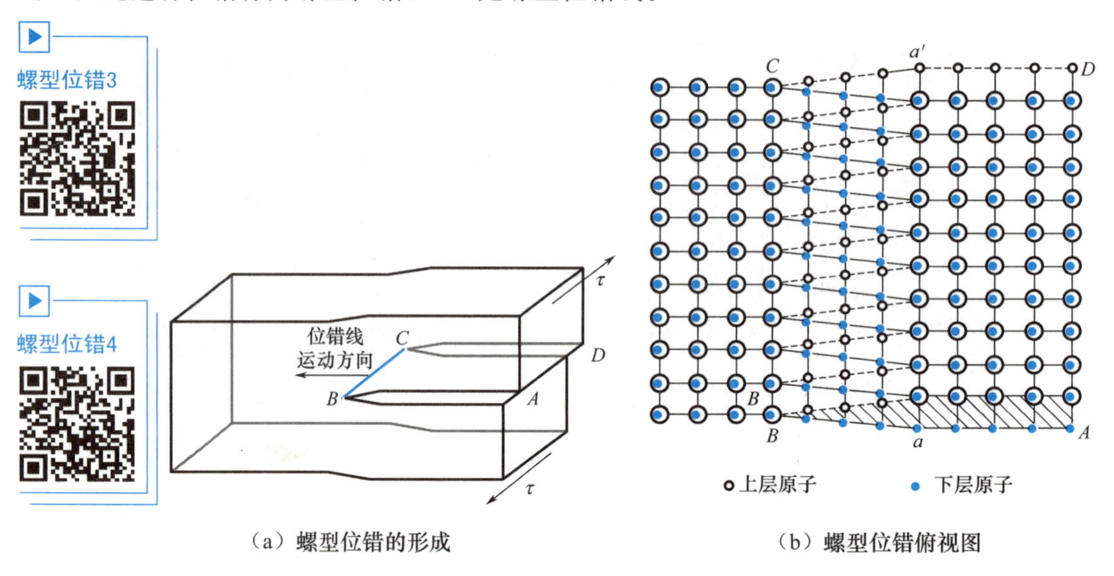

（a）螺型位错的形成　　（b）螺型位错俯视图

图 1-16　螺型位错示意图

根据位错线附近呈螺旋形排列的原子的旋转方向的不同，螺型位错可分为左螺型位错和右螺型位错两种。通常用拇指代表螺旋的前进方向，以其余四指代表螺旋的旋转方向。凡符合右手定则的称为右螺型位错，符合左手定则的称为左螺型位错。

3. 面缺陷

原子偏离规则排列的区域在两个方向上尺寸很大，在另外一个方向上尺寸很小的缺陷称为面缺陷，一般包括晶体的外表面和内界面。其中，内界面包括晶界、亚晶界、相界、孪晶界和堆垛层错等（这里不进行介绍）。

（1）外表面（external surface）。

晶体的外表面是指在晶体表面大约几个原子层的物质。晶体的外表面在结构和化学组成上与晶体内部有明显的差别，因为外表面的原子会同时受到晶体内部的自身原子和外部介质原子或分子的作用力，而两个作用力不平衡，内部原子对界面原子的作用力显著大于外部原子或分子的作用力，外表面的原子就会偏离其平衡位置，并因而牵连邻近的几层原子，造成表面层的晶格畸变，使表面能量升高，产生表面能。

（2）内界面（internal interface）。

① 晶界（grain boundary）。晶体结构相同、位向不同的晶粒间的界面称为晶界。相

邻晶粒的位向差小于10°称为小角度晶界，多数小角度晶界一般是刃型位错和螺型位错的组合。

晶界的结构与晶粒内部不同，使晶界具有不同于晶粒内部的特性。

a. 由于晶界上的原子或多或少地偏离了平衡位置，因此形成了对应的晶界能。晶界能越高，晶界越不稳定，会出现高的晶界能向低的晶界能转化的趋势，从而导致晶界运动。晶粒长大和晶界的平直化现象都可减少晶界的总面积，降低晶界的总能量。

b. 晶界通过阻碍位错运动进而提高晶体的强度。晶体的晶界越多，强度则越高，这就是晶体的晶粒变细后会产生细晶强化的主要原因。

c. 晶界能高、结构复杂的晶界更容易满足固态相变的条件，因此晶界是固态相变的优先发生地。

d. 晶界的化学稳定性差，并且易受腐蚀。

② 亚晶界（subgrain boundary）。实际晶体中，每个晶粒内的原子排列并不是十分整齐的。通常能够观察到的亚结构由直径为10～100μm的晶块组成，彼此间存在极小的位向差（通常小于2°）。这些晶块间的内界面称为亚晶界，亚晶界也可以理解为次一级的晶界。

③ 相界（phase boundary）。具有不同晶体结构的两相间的分界面称为相界。相界的结构有三类，即共格界面、半共格界面和非共格界面。

共格界面（coherent interface）是指界面上的原子同时位于两相晶格的结点上，为两种晶格所共有。界面上原子的排列符合相邻两相的晶粒内的原子排列规律，是一种具有完善共格关系的相界。在相界上，两相原子匹配得很好，几乎没有畸变，这种相界的能量最低，但数量很少。

通常情况下，两相的晶体结构或多或少会有所差异，因此在共格界面上，两相晶体的原子间距存在差异，从而存在弹性畸变，使原子间距大的一侧受到压应力，而原子间距小的一侧受到拉应力。界面两边原子排列差异越大，则弹性畸变越大，这时相界的能量较高。当相界的畸变能高到不能维持共格关系时，则共格关系被破坏，形成非共格界面（incoherent interface）。介于共格界面与非共格界面之间的是半共格界面（semicoherent interface），界面上的两相原子部分保持着对应关系，其特征是沿相界面每隔一定距离就存在一个刃型位错。

非共格界面的界面能最高，半共格界面的界面能次之，共格界面的界面能最低。

1.3 纯金属的结晶

一般的金属制品都要经过熔炼和铸造，也就是说都要经历由液态转变为固态的凝固过程。物质由液态转变为固态的过程称为凝固（solidification），物质由液态转变为晶态的过程称为结晶（crystallization）。金属材料的固态一般均为多晶体，所以金属的凝固过程也是结晶过程。对于铸件来说，它的结晶过程基本上决定了它的使用性能和使用寿命。因此，

研究和控制金属的结晶过程已成为提高金属力学性能和工艺性能的一种重要手段。金属可分为纯金属和合金，两者的结晶过程既有联系又有区别。为了便于研究，本节先介绍纯金属的结晶。

1.3.1 纯金属结晶的现象

1. 宏观现象

将纯金属放入坩埚中加热，将其熔化成液态，然后插入热电偶，使液态纯金属缓慢而均匀地冷却。在这个过程中，连接着热电偶的记录仪会把金属冷却过程中温度随时间变化的曲线记录下来，这一试验方法称为热分析（thermal analysis）法。从热分析法中获得的温度随时间变化的曲线称为纯金属结晶的冷却曲线（cooling curve），如图 1-17 所示。

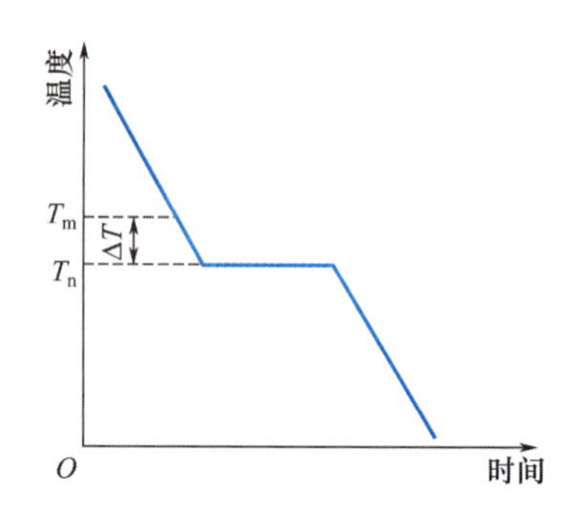

图 1-17 纯金属结晶的冷却曲线

由图 1-17 可以看出，随着冷却时间的延长，体系温度随之下降，但当温度降至实际结晶温度 T_n 时，出现结晶平台。也就是说，当液态金属的温度达到 T_n 时，温度随着冷却时间的延长暂时不再下降，有一些热量补偿了散失到周围环境中的热量。这就是纯金属结晶过程中第一个重要的宏观特征：结晶潜热。当 1mol 物质从一个相转变为另一个相时，伴随着放出或吸收的热量称为相变潜热。由于凝固释放的结晶潜热补偿了散失到周围环境中的热量，因此冷却曲线上出现了暂时的平台，而平台延续的时间也就是结晶所用的时间。当纯金属结晶结束后，结晶潜热释放完毕，冷却曲线继续下降。冷却曲线上的第一个转折点对应结晶过程的开始，第二个转折点对应结晶过程的结束。晶体的特点是其有固定的熔点，金属晶体会在固定的理论结晶温度（熔点）T_m 时结晶。但是，纯金属是在一个更低的温度 T_n 时才开始结晶。这就是纯金属结晶过程中第二个重要的宏观特征：过冷（supercooling）现象。当液态纯金属冷却到理论结晶温度（熔点）T_m 时，并没有开始结晶，而是要继续冷却到 T_m 以下的某一温度 T_n 时，液态纯金属才开始结晶。液态纯金属的理论结晶温度 T_m 与实际结晶温度 T_n 之差称为过冷度，以 ΔT 表示。过冷度 ΔT 越大，则实际结晶温度越低，有

$$\Delta T = T_m - T_n$$

金属种类不同，则过冷度不同；同类金属的纯度越高，则过冷度越大。当金属的种类和纯度确定后，过冷度则主要取决于冷却速度。冷却速度越大，则过冷度越大，即实际结晶温度越低；反之，冷却速度越小，则过冷度越小，实际结晶温度越接近理论结晶温度。

2. 微观现象

纯金属结晶的微观现象示意图如图 1－18 所示。当液态纯金属过冷至理论结晶温度以下的实际结晶温度时，晶核（crystal nucleus）并没有立即形成，结晶开始前的这一段停留时间称为孕育期，经过一定时间后开始出现第一批晶核。随着时间的推移，已形成的晶核不断长大，与此同时，液态纯金属中又产生了第二批晶核。以此类推，原有的晶核不断长大，同时不断产生新的第三批晶核、第四批晶核……就这样，在液态金属中，晶体不断形核（nucleation）。晶核不断长大，液态纯金属随之越来越少，直到各晶体相互接触，液态纯金属完全耗尽，结晶过程结束。由一个晶核长成的晶体就是一个晶粒。如果在结晶的过程中只有一个晶核形成并长大，那么就会形成只有一个晶粒的一块单晶体金属；如果在结晶过程中有许多晶核形成并长大，由于各晶核是随机形成的，其位向是各不相同的，因此各晶粒的位向也不相同，这样就形成了一块多晶体金属。结晶过程由形核和长大两个过程交错重叠组成。对一个晶粒来说，它严格地区分为形核和长大两个阶段；但对整个合金来说，两者是互相重叠的。

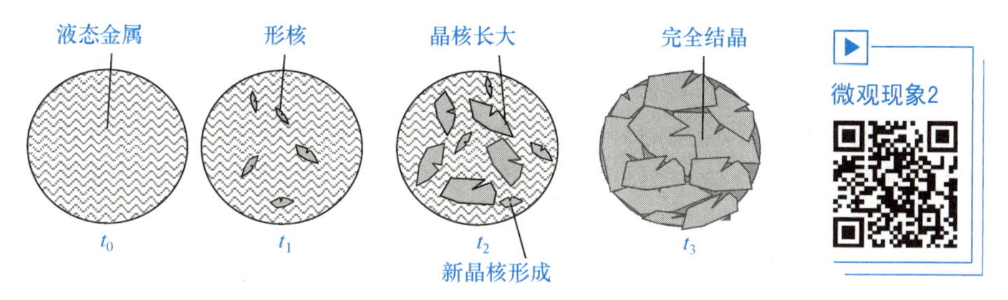

图 1－18 纯金属结晶的微观现象示意图

1.3.2 纯金属结晶的条件

1. 热力学条件

纯金属结晶的宏观现象的一个重要特征是过冷，也就是实际结晶温度是低于理论结晶温度的，这就意味着液态纯金属在理论结晶温度不能结晶，而必须要在一定的过冷条件下才能进行。由此可见，纯金属结晶必须满足一定的热力学条件。根据热力学第二定律：在等温等压条件下，物质系统总是自发地从自由能较高的状态向自由能较低的状态转变。对于结晶过程而言，结晶能否发生取决于固相的自由能是否低于液相的自由能。如果固相的自由能低于液相的自由能，那么液相将自发地转变为固相，即纯金属会发生结晶。

纯金属液相和固相的自由能随温度变化的示意图如图 1－19 所示。由图可以看出，液相和固相的自由能随温度的升高而降低的速度不一样，两条曲线在某一温度相交，此时液相和固相的自由能是相等的，即 $G_L = G_S$。在这个温度下，液固两相是可以同时存在的，纯金属既不熔化，也不结晶，处于热力学平衡状态，而这一温度就是理论结晶温度 T_m。当温度处于低于 T_m 的某一温度 T_n 时，固态纯金属的自由能低于液态纯金属的自由能，液态纯金属可以自发地转变为固态纯金属。由此可见，固液两相的自由能之差 ΔG 小于 0，液态纯金属就可以结晶。因此，纯金属结晶要满足的热力学条件是实际结晶温度 T_n 一定要低于理论结晶温度 T_m，即要存在一定的过冷度 ΔT。

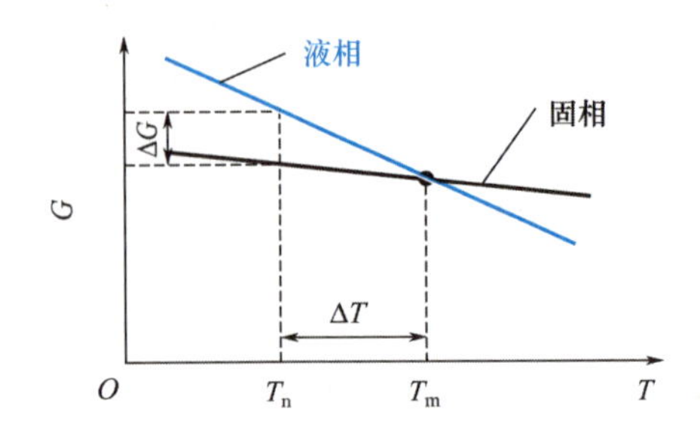

图 1-19 纯金属液相和固相的自由能随温度变化示意图

2. 结构条件

对于液态纯金属，原子在大范围内是无序分布的；而对于固态纯金属，原子在大范围内是呈规则有周期性排列的，原子从无序分布到有序排列除需存在一定的过冷度外，还需具备结构条件。在液态纯金属的近邻原子间具有某种与晶体结构类似的规律性，这种规律性并不像固态纯金属那样延伸至长距离，而是在微小范围内存在紧密接触、规则排列的原子集团。这种短程有序的原子集团处于瞬间出现、瞬间消失、此起彼伏、变化不定的状态中，通常把这种不断变化的短程有序的原子集团称为结构起伏（或称相起伏），如图 1-20 所示。只有在过冷液体中出现的尺寸较大的结构起伏才有可能在结晶时转变为晶核，这些结构起伏实际上是晶核的胚芽，称为晶胚。由此可见，液相中不断变化的结构起伏为固态纯金属的形成提供了结构条件。

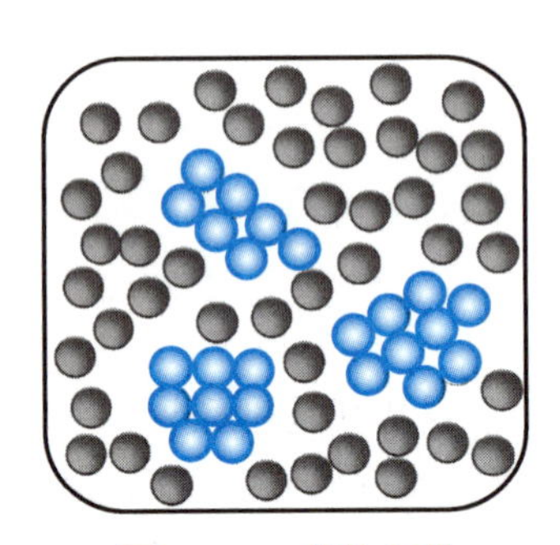

图 1-20 结构起伏

1.3.3 晶核的形成

1. 均匀形核（homogeneous nucleation）

均匀形核是指液态纯金属绝对纯净，没有任何杂质，并且不和型壁接触，只是依靠液态纯金属的能量变化，由晶胚直接生核的过程。液相中各区域出现新相晶核的概率都是相同的，很显然，这是一种理想情况。

2. 非均匀形核（heterogeneous nucleation）

在实际液态纯金属中，新相通常会优先出现于液相中的某些区域，因为液态纯金属中总是或多或少地含有某些杂质，晶胚常常依附在这些固态杂质质点上及型壁上形成晶核，这就是另外一种形核方式，即非均匀形核。液态纯金属的结晶主要是通过非均匀形核方式进行的。

1.3.4 晶核的长大

晶核的长大方式有两种：均匀长大和树枝状长大。当过冷度很小，即冷却速度很慢时，晶核均匀长大，晶粒在长大过程中具有规则的几何外形。然而，实际金属在结晶过程中冷却速度通常很快，即过冷度较大，此时晶核的长大方式为树枝状长大，如图1-21所示。这是因为在结晶过程中晶核的棱角处散热条件好、温度低，晶粒在棱角处优先长大，在长大过程中，先形成树的主干，称为一次晶轴，再形成树的分支，称为二次晶轴，最后得到的形状为树枝状，称为枝晶。对液态纯金属而言，晶核长大的主要方式为树枝状长大。

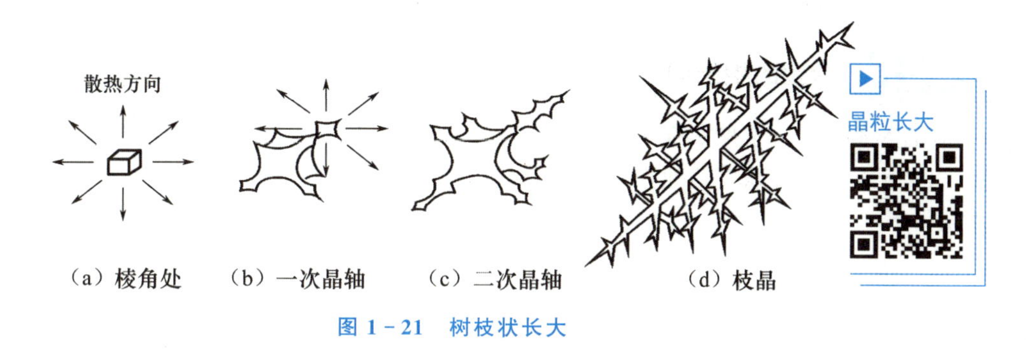

图1-21 树枝状长大

1.4 合金与合金的相结构

纯金属具有优良的导电性、导热性、塑性、化学稳定性、金属光泽等物理性能，在生产中得到了广泛的应用。但是，纯金属的强度、硬度、耐磨性等力学性能相对较低，对于力学性能要求较高的各种机械零件、工具、模具等均无法满足要求。另外，纯金属价格较高、种类有限，很难满足人们对于金属材料多种多样和日益提高的应用需求。与纯金属相对应的是合金（alloy），合金不仅在强度、硬度、耐磨性等方面均优于纯金属，并且价格比纯金属低，甚至在电、磁、化学稳定性等方面也可以与纯金属相媲美。因此，在工业生产中大量使用的不是纯金属，而是合金。

1.4.1 合金中的基本概念

1. 合金

合金是两种或两种以上金属，或金属与非金属经一定方法合成的具有金属特性的物质。例如，应用最广泛的钢是由铁和碳组成的合金，黄铜是由铜和锌组成的合金。

2. 组元（component）

组元是组成合金的最基本的物质，如钢中的铁和碳，黄铜中的铜和锌。组元可以是金属元素，也可以是非金属元素或者化合物。

3. 合金系（alloy system）

由两种或两种以上的组元按不同的比例配制成一系列不同成分的所有合金称为合金系。由两种组元组成的合金系称为二元合金系。由三种组元组成的合金系称为三元合金系，由若干组元组成的合金系称为多元合金系。

4. 相（phase）

金属中具有相同化学成分、相同结构和相同物理性能，并与其他部分有界面分开的均匀组成部分称为相。

1.4.2 合金的相结构

在合金中，由于形成条件不同，可能会形成不同的相，不同的相具有不同的晶体结构。虽然相的种类繁多，但根据相的晶体结构特点可以将其分为固溶体和金属间化合物两大类。

1. 固溶体（solid solution）

合金组元以不同比例相互混合，混合后形成的固相的结构与组成合金的某一组元相同的相称为固溶体。与合金结构相同的组元称为溶剂（solvent），其他组元称为溶质（solute）。溶质原子分布在溶剂晶格中。如果按溶质原子在晶格中所占的位置分类，固溶体可分为置换固溶体和间隙固溶体。

（1）置换固溶体（substitutional solid solution）。

溶质原子位于溶剂晶格的某些结点位置而形成的固溶体称为置换固溶体，如图 1-22 所示，这些结点上的溶剂原子就像被溶质原子取代一样。

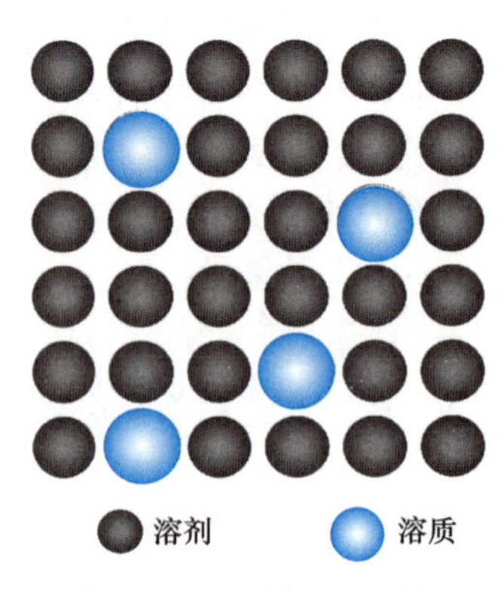

图 1-22　置换固溶体

金属元素彼此间一般都能形成置换固溶体，但固溶度的大小往往相差悬殊。例如，铜与镍可以无限互溶，而铅在钢中几乎不溶解。当溶质原子溶入溶剂晶格后，会引起晶格畸变，这样的状态必然引起体系能量的升高，这种升高的能量称为晶格畸变能。溶质原子溶入溶剂晶格越多，产生的晶格畸变能越高，直至溶剂晶格不能继续溶入溶质原子时，达到了固溶体的溶解度极限。如果此时继续加入溶质原子，溶质原子将不能再溶入固溶体中，只能形成新相。

(2) 间隙固溶体（interstitial solid solution）。

一些原子半径很小的溶质原子，如碳、氢、氧、氮、硼等，它们在溶入溶剂中时，不是占据溶剂晶格的正常结点位置，而是进入溶剂晶格的间隙中，这样就形成了间隙固溶体，如图1-23所示。间隙固溶体形成的条件是必须满足溶质与溶剂的原子半径比<0.59。

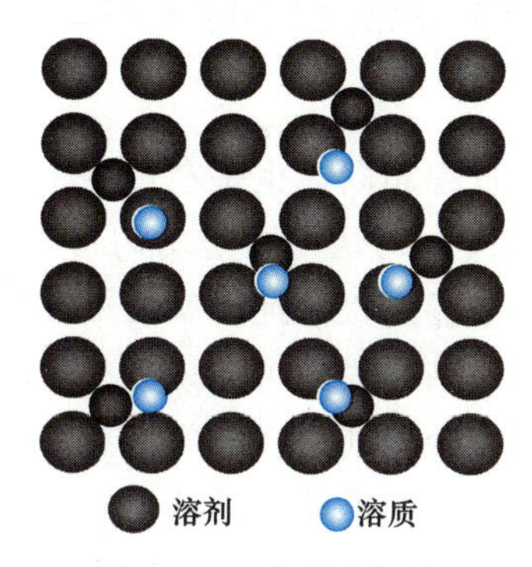

图1-23 间隙固溶体

溶剂的晶格空隙是有一定限度的，而且随着溶质原子的溶入，溶剂晶格将发生较大的畸变。溶入的溶质原子越多，引起的晶格畸变就越大。当畸变量超过一定数值时，溶剂晶格就变得不稳定，不能继续溶解。

2. 金属间化合物（intermetallic compound）

在固态合金中，除可形成固溶体外，当溶质原子溶入溶剂晶格超过固溶体溶解度时，将形成新相。若新相的晶体结构与任一组元都不同，并且具有一定的金属特性。则称为金属间化合物。金属间化合物可用化学式表示，如碳钢中的渗碳体可表示为Fe_3C。如果新相不具有金属特性，则称为非金属化合物，如碳钢中的FeS和MnS。

(1) 金属间化合物的分类。

① 正常价化合物。组成正常价化合物的元素严格按化合价的规律结合，化合物的成分固定，可用化学式表示，如Mg_2Pb、Mg_2Sn等。

② 电子化合物。电子化合物不遵循化合价规律，而是按一定的电子浓度比（即化合物中价电子数与原子数之比）组成一定晶格结构的化合物。电子浓度不同，形成的化合物的晶体结构也不相同，如CuZn、NiAl等。

③ 间隙相和间隙化合物。间隙相和间隙化合物主要受组元的原子尺寸因素控制，通常是由过渡金属元素与原子半径很小的非金属元素（如C、H、N、B）组成。根据非金属元素与金属元素原子半径的比值，可将其分为两类：当非金属元素与金属元素的原子半径比<0.59时，形成的具有简单结构的化合物称为间隙相；当非金属元素与金属元素的原子半径比>0.59时，形成的具有复杂晶体结构的化合物称为间隙化合物。

（2）金属间化合物的性能。

由于金属间化合物的晶格与其组元晶格完全不同，因此其性能也不同于组元。绝大多数合金的组织都是固溶体与少量金属间化合物组成的混合物，其性质取决于固溶体与金属间化合物的数量、大小、形态和分布状况。金属间化合物的熔点一般较高，硬而脆，当它呈细小颗粒状均匀分布在固溶体基体上时，合金的强度、硬度和耐磨性明显提高，这一现象称为弥散强化。因此，金属间化合物在合金中常作为强化相存在，它是许多合金钢、有色金属和硬质合金的重要组成相。

1.5 合金的结晶及典型的二元合金相图

合金的结晶和纯金属的结晶过程相同，也是在过冷条件下进行的，因而也遵循形核与晶核长大的结晶基本规律，其形核方式既可以是均匀形核，也可以是非均匀形核。但是，由于合金成分包括的组元多，其结晶过程比纯金属的结晶过程复杂得多。例如，纯金属结晶后只能得到单相的固体；但合金结晶后既可获得单相的固溶体，又可获得单相的金属间化合物，还可获得既有固溶体又有金属间化合物的多相组织。组元不同，获得的固溶体和金属间化合物的类型也不同。结晶后获得的相的性质、数目及其相对量也随合金成分和温度的不同而变化。合金成分和温度不同时，合金将以不同的状态存在。为了研究合金结晶过程的特点及结晶过程中合金的状态、组织、相、成分、温度和性能间的关系等问题，必须先认识和学会使用合金相图这个重要工具。合金相图表示在平衡状态下，不同温度合金系中不同成分的合金的状态、组织、相和成分变化的规律，又称合金平衡相图或合金状态图，它是生产中制定合金冶炼、锻造、锻压、焊接和热处理等工艺的重要依据。

1.5.1 二元合金相图的基本知识

1. 二元合金相图的表示方法

合金存在的状态通常由合金的成分、温度和压力三个因素确定。由于合金的熔炼、加工处理等都是在常压下进行的，因此合金的状态可由合金的成分和温度两个因素确定。通常二元合金相图的横坐标表示成分，合金的成分可以用质量分数表示，也可以用摩尔分数表示，纵坐标表示温度，如图 1-24 所示。在成分和温度坐标平面上的任意一点称为表象点（如图中 M 点），它代表的是某一合金在某一温度下的一种状态。

2. 二元合金相图的测绘方法

建立合金相图的方法有试验测定法和理论计算法两种，但目前用的合金相图大部分都是根据试验测定法建立起来的。二元合金相图的测绘步骤如下。

（1）合金系的配制。配制一系列不同成分的二元合金，如 100%Cu、20%Ni＋80%Cu、40%Ni＋60%Cu、60%Ni＋40%Cu、80%Ni＋20%Cu、100%Ni 等。配制的合金组数越多，通过测定建立的相图则越准确。

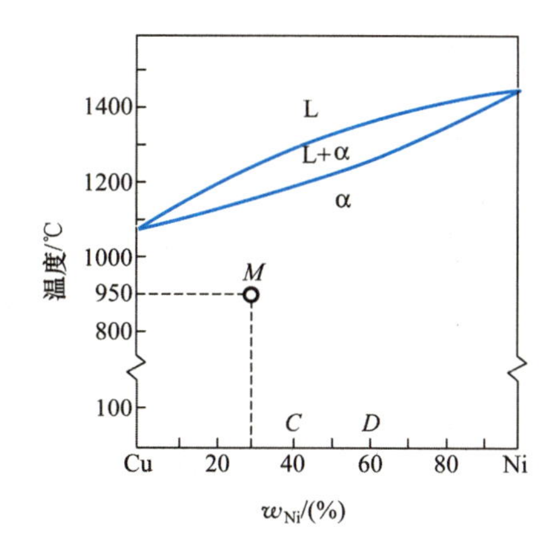

图 1-24 二元合金相图

（2）测定冷却曲线。将配制好的合金熔化后，在缓慢冷却的条件下分别测定它们的冷却曲线，如图 1-25（a）所示。冷却速度越小，越接近平衡条件，测定的结果越准确。各冷却曲线上的临界点（曲线上的转折点）即结晶的开始温度和终了温度。

（3）绘制曲线。将各相变临界点绘在温度-成分坐标系上，过合金成分点作成分的垂线，将临界点标在成分线上，将成分垂线上相同意义的点连接起来，标上相应的数字和字母，即得到一张完整的二元合金相图［图 1-25（b）］。

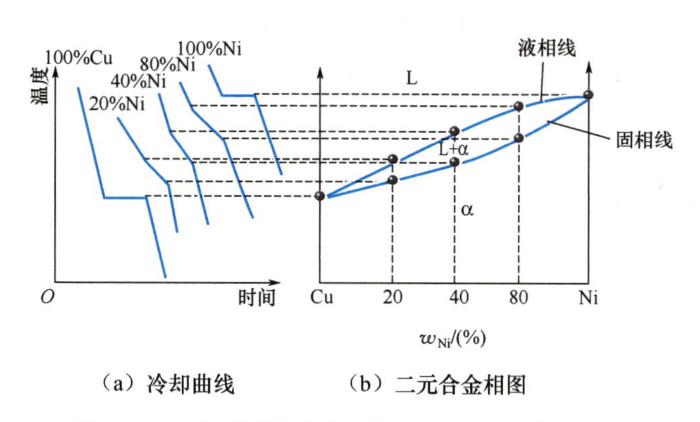

（a）冷却曲线　　（b）二元合金相图

图 1-25 试验测定法建立的 Cu-Ni 二元合金相图

1.5.2 二元合金相图的类型

1. 二元匀晶相图

二元匀晶相图是指两组元在液态和固态下均无限互溶，并且只发生匀晶反应的相图。匀晶反应是指从液相中结晶出单一固溶体的反应。匀晶反应要求两组元在固态下可以任何比例形成无限互溶的无限置换固溶体，如 Cu-Ni 二元合金相图（图 1-26）是典型的匀晶相图，匀晶相图是最简单的二元合金相图。几乎所有的二元合金相图都包含匀晶转变部分，因此掌握匀晶相图是学习二元合金相图的基础。现以 Cu-Ni 二元合金相图为例来进行相图分析。

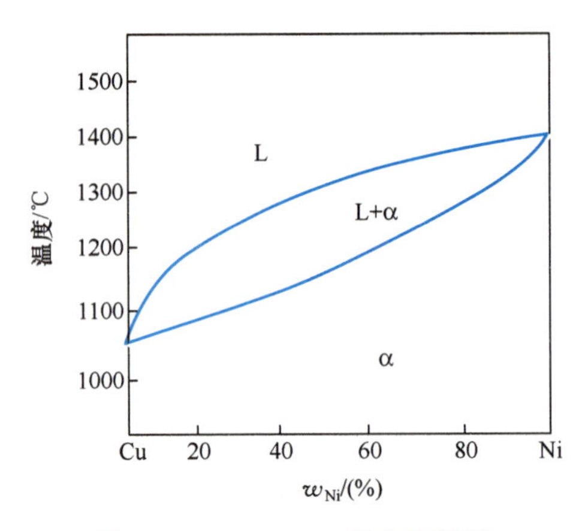

图 1－26　Cu－Ni 二元合金相图

（1）相图分析。

Cu－Ni 二元合金相图中上面一条是液相线，下面一条是固相线，液相线和固相线把相图分为三个区域：液相区 L、固相区 α 及液固两相共存区 L＋α。

（2）杠杆定律。

当合金处于液固两相共存区时，液相和固相同时存在，利用杠杆定律（图 1－27）就能得知二元合金相图中某一温度时两个相的成分和相对量。

如图 1－27（a）所示，过给定成分 b 作垂线，再过给定温度 T_1 作水平线，分别与液、固相线交于 a 点和 c 点，二者在横轴上的投影 C_L、C_α 分别为两个相在给定温度下的成分。设合金总量为 1，液相的相对量为 Q_L，固相的相对量为 Q_α，则

$$Q_L + Q_\alpha = 1$$

合金中的含镍量应该等于液相中的含 Ni 量加上固相中的含镍量，则

$$Q_L C_L + Q_\alpha C_\alpha = 1 \cdot C_b$$

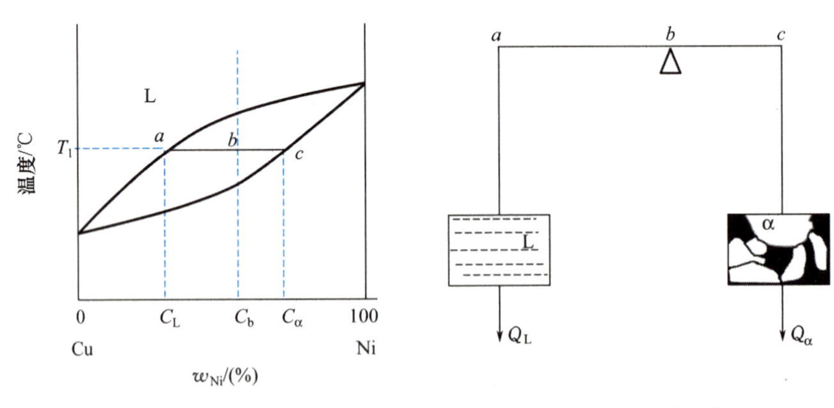

（a）利用杠杆定律　　　（b）杠杆定律的力学比喻

图 1－27　杠杆定律

由以上两个式子可以得出

$$Q_L / Q_\alpha = cb/ba$$

或

$$Q_L = cb/ca \times 100\%$$
$$Q_\alpha = ab/ac \times 100\%$$

以上形式类似于力学中的杠杆原理得出式，因此把上式称为杠杆定律。杠杆定律不仅适用于匀晶相图的液固两相区，也适用于其他类型的二元合金相图的任何两相区。

(3) 合金的平衡结晶过程。

平衡结晶是指合金在极缓慢冷却的条件下进行结晶的过程。下面以含镍量为45%的Cu-Ni二元合金相图（图1-28）为例进行分析。

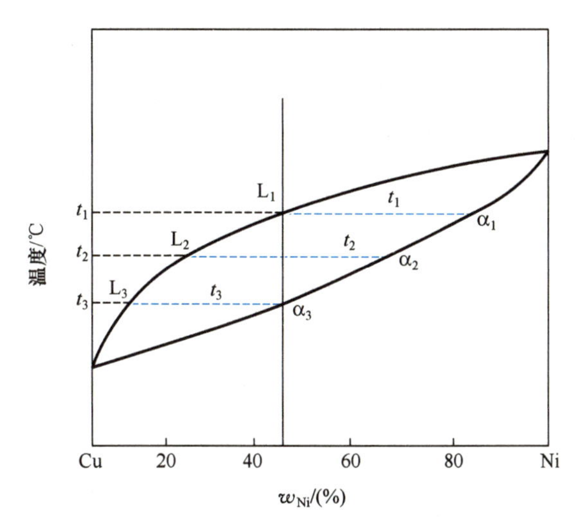

图1-28 含镍量为45%的Cu-Ni二元合金相图

由图1-28可以看出，当合金从高温缓慢冷却至t_1温度时，合金开始从液相中结晶出α固溶体，根据平衡相成分的确定方法，可知液相成分为L_1，固相成分为α_1，借助杠杆定律可以计算出，该温度时α_1的含量（如无特殊说明，本书所说含量均为质量分数）为0，这就说明在t_1温度时，结晶刚刚开始，实际固相尚未形成。当温度缓慢冷却至t_2温度时，有一定数量的α固溶体结晶出来，此时的固相成分为α_2，液相成分为L_2。为了达到这种平衡，除在t_2温度时直接从液相中结晶出α_2外，原有的α_1相也必须改变为与α_2相同的成分。与此同时，液相成分也由L_1向L_2变化。在温度不断下降的过程中，α相的成分不断沿固相线变化，液相成分也不断沿液相线变化。α相的数量不断增多，而L相的数量不断减少，两相的相对量可按杠杆定律求出。当冷却到t_3温度时，最后一滴液体结晶成固溶体，结晶终了，得到与原合金成分相同的α固溶体。含镍量为45%的Cu-Ni二元合金平衡结晶过程的组织变化示意图如图1-29所示。

(4) 合金的不平衡结晶过程。

合金的平衡结晶过程所处的温度不同，液相和固相的成分也不同。但是，由于冷却速度非常缓慢，原子有足够的时间进行扩散，因此结晶终了得到与原合金成分相同的α固溶体，并且其成分均匀。在实际生产中，合金一般都会以较快的速度冷却，而原子在固态金属中的扩散又相对较慢，扩散来不及充分进行，这样就使液相和固相（尤其是固相）的成分并不均匀。这种偏离平衡结晶条件的结晶称为不平衡结晶。固溶体合金不平衡结晶的结

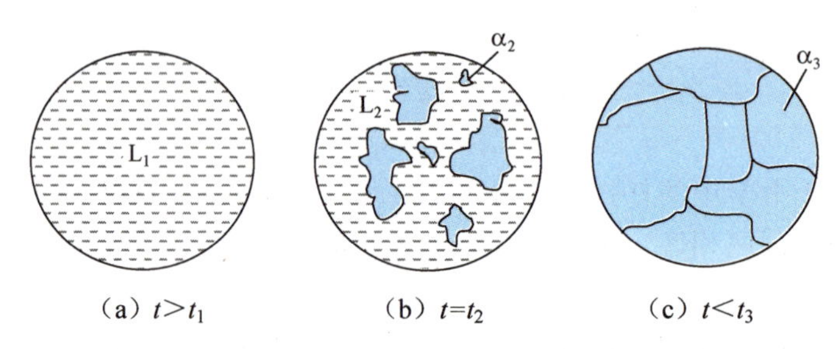

(a) $t>t_1$ (b) $t=t_2$ (c) $t<t_3$

图 1-29 含镍量为 45%的 Cu-Ni 二元合金平衡结晶过程的组织变化示意图

果是先后从液相中结晶出的固相成分不同，每个晶粒内部的化学成分很不均匀。先结晶的部分含高熔点组元较多，后结晶的部分含低熔点组元较多，这种在一个晶粒内部化学成分不均匀的现象称为晶内偏析。因为固溶体的结晶一般按树枝状长大，所以这种现象又称枝晶偏析。枝晶偏析会造成 α 相晶粒内部性能不均，并因此降低合金的力学性能和耐蚀性。生产中一般采用高温扩散退火的热处理方法改善合金的枝晶偏析。

2. 二元共晶相图

两组元在液态时无限互溶，在固态时有限互溶，并发生共晶转变的相图称为二元共晶相图。共晶转变是由一定成分的液相在某个温度同时结晶出两个一定成分的固相的转变。现以 Pb-Sn 二元合金相图（图 1-30）为例，分析其图形特征、结晶过程及组织特征。

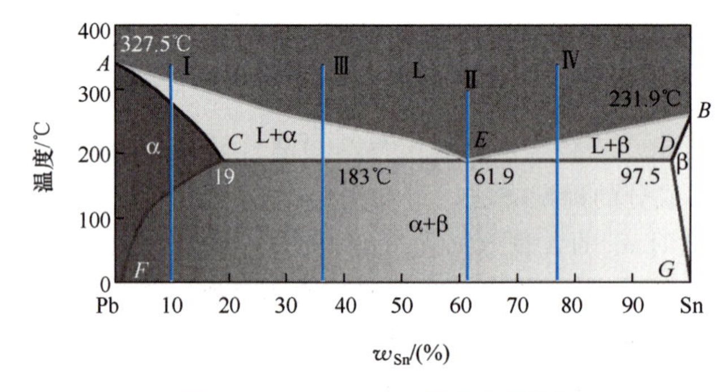

图 1-30 Pb-Sn 二元合金相图

(1) 相图分析。

① 相图中的点和线。相图两端分别为两个纯组元 Pb 和 Sn，*A* 点为 Pb 的熔点，*B* 点为 Sn 的熔点，*E* 点为共晶点。相图中 *AEB* 线为液相线，*ACEDB* 线为固相线，水平线 *CED* 为共晶反应线。*CF* 线为 Sn 在 Pb 中的溶解度曲线，随着温度的下降，Sn 在 Pb 中的溶解度下降，析出 α 固溶体；*DG* 线为 Pb 在 Sn 中的溶解度曲线，随着温度的下降，Pb 在 Sn 中的溶解度下降，析出 β 固溶体。

② 相图中的区。相图中单相区有 L 液相区、α 固相区和 β 固相区三个单相区。液相线以上为液相区，α 相是 Sn 溶于 Pb 中的有限置换固溶体，β 相是 Pb 溶于 Sn 中的有限置换固溶体。位于每两个单相区间的区域为两相共存区，分别为 L+α、L+β 和 α+β。水平线 *CED* 共晶反应线为 L、α 和 β 三相共存区。

③ 共晶反应。在水平线 CED 对应的温度（183℃），E 点成分的液相将同时结晶出 C 点成分的 α 固溶体和 D 点成分的 β 固溶体。这种在某个温度下，由一定成分的液相同时结晶出两个成分和结构都不相同的新固相的转变过程称为共晶反应。共晶反应的产物为两种固相的机械混合物，称为共晶体。具有共晶成分的合金称为共晶合金，发生共晶反应的温度称为共晶温度，对应共晶温度和共晶成分的点称为共晶点。在共晶线上，凡成分位于共晶点以左的合金称为亚共晶合金，成分位于共晶点以右的合金称为过共晶合金。凡具有共晶成分的合金液体冷却到共晶温度时都会发生共晶反应。发生共晶反应时，L、α 和 β 三相平衡共存，化学成分固定，但各自的质量在不断变化，因此，水平线 CED 为三相共存区。

（2）典型合金的平衡结晶过程。

① $w_{Sn} \leqslant 19\%$ 的 Pb－Sn 合金（图 1－30 中合金Ⅰ）。图 1－31 所示为合金Ⅰ的冷却曲线及平衡结晶过程的组织变化示意图。当合金Ⅰ缓慢冷却到 t_1 温度时，合金Ⅰ开始从液相中结晶出 α 固溶体。随着温度的降低，固溶体不断增多，而液相不断减少，它们的成分分别沿固相线 AC 和液相线 AE 变化。合金Ⅰ冷却到 t_2 温度时结晶完毕，全部结晶成单相 α 固溶体，其成分与原始的液相成分相同。继续冷却时，在 $t_2 \sim t_3$ 温度范围内，α 固溶体不发生变化。当温度下降到 t_3 温度以下时，Sn 在 α 固溶体中呈过饱和状态，多余的 Sn 以 β 二次相的形式析出，并以极细弥散质点分布于晶粒内。这种从已有固相中析出新固相的现象称为二次结晶，可用 $\beta_{\text{Ⅱ}}$ 表示。当温度达到室温时，合金中的含锡量逐渐变到 F 点（图 1－30），由此得出合金Ⅰ在室温下的组织为 $\alpha+\beta_{\text{Ⅱ}}$。成分大于 D 点（图 1－30）的合金的结晶过程与合金Ⅰ类似，其室温下的组织为 $\beta+\alpha_{\text{Ⅱ}}$。

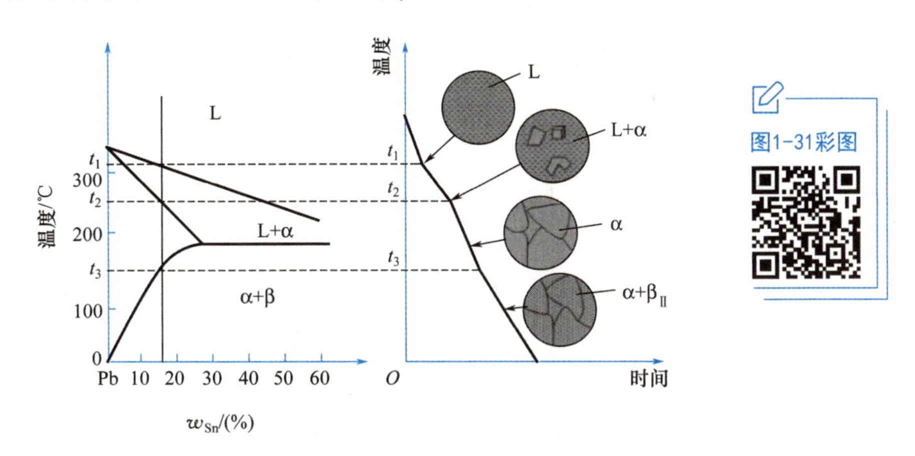

图 1－31 合金Ⅰ的冷却曲线及平衡结晶过程的组织变化示意图

② $w_{Sn}=61.9\%$ 的 Pb－Sn 合金（图 1－30 中合金Ⅱ）。图 1－32 所示为合金Ⅱ的冷却曲线及平衡结晶过程的组织变化示意图。当合金Ⅱ缓慢冷却至共晶转变温度 t_E（183℃）时，合金Ⅱ发生共晶转变。结合图 1－30 可知，由 E 点成分的液相同时结晶出 C 点成分的 α 相和 D 点成分的 β 相，此时三相共存，这个共晶转变一直在 183℃ 恒温进行，直到液相完全消失为止。继续冷却到室温的过程中，α 相和 β 相的溶解度分别沿 CF 线和 DG 线不断下降，从 α 相中析出 $\beta_{\text{Ⅱ}}$，α 相的成分从 C 点变到 F 点，从 β 相中析出 $\alpha_{\text{Ⅱ}}$，β 相的成分从 D 点变到 G 点。这些次生相常与共晶组织中的同类相混在一起，在显微镜下难以分辨。

由此可知，合金Ⅱ在室温下的组织为（α+β）共晶体，其组织组成物只有一种。而相组成物有两种，即α相和β相，此两相彼此相间排列，交错分布。

图1-32彩图

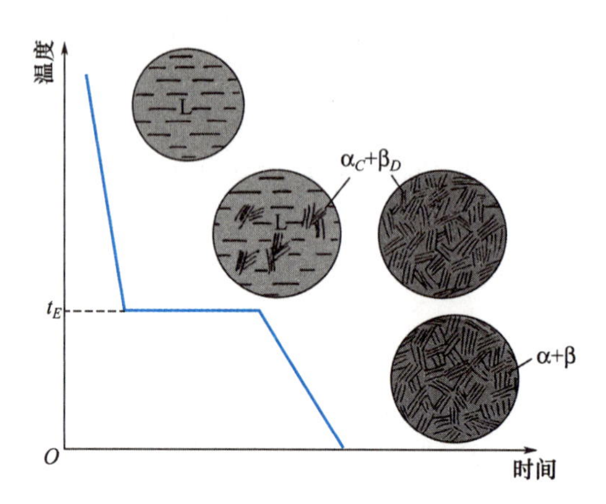

图 1-32　合金Ⅱ的冷却曲线及平衡结晶过程的组织变化示意图

③ 亚共晶合金和过共晶合金（图 1-30 中合金Ⅲ和合金Ⅳ）。成分位于图 1-30 中 E 点以左，C 点以右的合金为亚共晶合金（合金Ⅲ），其冷却曲线及平衡结晶过程的组织变化示意图如图 1-33 所示。当合金Ⅲ缓慢冷却至 t_1 温度时，合金Ⅲ开始结晶出α固溶体。在 t_1～t_2 温度范围内，随着温度的缓慢下降，α固溶体不断增多，但液相不断减少，固相成分和液相成分分别沿固相线和液相线变化。当温度降至 t_2 温度时，α相和剩余液相的成分分别达到 C 点和 E 点。在温度为 t_E 时，成分为 E 点的液相发生共晶转变。继续冷却至 t_2 温度以下时，α相和β相中分别析出次生相 β_{II} 和 α_{II}（这里α相包括先共晶α相和共晶组织中的α相，β相为共晶组织中的β相）。室温下合金Ⅲ的组织组成物为 $\alpha+(\alpha+\beta)+\beta_{II}$，而相只有α相和β相。

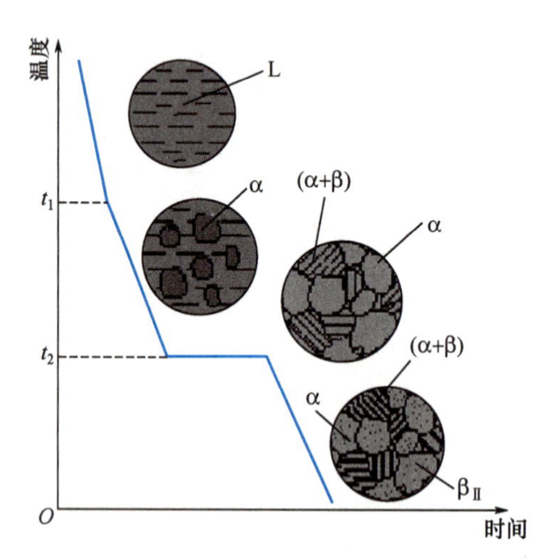

图 1-33　合金Ⅲ的冷却曲线及平衡结晶过程的组织变化示意图

成分位于图 1-30 中 E 点以右，D 点以左的合金为过共晶合金（合金Ⅳ）。其冷却曲线及平衡结晶过程的组织变化示意图与亚共晶合金相似，不同的只是从液相中结晶出的一次相为β固溶体，然后发生共晶反应，反应结束后，随着温度的下降，从β相中析出 α_{II}。

室温下合金Ⅳ的组织组成物为 $\beta+(\alpha+\beta)+\alpha_{II}$，而相只有 α 相和 β 相。

3. 其他类型的二元合金相图

（1）二元包晶相图。

两组元在液态下无限互溶，在固态下有限互溶，并发生包晶转变的相图称为二元包晶相图。包晶转变是合金凝固到达一定温度时，已结晶出来的一定成分的固相与剩余的液相发生反应，生成另一种固相的转变。具有包晶转变的二元合金系有 Cu－Sn、Cu－Zn、Ag－Sn、Fe－C 等。图 1－34 所示为 Pt－Ag 二元合金相图，图中有三个单相区：L 液相区及 α 固相区和 β 固相区。其中，α 相是 Ag 溶于 Pt 中的固溶体，β 相是 Pt 溶于 Ag 中的固溶体。单相区间有三个两相区：L＋α、L＋β 和 α＋β。两相区间存在一条三相（L、α、β）共存水平线，即 *PDC* 线。水平线 *PDC* 是包晶转变线，所有成分在 *P* 点和 *C* 点范围内的合金在此温度都会发生三相平衡的包晶转变，这种转变的反应式为 $L_C+\alpha_P\rightarrow\beta$。

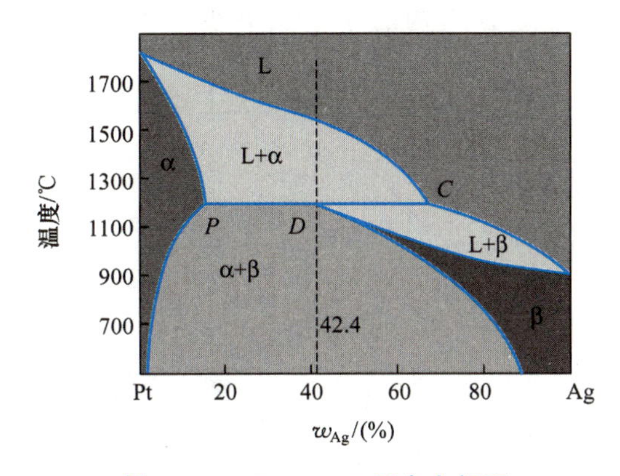

图 1－34　Pt－Ag 二元合金相图

（2）二元共析相图。

两组元组成的合金系在固态下发生共析反应时构成的相图称为二元共析相图。共析反应为一定成分的固相在一定温度下分解为另外两个不同的固相的转变过程。共析反应与共晶反应类似，只是共晶反应转变前的初始相为液相，而共析反应转变前的初始相为固相，因此共析反应平衡结晶过程的组织变化分析与共晶反应相同。因为共析反应是在固态下进行的，反应温度相对较低，反应中的原子扩散比较困难，反应的过冷度大，形核率高，所以与共晶反应的组织相比，共析反应的组织要细得多。

（3）形成稳定化合物的相图。

稳定化合物是指在熔化前不发生分解的化合物。稳定化合物的成分固定，可将其视为独立的组元，在相图中以一条垂线表示。Mg－Si 二元合金相图如图 1－35 所示。

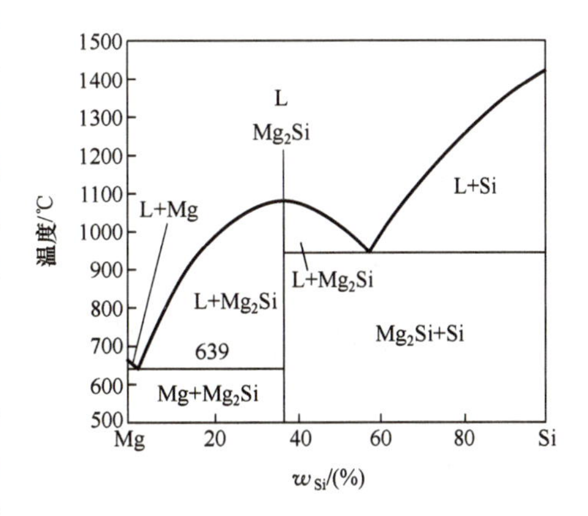

图 1－35　Mg－Si 二元合金相图

1.6 铁碳合金相图

碳钢和铸铁都属于铁碳合金，是使用非常广泛的金属材料。铁与碳是钢和铸铁中两个最基本的元素，二者组成的合金称为铁碳合金，二者作为两种组元形成的二元合金相图称为铁碳合金相图。铁碳合金相图是研究铁碳合金的重要工具，了解与掌握铁碳合金相图对于钢铁材料的研究和使用、各种热加工工艺的制定，以及工艺废品产生原因的分析等都有重要的指导意义。

1.6.1 铁的同素异构转变

铁是具有多晶型性的，由图 1-36 可以看出，纯铁在 1538℃时结晶为 δ-Fe，它具有体心立方结构；当温度降至 1394℃时，δ-Fe 转变为具有面心立方结构的 γ-Fe；当温度继续降至 912℃时，具有面心立方结构的 γ-Fe 转变为具有体心立方结构的 α-Fe；在 912℃以下时，铁的结构不再发生变化。

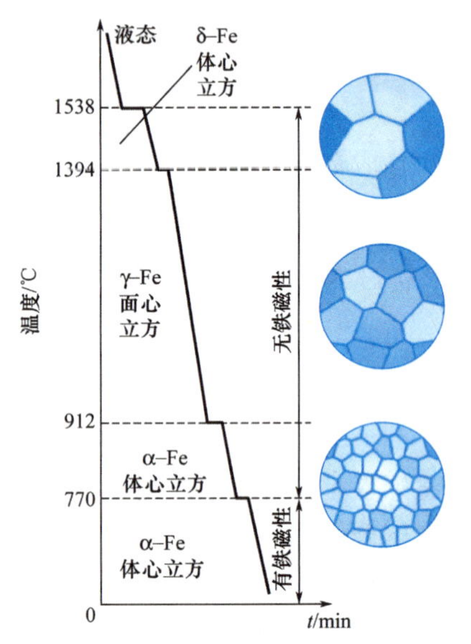

图 1-36 纯铁的冷却曲线及其晶体结构变化

由此可见，铁具有三种同素异构体，即 δ-Fe、γ-Fe 和 α-Fe。纯铁在凝固后的冷却过程中，经两次同素异构转变，晶粒得到细化。铁的同素异构转变具有很大的实际意义，它是钢的合金化和热处理的基础。

1.6.2 铁碳合金的基本相及基本组织

1. 铁碳合金的基本相

(1) 铁素体 (ferrite)。

碳溶于 α-Fe 中形成的间隙固溶体称为铁素体，用符号 F 或 α 表示，具有体心立方结构。碳原子较小，在 α-Fe 中碳只能处于间隙位置。碳在 α-Fe 中的溶解度极小，在

727℃时，最大溶解度为0.0218%。随着温度的降低，碳的溶解度也逐渐下降。在室温下，其溶解度几乎为0（0.0008%）。由于铁素体的含碳量非常低，因此其力学性能与纯铁很相似，强度和硬度很低，但塑性和韧性良好，适合进行压力加工。此外，铁素体有磁性转变，在770℃以下具有铁磁性，在770℃以上则失去铁磁性。

（2）奥氏体（austenite）。

碳溶于γ-Fe中的间隙固溶体称为奥氏体，用符号A或γ表示，具有面心立方结构。与铁素体相比，碳在γ-Fe中的溶解度相对较大。在1148℃时，最大溶解度为2.11%。随着温度的降低，碳的溶解度也逐渐下降。在727℃时，其溶解度为0.77%。奥氏体具有一定的强度和硬度，塑性好，适合进行压力加工。大多数钢材在进行压力加工（如锻造）时，都要加热到高温奥氏体相区进行，所谓的“趁热打铁”正是这个意思。奥氏体在高温下（727～1495℃）可稳定存在，故属于铁碳合金的高温相。当铁碳合金缓慢冷却到727℃时，奥氏体会转变为其他类型组织。因此，碳钢在室温下的组织中无奥氏体。但是，当钢中含有某些合金元素（如Cr、Ni等）时，奥氏体组织在室温下可稳定存在，如奥氏体不锈钢。奥氏体与γ-Fe一样，不具有铁磁性。

（3）渗碳体（cementite）。

渗碳体是铁与碳形成的间隙化合物Fe_3C，含碳量为6.69%，用符号C_m表示，是铁碳相图中的重要基本相。渗碳体属于正交晶系，晶体结构十分复杂，图1-37所示为渗碳体的晶体结构，晶胞中含有12个铁原子和4个碳原子，符合Fe∶C=3∶1的关系。渗碳体具有很高的硬度，约为800HBW，但塑性很差，断后伸长率几乎为0。渗碳体在低温下具有一定的铁磁性，但在230℃以上则失去铁磁性，因此230℃称为渗碳体的磁性转变温度。根据理论计算，渗碳体的熔点为1227℃。

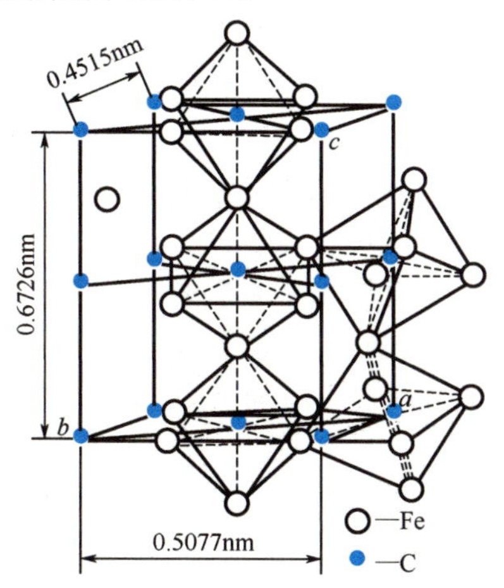

图1-37 渗碳体的晶体结构

2. 铁碳合金的基本组织

（1）珠光体（pearlite）。

珠光体是铁素体和渗碳体两相组成的机械混合物，用符号P表示。珠光体组织的平均含碳量为0.77%，其性能介于铁素体和渗碳体之间，具有较高的强度和足够的韧性。在金相显微镜下，当放大倍数较高时，能清楚地看到珠光体中渗碳体呈片状分布于铁素体基体上；当放大倍数较低时，不能清晰地分辨出珠光体的片状结构，此时珠光体呈现黑色的团状。

（2）莱氏体（ledeburite）。

莱氏体是奥氏体和渗碳体两相组成的机械混合物。莱氏体组织的平均含碳量为4.3%。存在于1148～727℃的莱氏体称为高温莱氏体，用符号 L_d 表示；存在于727℃以下的莱氏体称为低温莱氏体（或称变态莱氏体），用符号 L_d' 表示。因为莱氏体以渗碳体为基体，其力学性能与渗碳体相近，硬度很高，但塑性较差。

扩展阅读

罗伯特-奥斯汀与奥氏体

威廉·钱德勒·罗伯特-奥斯汀（William Chandler Roberts-Austen），1843年3月3日出生于英国伦敦肯宁顿，1902年11月22日逝世于伦敦。罗伯特-奥斯汀是著名的冶金学家，主要研究金属及其合金的物理性能，奥氏体便是以他的名字命名的。罗伯特-奥斯汀是铸造工艺方面的世界权威，他的研究有很多在工业上得到了应用。罗伯特-奥斯汀发表了第一幅铁碳相图，F. 奥斯蒙德（F. Osmond）为了纪念罗伯特-奥斯汀在γ固溶体及铁碳相图方面的贡献，于1900年用Austen这个姓氏命名γ固溶体为奥氏体。1882年，罗伯特-奥斯汀到皇家矿业学院任冶金学教授，一方面由于当时英国的钢铁生产鼎盛一时，另一方面由于受到奥斯蒙德的临界点概念的启发，他对钢铁金相学的兴趣逐渐加深。罗伯特-奥斯汀认为铁碳合金与盐水相似，碳在铁中既可以生成液态的溶体，也可以生成固态的溶体。根据这一想法，他在1899年绘制了冶金史上第一幅铁碳相图。其中，除有一个碳在铁水中的溶体外，还有一个明确的碳在铁中的固溶体单相区，其边界是共析转变点，所用符号在今天的铁碳相图中仍在使用。尽管初始的铁碳相图很粗糙，并且还有一些不明确甚至错误的地方，但至少铁碳相图的粗线条已经勾画出来了，这是一个很大的进步。两年后，罗伯特-奥斯汀发表了改进后的铁碳相图，其中的三相共存都改成了水平线，显然这是符合相律的，在常压下它们只能在各自的固定温度下存在。此外，他还分别注明石墨从液相中的析出线及 Fe_3C 从γ固溶体中的析出线。这是罗伯特-奥斯汀一生从事冶金研究事业的顶峰，他在那时誉满全球，并当选为英国钢铁学会主席，不久后（1902年）逝世。

1.6.3 铁碳合金相图分析

铁碳合金相图是研究钢铁材料的基础。由于含碳量大于6.69%的铁碳合金脆性极大，没有使用价值，因此对铁碳合金相图只研究 $Fe-Fe_3C$ 合金的部分。$Fe-Fe_3C$ 合金相图如图1-38所示。$Fe-Fe_3C$ 合金相图看似很复杂，但实际上它是由包晶相图、共晶相图、共析相图三部分构成，因此可以按分析包晶相图、共晶相图、共析相图的方法来分析 $Fe-Fe_3C$ 合金相图。

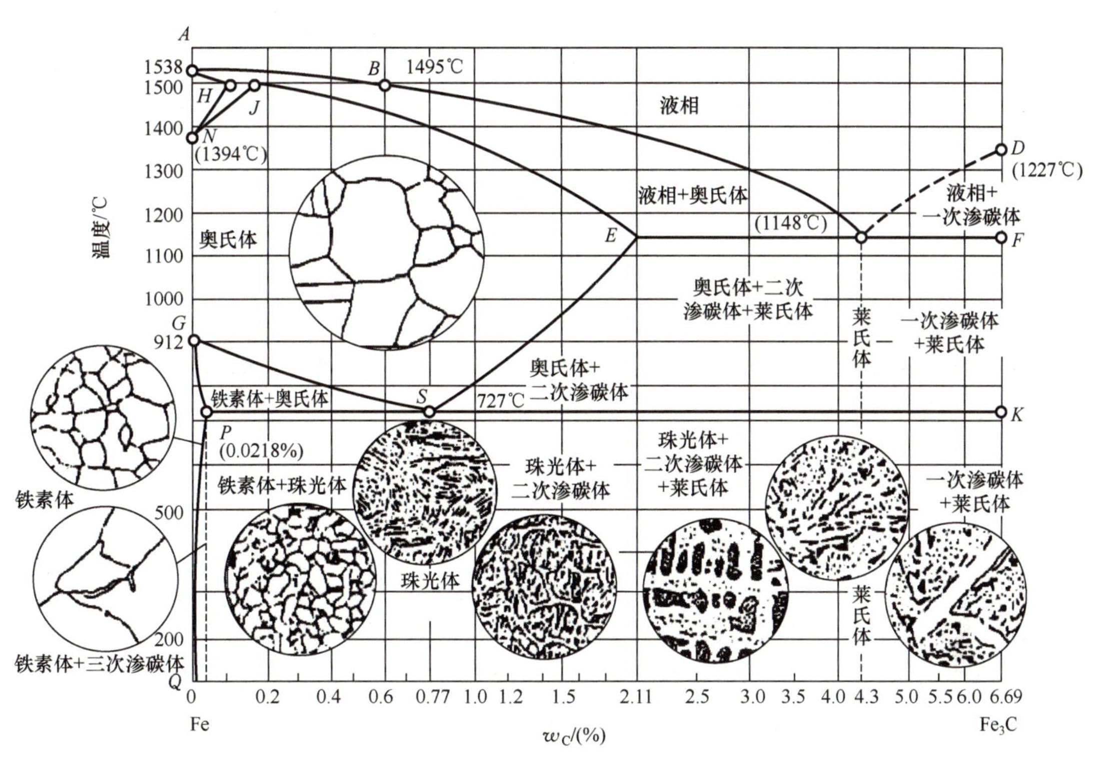

图 1-38　$Fe-Fe_3C$ 合金相图

1. 特征点

$Fe-Fe_3C$ 合金相图中的特征点见表 1-1。

表 1-1　$Fe-Fe_3C$ 合金相图中的特征点

特征点	温度/℃	w_C/(%)	含　　义
A	1538	0	纯铁的熔点
B	1495	0.53	包晶轻度时液态合金的成分
C	1148	4.3	共晶点
D	1127	6.69	渗碳体的熔点
E	1148	2.11	碳在 $\gamma-Fe$ 中的最大溶解度
F	1148	6.69	渗碳体的成分
G	912	0	$\gamma-Fe \rightarrow \alpha-Fe$ 同素异构转变点
H	1495	0.09	碳在 $\delta-Fe$ 中的最大溶解度
J	1495	0.17	包晶点
K	727	6.69	渗碳体的成分
N	1394	0	$\gamma-Fe \rightarrow \delta-Fe$ 同素异构转变点

续表

特征点	温度/℃	w_C/(%)	含　义
P	727	0.0218	碳在 α－Fe 中的最大溶解度
S	727	0.77	共析点
Q	室温	0.0008	碳在铁素体中的溶解度

2. 特征线

Fe－Fe_3C 合金相图中的特征线是各不同成分合金具有相同意义的临界点的连线。其中，$ABCD$ 线为液相线，$AHJECF$ 线为固相线。

（1）三条水平线。

① 水平线 HJB——包晶转变线。在 1495℃的恒温下，w_C＝0.53％的液相与 w_C＝0.09％的 δ 铁素体发生包晶反应，形成 w_C＝0.17％的奥氏体，其反应式为

$$L_B+\delta_H \xrightleftharpoons{1495℃} A_J$$

凡 w_C＝0.09％～0.53％的铁碳合金缓慢冷却到 HJB 线均发生包晶转变。

② 水平线 ECF——共晶转变线。在 1148℃的恒温下，w_C＝4.3％的液相转变为 w_C＝2.11％的奥氏体和渗碳体组成的混合物（即莱氏体），其反应式为

$$L_C \xrightleftharpoons{1148℃} A_E+Fe_3C$$

凡是 w_C＝2.11％～6.69％的铁碳合金缓慢冷却到 ECF 线均发生共晶转变。

③ 水平线 PSK——共析转变线。在 727℃的恒温下，w_C＝0.77％的奥氏体转变为 w_C＝0.0218％的铁素体和渗碳体组成的混合物（即珠光体），其反应式为

$$A_S \xrightleftharpoons{727℃} F_P+Fe_3C$$

凡是 w_C＞0.0218％的铁碳合金缓慢冷却到 PSK 线均发生共析转变。

（2）三条特性曲线。

① GS 线。GS 线又称 A_3 线，它是在冷却过程中由奥氏体析出铁素体的开始线，或者说在加热过程中铁素体溶入奥氏体的终了线。

② ES 线。ES 线是碳在奥氏体中的溶解度曲线。当温度低于此曲线时，就要从奥氏体中析出次生渗碳体，通常称为二次渗碳体，用 Fe_3C_{II} 表示，因此该曲线又是二次渗碳体的开始析出线。

③ PQ 线。PQ 线是碳在铁素体中的溶解度曲线。随着温度的降低，铁素体中碳的溶解度逐渐减少，在 300℃以下，w_C＜0.001％。因此，当铁素体从 727℃冷却下来时，要从铁素体中析出渗碳体，此渗碳体通常称为三次渗碳体，用 Fe_3C_{III} 表示。

（3）相区。

Fe－Fe_3C 合金相图中有五个单相区，即液相区（L）、δ 固溶体区（δ）、奥氏体区（γ 或 A）、铁素体区（α 或 F）、渗碳体区（Fe_3C 或 C_m），七个两相区，即 L＋δ、δ＋γ、L＋γ、L＋Fe_3C、γ＋Fe_3C、γ＋α 及 α＋Fe_3C，以及三个三相区，即 L＋δ＋γ、L＋Fe_3C＋γ、γ＋α＋Fe_3C。

(4) 铁碳合金分类。

通常按有无共晶转变将铁碳合金分为工业纯铁、碳钢和铸铁。w_C<0.0218%的铁碳合金为工业纯铁，w_C≤2.11%的铁碳合金为碳钢，w_C>2.11%的铁碳合金为铸铁。

根据组织特征，铁碳合金按其含碳量可划分为7种类型：工业纯铁（w_C<0.0218%）、共析钢（w_C=0.77%）、亚共析钢（0.0218%<w_C<0.77%）、过共析钢（0.77%<w_C≤2.11%）、共晶白口铸铁（w_C=4.30%）、亚共晶白口铸铁（2.11%<w_C<4.30%）、过共晶白口铸铁（4.30%<w_C<6.69%）。

1.6.4 典型铁碳合金平衡结晶过程

现以上述7种典型铁碳合金为例，分析其平衡结晶过程及室温下的组织变化如图1-39所示。

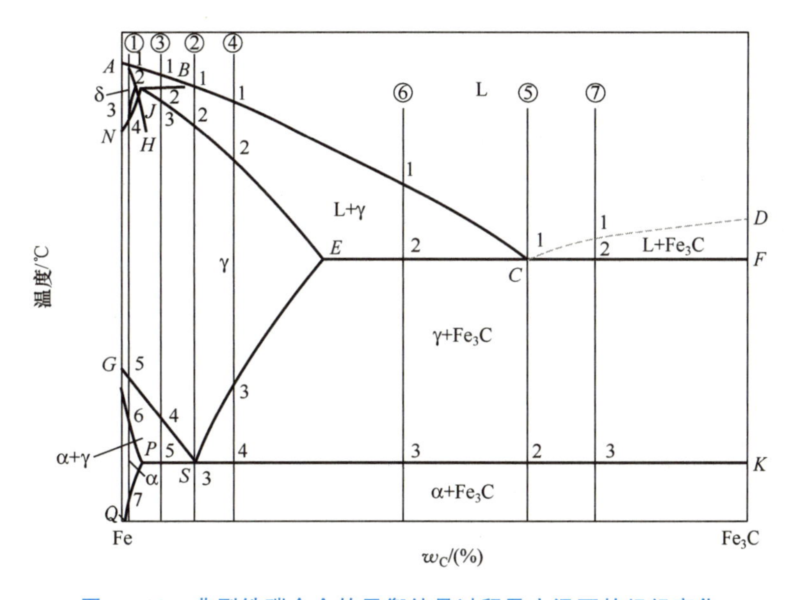

图1-39 典型铁碳合金的平衡结晶过程及室温下的组织变化

1. 工业纯铁（合金①）

工业纯铁的平衡结晶过程示意图如图1-40所示。合金熔液在1~2点温度范围内，按匀晶转变结晶出δ固溶体。当δ固溶体冷却至3点时，开始发生固溶体的同素异构转变，δ固溶体转变为γ固溶体。奥氏体的晶核通常优先在δ相的晶界上形成并长大。固溶体的同素异构转变在4点结束，合金全部呈单相奥氏体。奥氏体冷却到5点时又发生同素异构转变，γ固溶体转变为α固溶体。铁素体在奥氏体的晶界上优先形核，然后长大。当温度降到6点时，奥氏体全部转变为铁素体。铁素体冷却到7点时，碳在铁素体中的溶解度达到饱和。当铁素体冷却到7点以下时，渗碳体将从铁素体中析出，这种从铁素体中析出的渗碳体即为三次渗碳体。在缓慢冷却条件下，三次渗碳体常在铁素体晶界呈片状析出。工业纯铁的室温组织如图1-41所示，其组织组成物为铁素体和三次渗碳体，相组成物为铁素体和渗碳体。

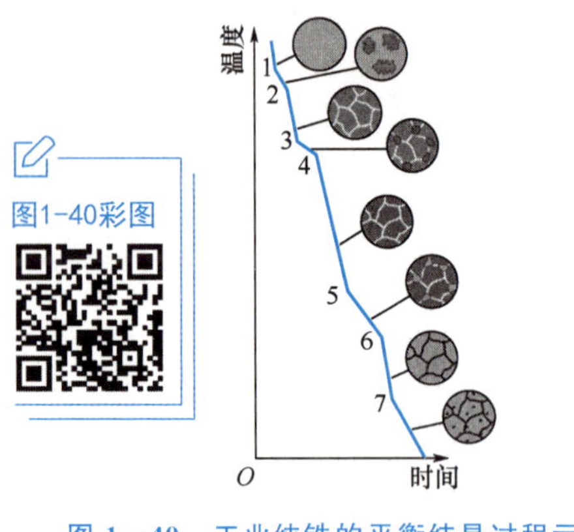

图 1－40　工业纯铁的平衡结晶过程示意图

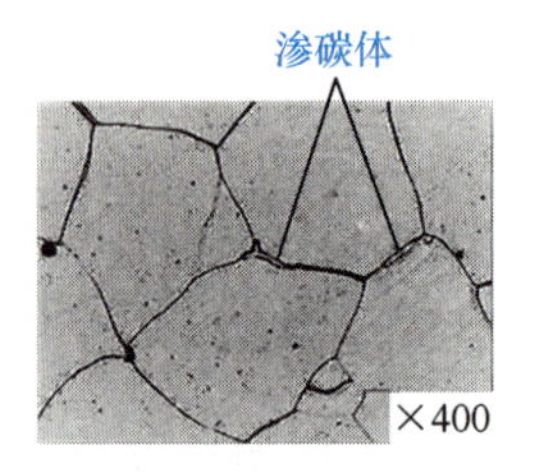

图 1－41　工业纯铁的室温组织

2. 共析钢（合金②）

共析钢的平衡结晶过程示意图如图 1－42 所示。合金熔液在 1～2 点温度范围内，按匀晶转变结晶出奥氏体。奥氏体冷却到 3 点时，开始发生共析转变，转变产物为珠光体。珠光体中的渗碳体称为共析渗碳体。在随后的冷却过程中，铁素体中的含碳量沿 PQ 线变化，于是从珠光体的铁素体中析出三次渗碳体。在缓慢冷却的条件下，三次渗碳体在铁素体与渗碳体的相界上形成，与共析渗碳体连结在一起，在显微镜下难以分辨，同时其数量也很少，对珠光体的组织和性能没有明显影响。共析钢在室温下的组织如图 1－43 所示，其组织组成物为珠光体。相组成物为铁素体和渗碳体，其相对量分别为

$$w_F=\frac{6.69-0.77}{6.69-0.0008}\approx 88.5\%$$

$$w_{Fe_3C}=100\%-88.5\%=11.5\%$$

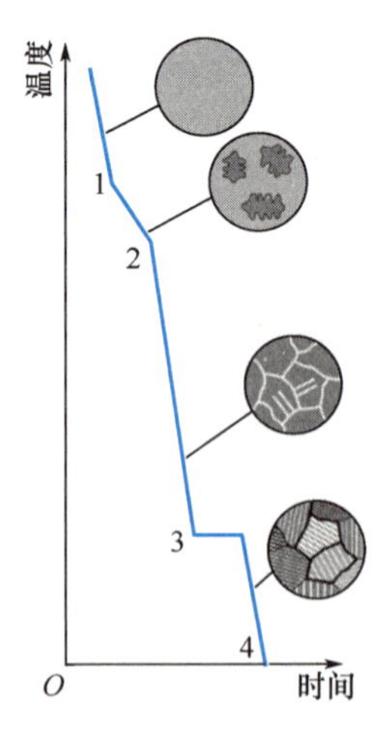

图 1－42　共析钢的平衡结晶过程示意图

3. 亚共析钢（合金③）

亚共析钢的平衡结晶过程示意图如图 1－44 所示。合金熔液在 1～2 点温度范围内按

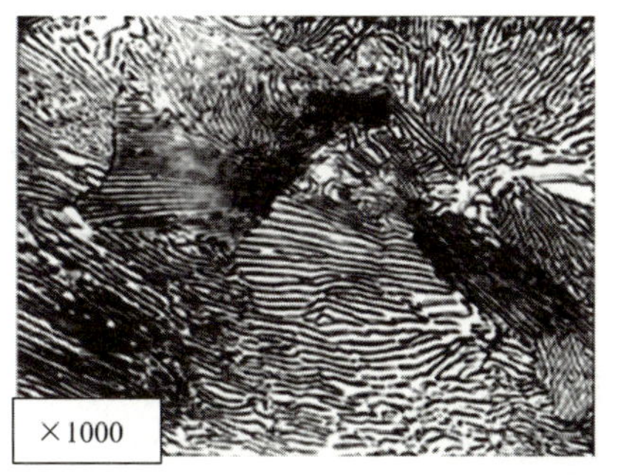

(a) 共析钢的室温组织（×1000）

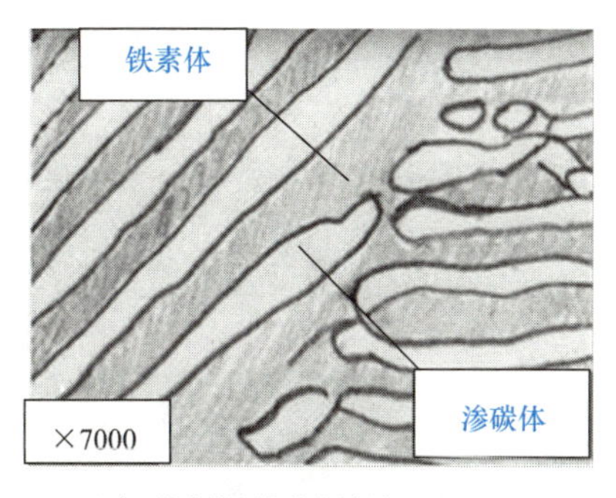

(b) 共析钢的室温组织（×7000）

图 1-43　共析钢的室温组织

匀晶转变结晶出 δ 固溶体。当温度降到 2 点（1495℃）时，δ 固溶体的含碳量为 0.09%，液相的含碳量为 0.53%，此时液相和 δ 固溶体在恒温下发生包晶转变：$L_B+\delta_H \xrightarrow{1495℃} \gamma_J$，形成奥氏体。但是，由于钢中含碳量大于 0.17%，因此包晶转变终了后，仍有液相存在，这些剩余的液相继续结晶成奥氏体。此时液相的成分沿 *BC* 线变化，奥氏体的成分沿 *JE* 线变化。当温度降到固相线时，合金全部由奥氏体组成。

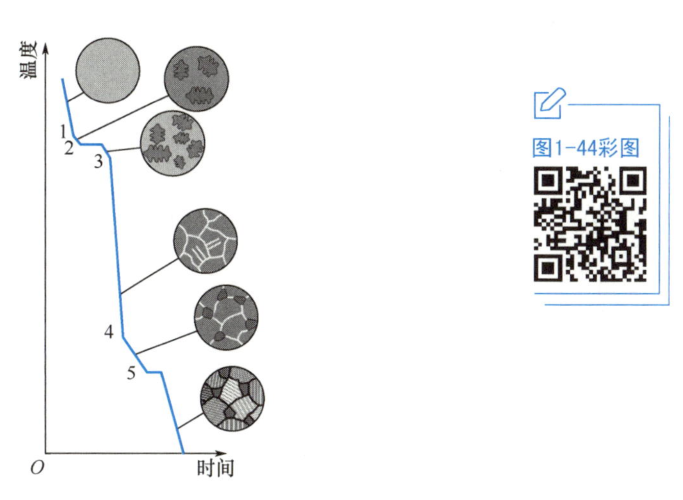

图 1-44　亚共析钢的平衡结晶过程示意图

单相的奥氏体冷却到 *GS* 线时，在晶界上开始析出铁素体。随着温度的降低，铁素体的数量不断增多，此时铁素体的成分沿 *GP* 线变化，而奥氏体的成分沿 *GS* 线变化。当温度降至与共析线（727℃）相遇时，奥氏体的成分达到 *S* 点，即含碳量为 0.77%，于恒温下发生共析转变：$\gamma_S \xrightarrow{727℃} \alpha_P + Fe_3C$，铁素体与渗碳体的共析组织称为珠光体。在 *S* 点以下，先共析铁素体和珠光体中的铁素体都将析出三次渗碳体，但其数量很少，一般可忽略不计。亚共析钢在室温下的组织如图 1-45 所示，其组织组成物为先共析铁素体和珠光体，相组成物为铁素体和渗碳体。

4. 过共析钢（合金④）

过共析钢的平衡结晶过程示意图如图 1-46 所示。合金熔液在 1～2 点温度范围内，按匀晶转变结晶出单相奥氏体。当单相奥氏体冷却至 3 点与 *ES* 线相遇时，开始析出二次渗碳体，直到 4 点为止。这种先共析渗碳体一般沿奥氏体晶界呈网状分布。由于渗碳体的析出，奥氏体中的含碳量沿 *ES* 线变化。当温度降至 4 点（727℃）时，奥氏体的含碳量正好为 0.77%，在恒温下发生共析转变，形成珠光体。过共析钢在室温下的组织如图 1-47 所示，其组织组成物为珠光体和二次渗碳体，相组成物仍然为铁素体和渗碳体。

图 1-45 亚共析钢在室温下的组织

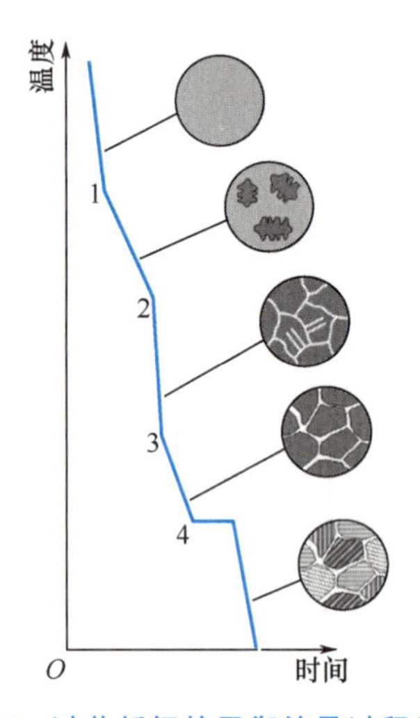

图 1-46 过共析钢的平衡结晶过程示意图

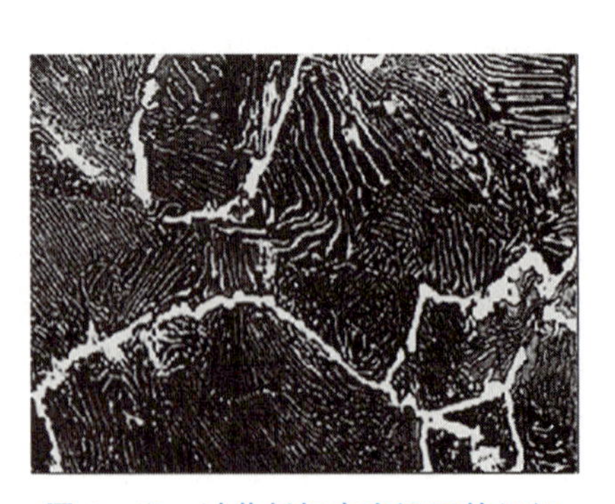

图 1-47 过共析钢在室温下的组织

在过共析钢中，二次渗碳体的数量随钢中含碳量的增加而增加，当含碳量为 2.11%

时，二次渗碳体的数量达到最大值，其相对量可用杠杆定律算出，即

$$w_{Fe_3C_{Ⅱ}}=\frac{2.11-0.77}{6.69-0.77}\times100\%\approx22.6\%$$

5. 共晶白口铸铁（合金⑤）

共晶白口铸铁中含碳量为 4.3%，其平衡结晶过程示意图如图 1-48 所示。合金熔液冷却到 E 点（1148℃）时，在恒温下发生共晶转变：$L_C \xrightarrow{1148℃} \gamma_E + Fe_3C$，形成莱氏体。当冷却至 1 点以下时，碳在奥氏体中的溶解度不断下降，因此从共晶奥氏体中不断析出二次渗碳体，但由于它依附在共晶渗碳体上析出并长大，因此难以分辨。当温度降至 2 点（727℃）时，共晶奥氏体的含碳量降至 0.77%，在恒温下发生共析转变，即共晶奥氏体转变为珠光体。最后室温下的组织是珠光体分布在共晶渗碳体的基体上。室温莱氏体保持了在高温下共晶转变后形成的莱氏体的形态特征，但组成相发生了改变。因此，常将室温莱氏体称为低温莱氏体或变态莱氏体，共晶白口铸铁在室温下的组织如图 1-49 所示，其组织组成物为低温莱氏体，相组成物为铁素体和渗碳体。

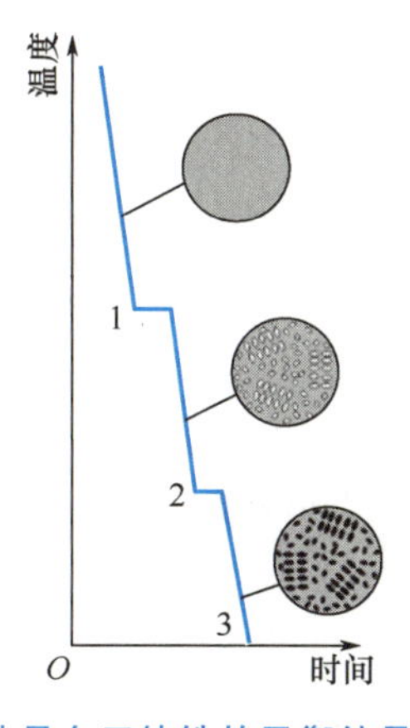

图1-48彩图

图 1-48　共晶白口铸铁的平衡结晶过程示意图

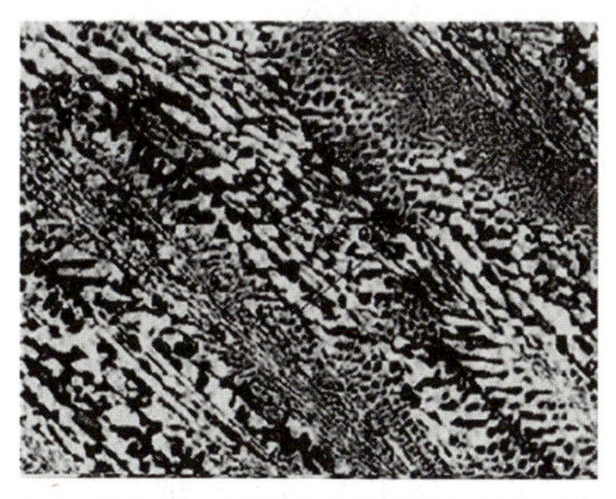

（a）共晶白口铸铁的室温组织（×250）

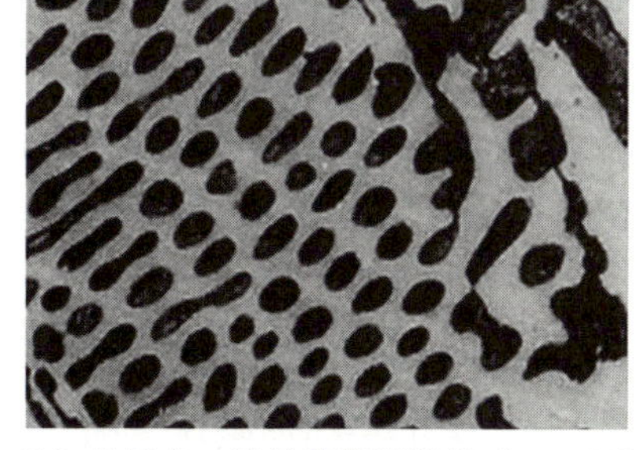

（b）共晶白口铸铁的室温组织（×1000）

图1-49彩图

图 1-49　共晶白口铸铁的室温组织

6. 亚共晶白口铸铁（合金⑥）

亚共晶白口铸铁的平衡结晶过程比较复杂，其平衡结晶过程示意图如图 1-50 所示。

合金熔液在1～2点温度范围内，按匀晶转变结晶出初晶（或先共晶）奥氏体。奥氏体的成分沿*JE*线变化，而液相的成分沿*BC*线变化。当温度降至2点时，液相成分达到*C*点，于恒温（1148℃）下发生共晶转变，即$L_C \xrightleftharpoons{1148℃} \gamma_E + Fe_3C$，形成莱氏体。当温度冷却至2～3点温度范围内时，从初晶奥氏体和共晶奥氏体中都析出二次渗碳体。随着二次渗碳体的析出，奥氏体的成分沿着*ES*线不断降低。当温度到达3点（727℃）时，奥氏体的成分也达到了*S*点，于恒温下发生共析转变，所有的奥氏体均转变为珠光体。亚共晶白口铸铁在室温下的组织如图1-51所示，其组织组成物为珠光体、二次渗碳体和低温莱氏体，相组成物为铁素体和渗碳体。

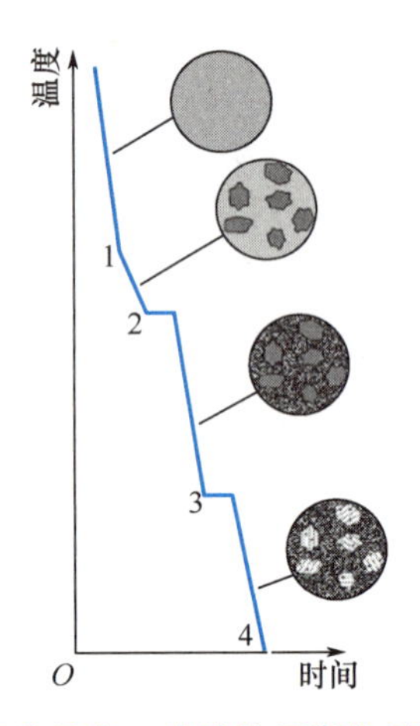

图1-50　亚共晶白口铸铁的平衡结晶过程示意图

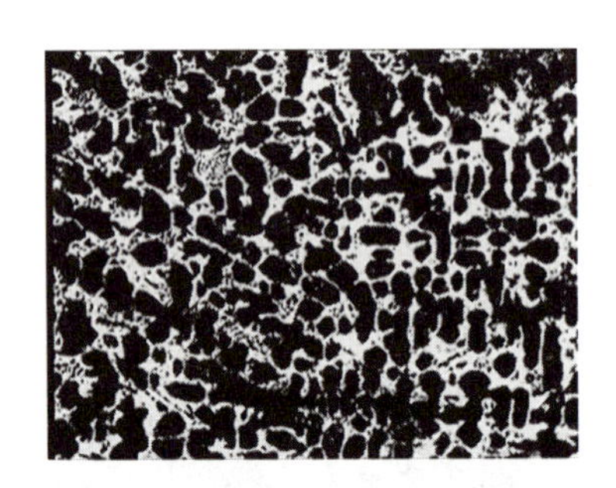

（a）亚共晶白口铸铁的室温组织（×250）

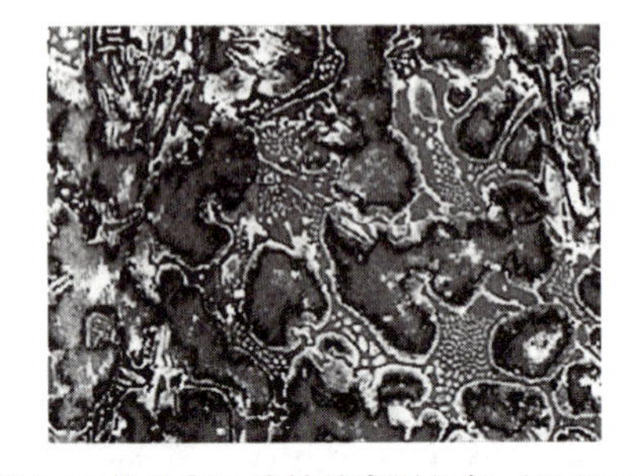

（b）亚共晶白口铸铁的室温组织（×1000）

图1-51　亚共晶白口铸铁的室温组织

7. 过共晶白口铸铁（合金⑦）

过共晶白口铸铁的平衡结晶过程示意图如图1-52所示。合金熔液在1～2温度范围内，从液相中先结晶出粗大的一次渗碳体。随着一次渗碳体数量的增多，液相成分沿*DC*线变化。当温度降至2点时，液相成分的含碳量为4.3%，于恒温下发生共晶转变，形成莱氏体。在继续冷却过程中，共晶奥氏体先析出二次渗碳体，然后于727℃恒温下发生共析转变，形成珠光体。过共晶白口铸铁在室温下的组织如图1-53所示，其组织组成物为一次渗碳体和低温莱氏体，相组成物为铁素体和渗碳体。

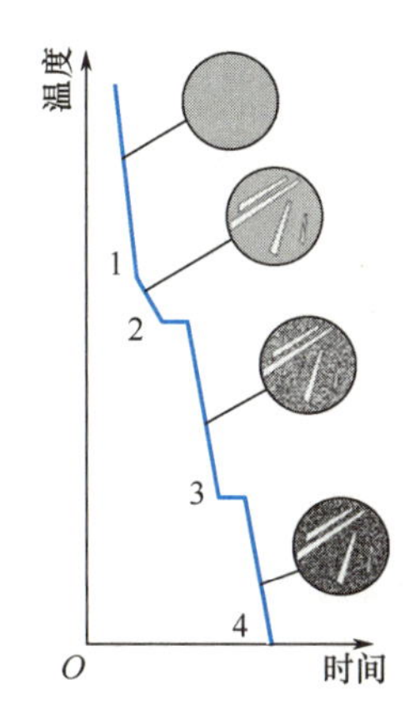

图1-52彩图

图 1 - 52　过共晶白口铸铁的平衡结晶过程示意图

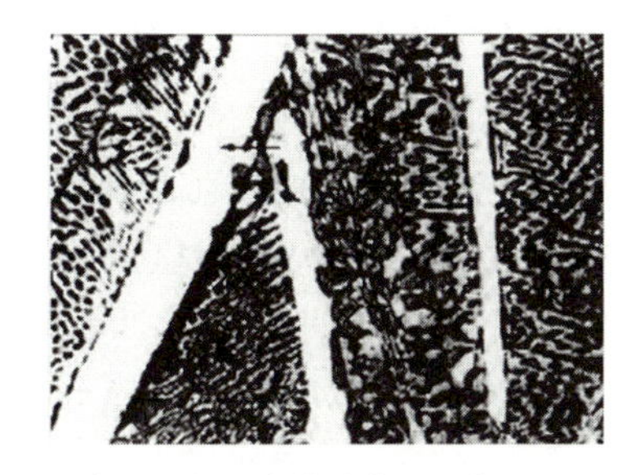

（a）过共晶白口铸铁的室温组织（×250）

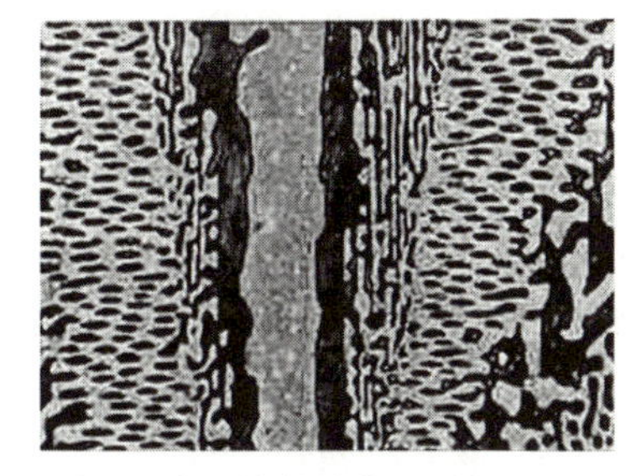

（b）过共晶白口铸铁的室温组织（×1000）

图1-53彩图

图 1 - 53　过共晶白口铸铁的室温组织

扩展阅读

铁碳相图的诞生

铁碳相图是研究钢铁的金相组织与制定热处理制度的依据。它的历史意义在于从铁碳相图的发展过程可以了解金相学的早期发展史。铁碳相图是第一幅以相律为指南制定的合金平衡图，在这之后相律的重要意义也就被冶金学家普遍接受。从铁碳相图的形成过程可以看到共晶、包晶、共析及碳的存在方式是如何逐渐完善的，这样可以加深对金相学家的思维发展的了解，对开展金相学的研究工作也是有益的。

罗伯特-奥斯汀在 1896 年绘制出 Fe－C 临界点图，在 1899 年绘出第一幅铁碳相图。两年后罗伯特-奥斯汀又给出第二幅铁碳相图，根据相律，包晶、共晶、共析三相反应都发生在一固定温度。1900 年，荷兰的 H. W. 巴基乌斯-洛兹本（H. W. Bakhuis-Roozeboom）引入了 Fe_3C，并根据相律重新修订了罗伯特-奥斯汀在 1899 年发表的铁碳相图，绘出第一幅以相律为指南制定的合金相图，它的意义不仅是提供了一个基本正确的铁碳相图，而且为合金相图中应用相律开了一个先例。1900 年，F. 奥斯蒙德命名 γ 固溶体为奥氏体后，1903 年，H. M. 豪（H. M. Howe）才第一次在铁碳相图中用奥氏体标明 γ 相区。H. W. 巴基乌斯-洛兹本还引入了一个有固定组成的 Fe_3C 单相线，并进一步指出珠光体不是单一的相，而是由 α-Fe 与 Fe_3C 两相组成的混合物。H. W. 巴基乌斯-洛兹本解释了碳在高温以石墨形式存在，而在略低的温度以 Fe_3C 形式存在，这主要是因为 Fe_3C 分解为石墨在 1000℃时反应进行得较缓慢，石墨没有足够的形成时间。此外，A. 斯坦斯菲尔德（A. Stansfield）得出了石墨在液体及固溶体中的溶解度比 Fe_3C 的溶解度低的实验结果。进一步的实验研究指出，石墨是稳定相，Fe_3C 是亚稳相。由于 Fe_3C 在铁碳合金中有一定的稳定性，分解成石墨所需要的时间较长，因此可以分别考虑 Fe-C（石墨）稳定系统和 Fe-Fe_3C 亚稳系统，将其重叠合画在一张图上，亚稳系统用实线，稳定系统用虚线。这种合成的铁碳相图是由法国的 G. 夏比（G. Charpy）在 1905 年、德国的 E. E. 海恩（E. E. Heyn）在 1904 年，以及瑞典的 C. 贝内迪克斯（C. Benedicks）在 1906 年分别绘出的。

铁碳相图在发现 δ-Fe 后再次被改进。与 α-Fe 一样，δ-Fe 也具有体心立方结构。在含碳量小于 0.13%的铁碳合金中，δ 固溶体直接从液相中生成，然后经包析反应或直接转变为 γ 固溶体。尽管后来还有不少人从事细致精确的重新测定，但 1914 年，铁碳相图可以说基本定型。H. M. 豪对罗伯特-奥斯汀在 1899 年给出的铁碳相图的评价是：这些数据可能会被更精确的和更完整的数据所替换，但是他的表示方法却是永恒的。

习　题

一、名词解释

金属、晶体、晶体结构、晶格、晶胞、阵点、配位数、致密度、晶体缺陷、点缺陷、线缺陷、面缺陷、空位、间隙原子、化位原子、位错、结晶、冷却曲线、结晶潜热。

二、选择题

若纯金属结晶过程处在液固两相平衡状态下，此时的温度将比理论结晶温度（　　）。

A. 更高　　B. 更低　　C. 相等　　D. 高低波动

三、简答题

1. 相邻两相间的界面称为什么？根据其结构特点可分为哪三种？
2. 金属结晶的微观过程由哪两部分组成？
3. 原子由不规则排列状态过渡到规则排列状态的过程称为什么？
4. 金属结晶时的形核方式有哪几种？分别是什么？
5. 晶体中的点缺陷是什么？有哪几种？
6. 晶体中的线缺陷是什么？有哪几种？
7. 晶体中的面缺陷是什么？有哪几种？
8. 金属结晶的结构条件是什么？

9. 根据相的晶体结构不同，可将合金中的相分为哪几种？

10. 间隙原子、间隙相、间隙化合物各自的特点是什么？

11. 常见的金属晶体结构有哪三种？它们的致密度与配位数分别是多少？

12. 铁碳合金中有哪些基本相？其结构分别是什么？

13. 铁碳合金中有哪些渗碳体？其形貌是什么？

14. 为什么金属结晶时必须要有过冷？

四、问答题

1. Bi（熔点为271.5℃）和Sb（熔点为630.7℃）在液态和固态时均能无限互溶，w_{Bi}＝50％的Bi－Sb合金在520℃时开始凝固出成分为w_{Sb}＝87％的固相。w_{Bi}＝80％的Bi－Sb合金在520℃时开始凝固出成分为w_{Sb}＝64％的固相。根据上述条件，完成下列要求。

（1）绘出Bi－Sb二元合金相图，并标出各线和各相区的名称。

（2）从相图上确定w_{Sb}＝40％的Bi－Sb合金的结晶开始温度和终了温度，并求出它在400℃时的平衡相成分及其含量。

2. 分析w_C＝0.6％和w_C＝1.2％的铁碳合金从液态平衡冷却至室温的转变过程，用冷却曲线和组织示意图说明各阶段的组织。

3. 分析w_C＝3.5％和w_C＝4.7％的铁碳合金从液态平衡冷却至室温的转变过程，用冷却曲线和组织示意图说明各阶段的组织。

第2章 金属的塑性变形与再结晶

本章教学要求

1. 通过对金属塑性变形的学习，学生能够明确单晶体及多晶体塑性变形的主要特点。
2. 通过对金属回复与再结晶的学习，学生能够指出回复的机制及再结晶的形核方式。

引言

金属塑性加工方法在我国的应用可以上溯到四千多年前，以锻为主，包括冷锻和热锻，还有箔材多层叠后锤锻、丝材拉拔、板材成形及冲压等。金属塑性加工的制品有兵器、生产用具、生活用品及休闲用品等。

汉《说文解字》载有：锻，小冶也。冶，销也。销，铄金也。

《徐曰》记：椎之而已，不消，故曰小冶。

《增韵》记：冶金曰锻。《书·费誓》记：锻乃戈矛。《传》记：锻炼戈矛也。《注》记：锻炼，犹言成熟也。

“椎之而已，不消，故曰小冶”是指固态下的锻造，即锻造不仅是为了成形，更重要的是为了改变材料的化学成分及夹杂物的数量、大小、组织结构，其作用与现代的控制轧制是同一个道理。由于古代钢的质量从总体上讲低于现代，其均匀性更差，因此锻造在改变钢的性能方面起到更为关键的作用。

北宋沈括在《梦溪笔谈》一书中对锻“瘊子甲”有精彩的描述：青堂羌善锻甲，铁色青黑，莹彻可鉴毛发，以麝皮为綇旅之，柔薄而韧。镇戎军有一铁甲，椟藏之，相传以为宝器。韩魏公帅泾、原，曾取试之，去之五十步，强弩射之，不能入。尝有一矢贯札，乃是中其钻空，为钻空所刮，铁皆反卷，其坚如此。凡锻甲之法，其始甚厚，不用火，冷锻之，比元厚三分减二乃成。其末留箸头许不锻，隐然如瘊子，欲以验未锻时厚薄，如浚河留土笋也，谓之“瘊子甲”。今人多于甲札之背隐起，伪为瘊子。虽置瘊子，但原非精钢，或以火锻为之，皆无补于用，徒为外饰而已。可见当时已掌握了冷加工强化钢的性能的方法。瘊子甲的加工程度（相对变形程度），已至强弩不能入。在当时此种甲胄从理论与实践上都达到很高的水准，从而引来众人争相造假的瘊子甲，出现了许多伪劣假冒产品。

明朝宋应星在《天工开物》中记载了古代的金箔加工工艺："凡造金箔，既成薄片后，包入乌金纸，竭力挥椎打成。打金椎，短柄，约重八斤。"凡乌金纸由苏杭造成。其纸用东海巨竹膜为质，用豆油点灯，闭塞周围，止留针孔通气，薰染烟光，而成此纸。

习近平总书记在党的二十大报告中指出，"我们必须坚定历史自信、文化自信，坚持古为今用、推陈出新"。回顾前人在金属塑性加工方面的辉煌成就，我们继承了如此丰富的科学技术遗产，改革开放的今天，更当激励我们向古代技术获取创造灵感，创造更辉煌的未来。

金属的塑性变形在我们生活中比比皆是，如金属项链、戒指、耳环、洗脸盆等，都是经过塑性变形的。各种金属的板材、棒材、线材和型材大多是经过轧制、锻造、挤压、冷拔、冲压等压力加工方法获得的。压力加工不仅改变了金属材料的外形尺寸，而且改变了金属材料内部的组织和性能。因此，研究金属塑性变形及变形金属在加热过程中发生的变化对于合理制定金属材料加工工艺和改善产品质量具有重要的意义。金属经塑性变形后，强度、硬度升高，塑性、韧性下降，这对拉拔、轧制、挤压等成形工艺是非常重要的，但会给进一步的冷成形加工（如深冲）带来困难，这就需要对金属进行退火处理，使其性能向塑性变形前的状态转化。因此，要讨论塑性变形后的金属在加热时其组织结构发生转变的过程，就必须先了解塑性变形过程中金属组织和性能的发生和发展的变化规律，这对控制和改善变形材料的组织和性能具有十分重要的意义。

2.1 金属的塑形变形

大多数金属材料在变形过程中通常会发生弹性变形（elastic deformation）和塑性变形（plastic deformation）。弹性是金属的一种重要特性，弹性变形是塑性变形的先行阶段，弹性变形的实质就是金属晶格在外力作用下产生的弹性畸变，当外力去除后，原子立即恢复到原来的平衡位置，金属的宏观变形便完全消失；而当应力超过弹性极限后，金属将产生塑性变形。尽管工程上应用的金属及合金大多为多晶体，但为方便起见，我们还是先研究单晶体（single crystal）的塑性变形。

2.1.1 单晶体的塑性变形

单晶体塑性变形的基本方式是滑移和孪生。

1. 滑移（slip）

（1）滑移带（slip band）和滑移系（slip system）。

将表面抛光的铜单晶体金属试样进行拉伸，当试样经适量的塑性变形后，在金相显微镜下可以观察到抛光的表面上出现了许多相互平行的线条，这些线条称为滑移带，如图 2-1 所示。用电子显微镜观察能够发现每条滑移带均是由一组相互平行的滑移线组成的，这些滑移线实际上是晶体塑性变形后在晶体表面产生的一个个小台阶。当滑移面移出晶体表面时，在滑移面与晶体表面相交处即形成了滑移台阶，一个滑移台阶就是一条滑移线对应的台阶高度，标志着某一滑移面的滑移量，这些台阶的累积造成了宏观的塑性变形。

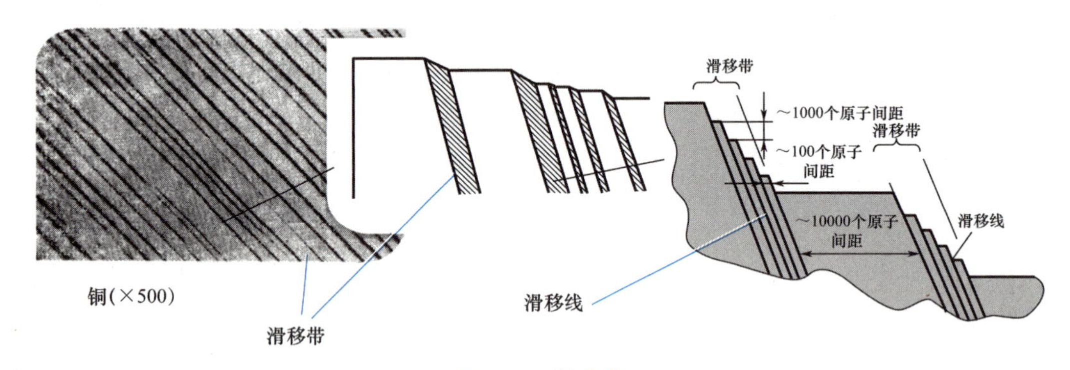

图 2-1　滑移带

实验证明，塑性变形后晶体的结构类型并没有发生改变，滑移带两侧的晶格取向也未发生改变。因此，滑移是在切应力的作用下，部分晶体沿某一滑移面上的某一晶向相对于另一部分晶体发生滑动，而晶体的结构和取向不发生改变。一个滑移面和此面上的一个滑移方向结合起来就组成一个滑移系。

滑移系表示金属晶体在发生滑移时滑移可能采取的空间位向，金属晶体中的滑移系越多，金属的塑性越好。一般来说，滑移面总是原子排列最密的晶面，而滑移方向也总是原子排列最密的晶向。这是因为在晶体的原子密度最大的晶面上，原子间的结合力最强，而面与面间的距离最大，即密排晶面间的原子间结合力最弱，滑移的阻力最小，所以此处最易滑移。沿原子密度最大的晶向滑动时，滑移的阻力也最小。

三种常见的金属晶体结构的滑移系如图 2-2 所示。面心立方晶体结构的滑移面为 {111}，共有 4 个，滑移方向为 〈110〉，每个滑移面上有 3 个滑移方向，因此共有 12 个滑移系。体心立方晶体结构的滑移面为 {110}，共有 6 个，滑移方向为 〈111〉，每个滑移面上有 2 个滑移方向，因此共有 12 个滑移系。密排六方晶体结构的滑移面为 {0001}，只有 1 个，滑移方向为 〈$11\bar{2}0$〉，滑移面上有 3 个滑移方向，因此共有 3 个滑移系。具有面心

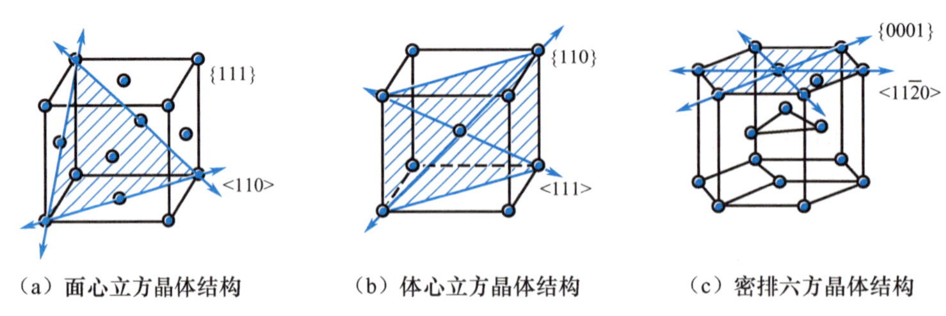

图 2-2　三种常见的金属晶体结构的滑移系

立方结构和体心立方结构的金属塑性较好，而具有密排六方结构的金属塑性较差。然而，金属塑性的好坏不只取决于滑移系的多少，还与滑移面上原子的密排程度和滑移方向的数目等因素有关。在滑移系数目相同的情况下，滑移方向越多，金属塑性越好。

（2）滑移的临界分切应力。

单晶体试样受外力 F 拉伸时滑移面的作用力可分解为垂直于此面的分力 F_1 和平行于此面的分力 F_2（图 2-3）。滑移是在切应力的作用下发生的，当单晶体受力时，并不是所有的滑移系同时开动，而是由受力状态决定。晶体中的某个滑移系是否发生滑移，取决于力在滑移面内沿移动方向上的分切应力大小，当分切应力达到一定的临界值时，滑移才能开始，此分切应力称为临界分切应力，它是滑移系开动的最小分切应力。

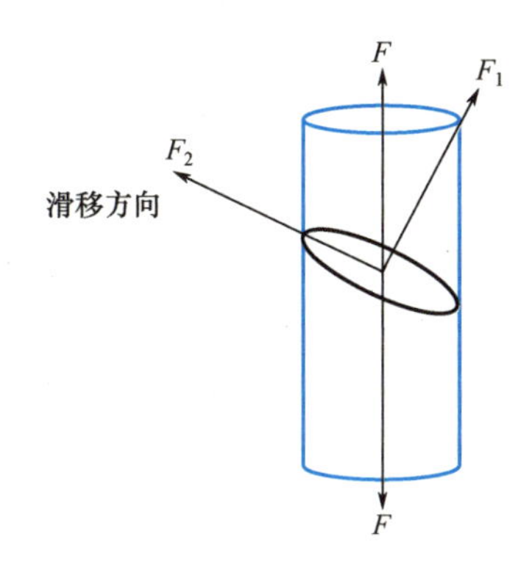

图 2-3 单晶体试样受外力 F 拉伸时滑移面的作用力

（3）滑移的位错机制。

当晶体中没有任何缺陷、原子排列得十分整齐时，经理论计算，在切应力的作用下，晶体的上下两部分沿滑移面做整体刚性的滑移，此时理论强度与实际强度相差非常大。实践证明，晶体的滑移并不是整个滑移面上的全部原子一起移动，由于晶体中存在位错，实际上滑移是位错在滑移面上运动的结果。

当一条位错线滑到晶体表面时，便会在晶体表面留下一个原子间距的滑移台阶，其大小等于柏氏矢量的量值。如果有大量位错重复按此方式滑过晶体，就会在晶体表面形成显微镜下能观察到的滑移痕迹。位错运动只需要一个很小的切应力就可以实现，这就是实际滑移的强度比理论计算强度低得多的原因。

2. 孪生（twinning）

具有密排六方结构的金属（如 Zn、Mg 等）的对称性低，滑移系少，当晶体的取向不利于滑移时，常以另一种方式进行塑性变形，这种变形方式就是孪生。孪生是指当晶体在切应力的作用下发生变形时，晶体的一部分沿一定的晶面（孪生面）和一定的晶向（孪生方向）相对于另一部分晶体做均匀的切变，如图 2-4 所示。这种切变不会改变晶体的点阵类型，但可使变形部分的位向发生变化。经过孪生后，晶体以孪晶界为分界面构成了镜面对称的位向关系，通常把对称的两部分晶体称为孪晶（twin）。孪晶在显微镜下的形态为条带

状，有时也呈透镜状。在切变区域内，与孪生面平行的每层原子的切变量与它距孪生面的距离成正比，并且不是原子间距的整数倍。

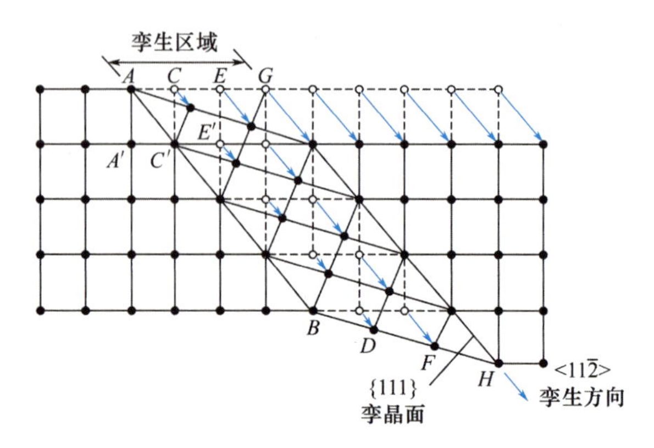

图 2－4　孪生

具有面心立方结构的金属的对称性高，滑移系多，所以很少发生孪生，只有少数金属（如铜、银、金等）在极低的温度下滑移很困难时才发生孪生。孪生的速度极大，对塑性变形的贡献比滑移小得多。但是，由于孪生后变形部分的晶体位向发生改变，原来处于不利取向的滑移系转变为新的有利取向，这样可以激发晶体的进一步滑移，从而提高金属的塑性变形能力。

2.1.2　多晶体的塑性变形

前面我们介绍的都是单晶体的塑性变形，而实际使用的金属材料大部分是多晶体（polycrystal）。多晶体是由许多形状、尺寸、取向各不同的单晶体晶粒组成的，这就使多晶体的变形过程增加了若干复杂因素，具有区别于单晶体变形的一些特点。

1. 多晶体变形的特点

（1）各晶粒变形的不同时性和不均匀性。

多晶体变形过程示意图如图 2－5 所示。多晶体中由于各晶粒的位向不同，各滑移系的取向也不同，因此在外加拉伸力的作用下，各滑移系上的分切应力值相差很大。由此可见，多晶体中的各晶粒不是同时发生塑性变形的，只有那些位向有利的晶粒，其滑移方向上的分切应力先达到临界分切应力，才开始塑性变形。此外，由于晶界及晶粒位向不同，各晶粒的变形是不均匀的，有的晶粒变形量较大，有的晶粒变形量则较小。对于一个晶粒来说，其变形也是不均匀的，一般晶粒中心区域的变形量较大，晶界及其附近区域的变形量较小。所以多晶体的各晶粒的变形具有不同时性和不均匀性。

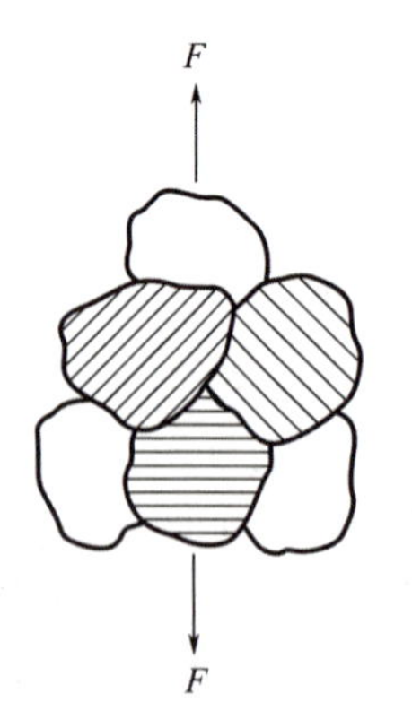

图 2－5　多晶体变形过程示意图

（2）各晶粒变形的相互协调性。

多晶体中的每个晶粒都被其他晶粒包围，它的变形不是孤立和任意的，必须与邻近的晶粒相互协调配合，不然就难以变形，甚至不能保持晶粒间的连续性，从而造成孔隙和材料的破裂。为了与先变形的晶粒相互协调，要求相邻晶粒不只在取向最有利的滑移系中进行滑移，还必须在几个滑移系（其中包括取向并非有利的滑移系）中同时进行，这样才能保证其形状发生各种相应的改变。

2. 晶粒尺寸对塑性变形的影响

多晶体金属常温下的屈服强度随其晶粒细化而提高，反映了常温下晶界的强化作用，晶界越多，晶粒越细小，其强化效果则越显著。这种通过细化晶粒增加晶界数量，从而提高金属强度的方法称为细晶强化。根据试验结果和理论分析，可得到常温下金属材料的屈服强度与晶粒直径的关系式为

$$R_e = R_0 + Kd^{-1/2} \tag{2-1}$$

式中，R_0 为常数，反映晶内对变形的阻力，大致相当于单晶体金属的屈服强度；K 为常数，表征晶界对金属强度影响的程度，与晶界结构有关；d 为多晶体中晶粒的平均直径。式(2－1) 称为霍尔-佩奇关系。

细晶强化是金属材料的一种极为重要的强化方法，细化晶粒不但可以提高材料的强度，还可以改善材料的塑性和韧性，这是材料的其他强化方法所不能比拟的。细晶强化的主要机理是因为在相同外力的作用下，细小晶粒的内部和晶界附近的应变相差较小，变形较均匀，因应力集中引起开裂的机会也较少，这就有可能导致在断裂前承受较大的变形量，所以可以得到较大的伸长率和断面收缩率。由于细晶粒金属中不易产生裂纹也不易扩展，因此在断裂过程中可以吸收更多的能量，从而能够表现出较高的韧性。在工业生产中，总是设法获得细小而均匀的晶粒组织，从而使材料具有较好的综合力学性能。

扩展阅读

霍尔-佩奇关系

20 世纪 50 年代初，霍尔（E. O. Hall）和佩奇（N. J. Petch）发表了两篇具有开创性的关于晶粒尺寸与强度关系的文章，他们提出了著名的霍尔-佩奇关系，阐明了晶粒尺寸强化材料性能的定量关系。1951 年霍尔在《物理学进程表》上发表了三篇文章。霍尔揭示了滑移带长度和裂纹长度与晶粒尺寸有关，由此两者之间可以建立一定的关系。英国利兹大学的佩奇，基于自己在 1946—1949 年的实验研究，在 1953 年发表了一篇更关注材料的脆性断裂的文章。通过测量在较低温度下不同铁素体晶粒尺寸的解理强度，佩奇找出了一个与霍尔的研究一致的精确关系。因此，这个重要的关系被称为霍尔-佩奇关系。佩奇于 1953 年发表了 *The Cleavage Strength of Pohycrystals*，文章表明解理强度与晶粒尺寸有关。通过理论计算证实，屈服和断裂取决于滑移带穿过晶粒时被晶界阻碍所产生的应力集中。

霍尔-佩奇关系是材料科学最常引用的关系。

2.2 塑性变形对金属组织和性能的影响

2.2.1 塑性变形对金属组织的影响

1. 晶粒变化

金属发生塑性变形时，随着变形量的增加，晶粒的形状也会发生变化。通常晶粒沿变形方向被压扁或拉长。塑性变形后的纤维组织如图 2-6 所示。变形量越大，晶粒形状的变化也越大。当变形量较大时，晶粒被拉成细条状，金属中的夹杂物也被拉长，形成纤维组织，而金属的性能也会随之表现出明显的方向性，如纵向（沿纤维的方向）的强度远大于横向（垂直纤维的方向）的强度。

(a) 30%的变形量

(b) 50%的变形量

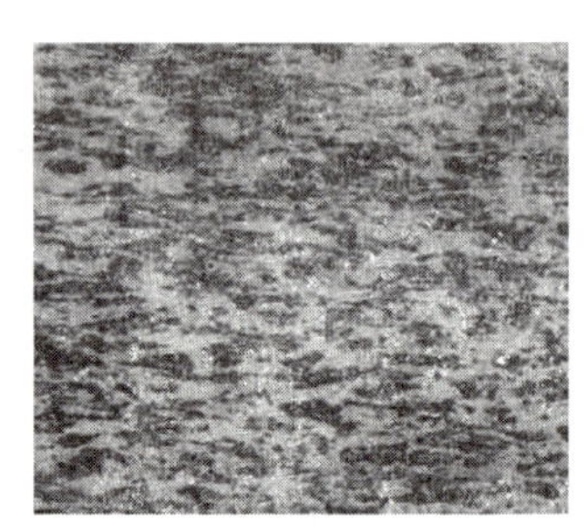
(c) 70%的变形量

图 2-6 塑性变形后的纤维组织

2. 形变织构的产生

多晶体发生塑性变形时，如果变形量很大，多晶体中原为任意取向的各晶粒就会逐渐调整其取向而彼此趋于一致，这种有序化的结构称为形变织构（deformation texture），这一现象称为晶粒的择优取向。同种材料随加工方式的不同，可能出现不同类型的形变织构。例如，在拉拔时易形成丝织构，其特征是各晶粒的某一晶向与拉拔方向平行或接近平行；在轧制时易形成板织构，其特征是各晶粒的某一个晶面平行于轧制平面，而某一晶向平行于轧制方向。

2.2.2 塑性变形对金属性能的影响

1. 加工硬化（work hardening）

在塑性变形过程中，随着变形量的增加，金属的强度、硬度增加，而塑性、韧性下降，这一现象称为加工硬化或形变强化。加工硬化在工程技术中具有重要的实用意义，可用来强化金属，提高金属的强度、硬度和耐磨性，特别是对那些不能用热处理强化的材料来说，用加工硬化提高其强度就显得更加重要。加工硬化也是工件能够用塑性变形方法成形的主要方法之一。例如，金属薄板在冲压过程中弯角处变形最严重，首先产生加工硬化，当此处变形进行到一定程度后，随后的变形就会转移到其他部分，从而通过冲压工艺便可得到厚薄均匀的冲压件。加工硬化还可以在一定程度上提高构件在使用过程中的安全性。因为构件在使用过程中，某些部位（如孔、键、槽、螺纹及截面过渡处）易出现应力集中和过载现象，此时过载部位的金属会产生少量塑性变形。少量的塑性变形提高了屈服强度，并与所承受的应力达到平衡，变形不再发展，从而在一定程度上提高构件在使用过程中的安全性。但是，加工硬化也给金属材料的生产和使用带来了不利影响。因为金属冷加工到一定程度后，变形抗力随之增加，进一步的变形就必须加大设备功率，从而增加动力消耗。另外，金属经加工硬化后，金属的塑性大大降低，继续变形还会导致开裂。为了消除加工硬化，在后续加工前需要进行再结晶退火处理。

2. 残余应力的产生

金属在塑性变形过程中，外力做的功大部分转化为热能，但尚有一小部分功（约占总变形功的10%）保留在金属内部，形成残留内应力（internal stress）和点阵畸变。根据力的作用范围，可将其分为宏观内应力、微观内应力和点阵畸变。

（1）宏观内应力（第一类内应力）。

宏观内应力是由于金属工件各部分的不均匀变形引起的，它是整个物体范围内处于平衡的力，当除去它的一部分后，这种力的平衡就遭到破坏，金属工件立即产生变形。

（2）微观内应力（第二类内应力）。

微观内应力是金属工件经冷塑性变形后，由于晶粒或亚晶粒变形不均匀而引起的，它是在晶粒或亚晶粒范围内处于平衡的力。此应力在某些局部区域可达很大数值，可能致使金属工件在不大的外力下产生显微裂纹，进而导致断裂。

（3）点阵畸变（第三类内应力）。

塑性变形使金属工件内部产生大量的位错和空位，使点阵中的一部分原子偏离其平衡位置，造成点阵畸变。这种点阵畸变产生的内应力作用范围更小，只在晶界、滑移面等附近不多的原子群范围内维持平衡。点阵畸变会使金属的硬度、强度升高，而塑性、耐腐蚀性下降。

残留内应力的存在对金属工件的性能是有害的，会导致其变形、开裂和产生应力腐蚀。

2.3 回复、再结晶与晶粒长大

金属或合金由于冷加工变形，晶格发生扭曲变形，晶粒破碎，产生较大的内应力，出现加工硬化。残余内应力的存在容易引起工件尺寸不稳定，并降低工件的耐腐蚀性。加工硬化对于拉拔、轧制、挤压等成形工艺是非常重要的，但会给进一步的冷成形加工（如深冲）带来困难。而热处理工艺可以消除一部分残余内应力或者使其性能向塑性变形前的状态转化，这对于控制和改善变形材料的组织和性能具有重要意义。

冷塑性变形后的金属在加热过程中，随加热温度的升高，要经历回复、再结晶、晶粒长大三个阶段，其组织和性能变化示意图如图 2-7 所示。

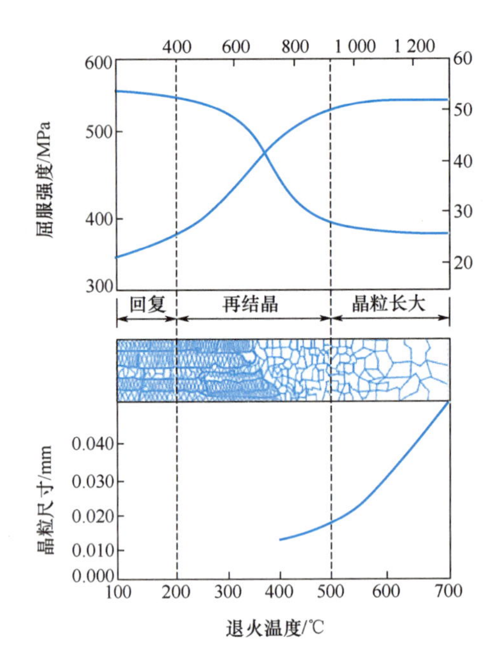

图 2-7　冷塑性变形后的金属在加热过程中的组织和性能变化示意图

1. 回复（recovery）

回复是指当冷塑性变形的金属加热时，在光学显微组织发生改变前（即在再结晶晶粒形成前）产生的某些亚结构和性能的变化过程。在回复阶段，从显微组织上几乎看不出任何变化，硬度略有下降，但塑性有所提高。回复阶段大部分甚至全部宏观内应力得以消除，所以一般情况下又把回复称为去应力退火。

回复主要是空位和位错在退火过程中发生了运动，从而改变了空位及位错的数量和组态。在较低温度回复时，主要涉及空位的运动，它们可以移至表面、晶界或位错处消失，也可以聚合起来形成空位对、空位群，还可以与间隙原子相互作用而消失。在较高温度回复时，主要涉及位错的运动，位错通过运动使异号位错相互吸引而抵消，从而使位错密度下降，位错缠结重新排列，并使亚晶规整化。

回复在工程上的应用主要是使冷加工的金属件在基本上保持加工硬化状态的条件下，降低其内应力（主要是宏观内应力），减轻工件的翘曲和变形，降低电阻率，提高材料的耐腐蚀性，并改善其塑性和韧性，同时提高工件使用时的安全性。

2. 再结晶（recrystallization）

冷变形后的金属加热到一定温度或保温足够时间后，在原来的变形组织中会产生无畸变的新晶粒，位错密度显著降低，性能也随之发生显著变化，并恢复到冷变形前的水平，这个过程称为再结晶。在再结晶过程中，从显微组织看，在变形的晶粒内部开始出现新的小晶粒，随着加热温度的升高或保温时间的延长，新晶粒不断出现并长大，这个过程一直进行到塑性变形后的晶粒完全改组为新的等轴晶粒为止。再结晶完成后，因塑性变形造成的内应力完全消除，硬度与强度均显著下降，塑性大大提高。

通常把再结晶温度定义为：经过严重冷变形（变形量在70%以上）的金属，在约1h的保温时间内能够完成再结晶（>95%转变量）的温度。大量试验结果统计表明，金属的最低再结晶温度与其熔点间存在经验关系，即

$$T_R \approx \delta T_m$$

式中，T_R 和 T_m 均以热力学温度表示。δ 为反应系数，对于工业纯金属来说，δ 为0.35～0.4；对于高纯金属，δ 为0.25～0.35。

再结晶温度不是一个物理常数，而在一个较宽的范围内变化。影响再结晶温度的因素主要有以下四方面。

（1）变形量。金属的变形量越大，再结晶的驱动力越大，再结晶温度就越低；但当变形量增加到一定数值后，再结晶温度趋于一稳定值。当变形量小于一定程度（30%～40%）时，再结晶温度将趋向于金属的熔点，也就是说不会有再结晶过程发生。

（2）金属的纯度。金属的纯度越高，再结晶温度就越低。这是因为杂质和合金元素熔入基体后，会在位错、晶界处偏聚，从而阻碍位错的运动和晶界的迁移，同时杂质及合金元素还会阻碍原子的扩散，由此显著提高再结晶温度。

（3）加热速度。加热速度较慢时，变形金属的再结晶驱动力降低，从而提高再结晶温度。加热速度极快时，再结晶晶核来不及进行形核与长大，所以推迟到更高的温度才会发生再结晶。

（4）晶粒尺寸。变形金属的晶粒越细小，再结晶温度就越低。

3. 晶粒长大（grain growth）

再结晶阶段刚结束时得到的是无畸变的等轴的再结晶初始晶粒。随着加热温度的升高或保温时间的延长，晶粒间会相互吞并而长大，这一现象称为晶粒长大。图2-8所示为

（a）变形量为38%的组织

（b）580℃保温3s后的组织

（c）580℃保温4s后的组织

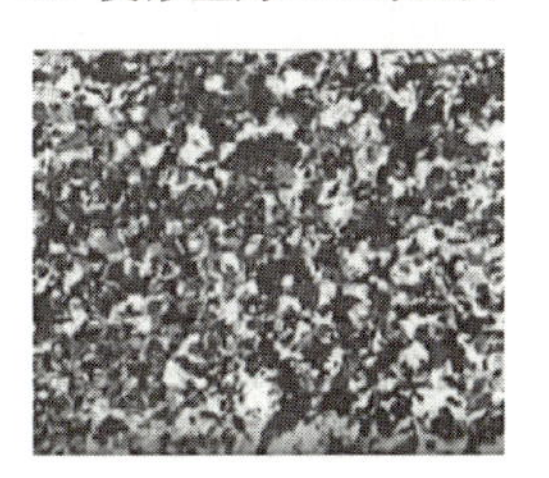

（d）580℃保温8s后的组织

（e）580℃保温15min后的组织

（f）700℃保温10min后的组织

图2-8 变形量为38%的黄铜在退火过程中各阶段的金相组织照片

变形量为38%的黄铜在退火过程中各阶段的金相组织照片。再结晶刚结束时得到的是细小的等轴晶粒。当温度继续升高或进一步延长保温时间时，晶粒继续长大，其中某些晶粒缩小甚至消失，另一些晶粒则继续长大。晶粒长大的驱动力是晶粒长大前后总的界面能差。细晶粒长大为粗晶粒的过程是金属自由能下降的自发过程。

再结晶后的晶粒长大会使金属材料组织性能恶化，塑性、韧性明显下降，所以在进行再结晶退火时应严格控制再结晶温度，而且保温时间不宜过长，以免发生晶粒粗化。

扩展阅读

罗森海茵与滑移带

W. 罗森海茵（W. Rosenhain）于1875年8月24日在德国柏林出生，1934年3月17日在英国萨里金斯顿逝世。W. 罗森海茵先后在韦斯利学院、皇后学院、墨尔本大学学习，并在墨尔本大学获得土木工程学士学位。1897年，他作为1851交换学者进入剑桥大学学习。在剑桥大学，W. 罗森海茵的导师是J. A. 尤因（J. A. Ewing）。他于1909年在墨尔本大学获得科学博士学位。1913年，他成为英国皇家学会会员，同时，他也是钢铁协会的卡内基和贝赛麦奖牌获得者。W. 罗森海茵利用亨利·索比（Henry Sorby）提出的显微成像技术对抛光并变形后的金属带材进行研究。结果他发现了滑移带，此现象表明，塑性变形是通过晶面的相互滑移进行的。此发现在1899年成为贝克演讲（Bakerian Lecture）的主题，它的重要性体现在两方面：一是证实金属是由晶粒构成的（此主张在当时仍存在争论）；二是告诉人们金属塑性变形在不破坏晶体排列规则的前提下是如何进行的。此项研究使W. 罗森海茵之后专门从事冶金学，并建立了长期利用显微分析技术的习惯。W. 罗森海茵作为一名实验专家和一名为他人工作做铺垫的先驱，深深地影响了冶金学。

习　题

一、名词解释

塑性变形、滑移带、滑移、孪生、形变织构、加工硬化、细晶强化、回复、再结晶。

二、选择题

1. 加工硬化的最主要原因是（　　）。

A. 晶粒破碎细化　B. 位错密度增加　C. 晶粒择优取向　D. 晶界增多

2. 临界分切应力的数值与（　　）有关。

A. 金属的晶体结构和纯度　B. 外加拉应力　C. 金属的屈服强度　D. 取向因子

3. 既能提高强度、硬度，又能提高塑性、韧性的方法是（　　）。

A. 加工硬化　B. 细晶强化　C. 弥散强化　D. 沉淀强化

4. 冷加工金属经再结晶退火后，下列说法哪个是错误的？（　　）

A. 其晶粒形状会发生改变　　B. 其力学性能会发生改变

C. 其晶格类型会发生改变　　D. 其晶粒大小会发生改变

5. 冷变形金属在加热时发生的回复过程中，最主要的变化是（　　）。

A. 晶体结构类型的变化　　B. 显微组织的变化

C. 力学性能的变化　　D. 亚结构的变化

三、简答题

1. 如何确定纯金属的最低再结晶温度和实际再结晶温度？

2. 塑性变形对金属的组织和性能有什么影响？

3. 多晶体发生塑性变形的特点有哪些？

4. 孪生和滑移的区别有哪些？

5. 滑移的位错机制是什么？

6. 塑性变形的金属在加热时发生回复、再结晶、晶粒长大的驱动力分别是什么？

7. 什么是残留内应力？有哪几种？

8. 解释加工硬化的机理。

9. 面心立方结构、体心立方结构、密排六方结构分别有多少个滑移系？用表格的形式一一列举。

10. 为什么滑移常沿晶体中原子密度最大的晶面（密排面）和晶向（密排晶向）发生？

11. 为什么细晶可以强化？

12. 阐述影响再结晶温度的因素。

13. 描述生活中你见到的经过塑性变形的器件。

四、问答题

用一冷拔钢丝绳吊装一大型工件入炉，并随工件一起加热到1000℃后保温，保温后再次吊装工件时钢丝绳发生断裂，试分析原因。

第3章 钢的热处理原理

1. 通过对钢在加热时组织转变的学习，学生能够准确解释亚共析钢、过共析钢和共析钢在加热时的组织转变，并能说明化学成分、热处理工艺制度等对奥氏体晶粒大小的影响作用。

2. 通过对钢在冷却时组织转变的学习，学生能够准确列举钢在冷却过程中的转变产物，并能准确描述不同转变产物的生成温度区间。

习近平总书记在党的二十大报告中指出，“必须坚持科技是第一生产力”，钢淬火工艺最早的应用见于河北省易县燕下都遗址出土的战国时代的钢制兵器。淬火工艺最早的史料记载见于《汉书·王褒传》中的“清水焠其峰”。早在战国时期，人们就已经知道可以用淬火（将钢加热到高温后，再快速放入水或油中急冷）的方法提高钢的硬度，淬火后的钢制宝剑“削铁如泥”，但当时的人们不知淬火硬化的机理。春秋战国郙王太子剑如图3－1所示。

图3－1彩图

图3－1　春秋战国郙王太子剑

在金属材料加工和热处理等行业内，淬火被读作“蘸火”（zhàn huǒ）。因为淬火就是把加热到一定程度的热工件蘸入某一介质，以达到加工要求，所以工匠们形象地称之为蘸火。淬火工艺应用广泛，这种读法也就随之流传开来。

淬火的目的是使过冷奥氏体进行固态相变，得到马氏体或贝氏体组织，从而使钢获得高强度、高硬度和高耐磨性，并在淬火后配以不同温度的回火（重新加热到不同温度进行固态相变），对组织进行重塑和调整，以获得具有不同强度、硬度和塑性、韧性配合（综合机械性能）的材料，从而满足各种机械零件和工具的不同使用要求。借助淬火工艺也可以获得某些具有铁磁性、耐蚀性等特殊物理性能和化学性能的钢材。

3.1 钢的热处理原理概述

改善钢的性能主要有两种途径：一种是通过合金化（alloying）的方法，即在钢中加入合金元素，调整钢的化学成分；另一种是通过热处理（heat treatment）的方法，即改变钢的组织结构。钢的热处理是将钢在固态下加热到预定温度，并在该温度下保持一段时间，然后以一定的速度冷却的一种热加工工艺。与其他加工工艺（如铸造、锻造、焊接等）不同，热处理工艺只改变金属材料的组织和性能，而不改变其形状和尺寸。钢的热处理工艺过程可以通过温度-时间坐标图进行绘制，其曲线称为热处理工艺曲线，如图 3-2 所示。图中的加热速度（$v_{加热}$）、加热温度（$T_{加热}$）、保温时间（$t_{保温}$）、冷却速度（$v_{冷却}$）称为热处理工艺参数。

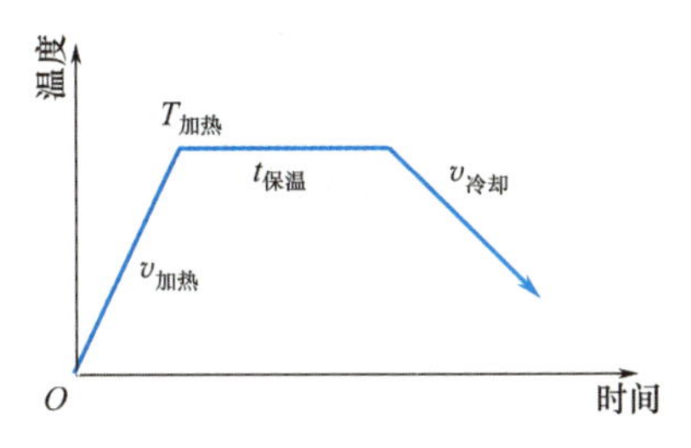

图 3-2 热处理工艺曲线

热处理是一种重要的金属热加工工艺，在机械制造业应用广泛。通过适当热处理可以显著提高钢的机械性能，充分发掘材料的潜能，降低结构质量，节约材料，降低成本，还能延长工件的使用寿命。据初步统计，机床制造中 60%～70%的工件要经过热处理，汽车、拖拉机制造业中需要热处理的工件达 70%～80%，模具、滚动轴承则要 100%经过热处理。总之，重要的工件都要经过适当的热处理才能使用。钢能进行热处理是由于钢在固态下能够产生相变，即固态相变。固态相变是指当温度和压力等外部条件改变时，材料在固态下由于化学成分、晶体结构或有序度的改变而发生相状态的改变。固态相变可以改变钢的组织结构，进而改变钢的性能。固态相变是材料科学中的重要研究课题之一。钢的固态相变的规律称为热处理原理，它是制定热处理的加热温度、保温时间和冷却方式等工艺参数的理论依据。

原则上只有在加热或冷却时溶解度发生显著变化或者发生类似纯铁的同素异构转变，即有固态相变发生的合金才能进行热处理强化。纯金属、某些单相合金等不能用热处理强化，只能采用加工硬化等方法进行强化。

3.2 热处理的分类

常见热处理工艺的种类众多，通常根据其加热、冷却方法的不同及钢组织和性能变化的特点分为以下几类，如图 3-3 所示。

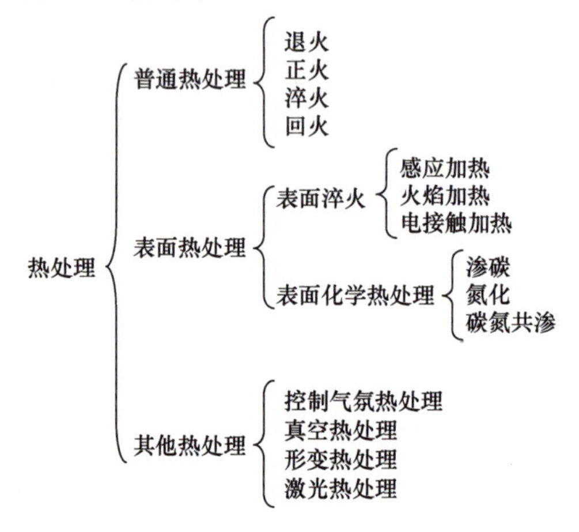

图 3-3 常见热处理工艺的种类

3.3 钢在加热时的组织转变

3.3.1 钢的相变温度

铁碳相图是确定钢的热处理工艺的重要依据。为了方便，常把铁碳相图中的 *PSK* 线、*GS* 线和 *ES* 线分别称为 A_1 线、A_3 线和 A_{cm} 线。碳钢发生相变的温度称为临界点，因此 A_1 线、A_3 线和 A_{cm} 线就是碳钢在极缓慢加热和冷却（热力学平衡态）时的临界点。共析钢、亚共析钢和过共析钢分别加热到 A_1 线、A_3 线和 A_{cm} 线以上温度才能获得单相奥氏体组织。铁碳合金相图是在热力学平衡条件下制定的。但实际上，加热或冷却过程并不是热力学的可逆过程，不能进行无限缓慢的加热和冷却，而是以一定的速度进行的，因此存在过热和过冷现象，这些现象会导致实际相变温度滞后于理论相变温度。加热和冷却的速度越大，过热度和过冷度越大，相变温度偏离平衡临界点的程度也越大。图 3-4 所示为加热和冷却时钢的相变点的位置。图中，A_1 线、A_3 线和 A_{cm} 是热力学平衡条件下钢的相变温度；A_{c1} 线、A_{c3} 线和 A_{ccm} 线是加热时钢的相变温度；A_{r1} 线、A_{r3} 线和 A_{rcm} 是冷却时钢的相变温度。

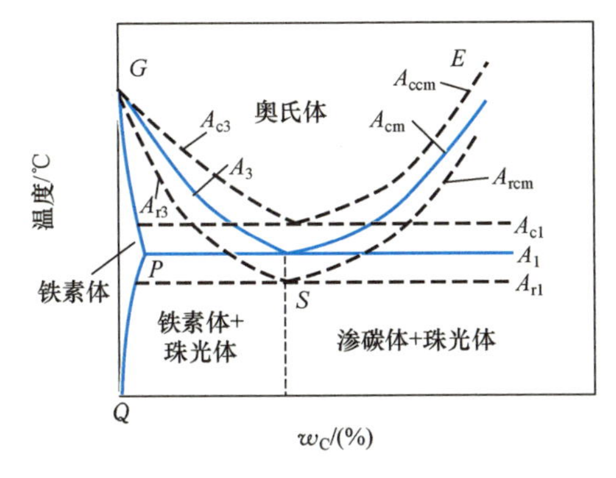

图 3-4 加热和冷却时钢的相变点的位置

3.3.2 钢的奥氏体化过程及影响因素

钢在加热和保温时奥氏体形成的过程称为奥氏体化。通常将钢经加热获得奥氏体的转变过程称为奥氏体化过程。共析钢的奥氏体化过程是珠光体向奥氏体转变的过程，亚共析钢的奥氏体化过程是铁素体和珠光体向奥氏体转变的过程，过共析钢的奥氏体化过程是渗碳体和珠光体向奥氏体转变的过程。钢的奥氏体化过程中的晶格重组和成分改变是通过原子扩散实现的，属于扩散型相变，相变过程遵循形核和晶核长大的基本规律。

1. 钢的奥氏体化过程

(1) 共析钢的奥氏体化过程。

共析钢缓慢冷却得到的平衡组织是片状珠光体，它是由片状铁素体和渗碳体交替组成的两相混合物。当以一定的加热速度加热至奥氏体化温度（A_{c1}）以上温度时，将发生珠光体向奥氏体的转变。共析钢的奥氏体化过程的转变式为

$$\alpha + Fe_3C \rightarrow \gamma$$

铁素体的晶体结构是体心立方结构，最大溶碳量为0.0218%；渗碳体的晶体结构是复杂斜方结构，最大溶碳量为6.69%；奥氏体的晶体结构是面心立方结构，最大溶碳量为2.11%。转变过程中的反应物和生成物的晶体结构和成分都不相同，因此转变过程中必然涉及碳的重新分布和铁的晶格改组，这两个变化是借助碳原子和铁原子的扩散进行的。因此，珠光体向奥氏体的转变（即奥氏体化）是一个典型的扩散型相变，是通过碳原子和铁原子的扩散实现的。

共析钢的奥氏体化过程分为四个阶段，如图3-5所示。

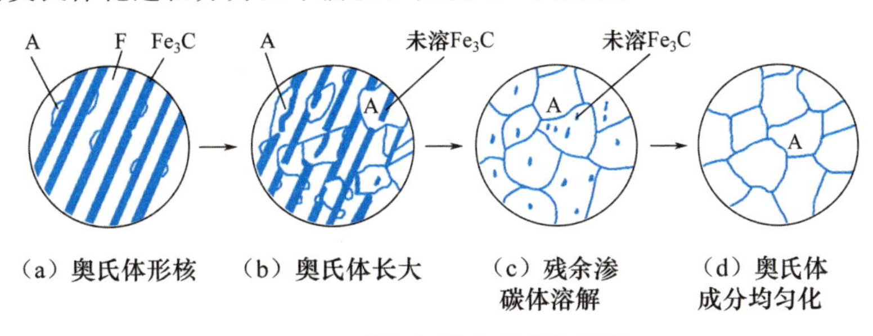

图 3-5 共析钢的奥氏体化过程

① 奥氏体形核。将共析钢加热至 A_1 以上温度时，奥氏体晶核通常优先在铁素体和渗碳体相界面上形核。这是因为相界面上原子排列不规则，偏离平衡位置，处于能量较高的状态，并且相界面上碳浓度处于过渡状态（界面一侧是含碳量低的铁素体，另一侧是含碳量高的渗碳体），这种排列容易出现碳浓度起伏，所以相界面具备形核所需的结构起伏（原子排列不规则）、能量起伏（处于高能量状态）和浓度起伏，奥氏体晶核易于在相界面上形核。

② 奥氏体长大。当奥氏体晶核在相界面上形成后，与自身含碳量高的渗碳体接触的奥氏体一侧含碳量较高，而与自身含碳量低的铁素体接触的奥氏体一侧含碳量较低，导致碳在奥氏体中由高浓度一侧向低浓度一侧扩散。碳在奥氏体中的扩散一方面促使铁素体向奥氏体转变，另一方面促使渗碳体不断溶入奥氏体中，奥氏体随之逐渐长大。

③ 残余渗碳体溶解。铁素体消失后，随保温时间的延长，残余渗碳体通过碳原子的扩散逐渐溶入奥氏体中，直至渗碳体消失。

④ 奥氏体成分均匀化。渗碳体完全溶解后，碳在奥氏体中的成分是不均匀的。原先是渗碳体的位置含碳量高，铁素体的位置含碳量低，随着保温时间的延长，通过碳原子的扩散，最终形成含碳量分布均匀的奥氏体。

综上分析可知，共析钢的奥氏体化过程包括奥氏体形核、奥氏体长大、残余渗碳体溶解、奥氏体成分均匀化四个阶段，这四个阶段的完成时间也存在较大差异。第一阶段，奥氏体形核反应较快，通常只需 10s 左右；第二阶段，奥氏体形核后向铁素体和渗碳体两侧长大，大概需要几百秒；第三阶段，残余渗碳体溶解大概需要上千秒；第四阶段，奥氏体中的碳充分扩散达到完全均匀化则需要上万秒。因此，钢在热处理时在加热到一定温度后还需要足够的保温时间，以确保钢的奥氏体化过程完成。

奥氏体化的目的通常是获得成分均匀、晶粒细小的奥氏体，而在实际热处理生产中会按实际工艺来控制奥氏体化程度。例如，进行球化退火的钢件，需对其奥氏体化过程的第三阶段和第四阶段进行严格控制，使奥氏体中的碳分布不均匀，从而便于生成粒状珠光体。

（2）亚共析钢的奥氏体化过程。

亚共析钢的原始组织为先共析铁素体和珠光体。将亚共析钢加热到 A_{c1} 以上温度时，首先发生珠光体向奥氏体转变，转变过程与共析钢的奥氏体化过程相同，也包括奥氏体形核、奥氏体长大、残余渗碳体溶解和奥氏体成分均匀化四个阶段。当加热到 $A_{c1} \sim A_{c3}$ 温度时，先共析铁素体开始向奥氏体转变。当继续加热到 A_{c3} 以上温度时，先共析铁素体全部转变，亚共析钢中只有单相奥氏体。亚共析钢的奥氏体化过程的转变式为

$$\alpha + P \rightarrow \alpha + \gamma \rightarrow \gamma$$

（3）过共析钢的奥氏体化过程。

过共析钢的原始组织为二次渗碳体和珠光体。将过共析钢加热到 A_{c1} 以上温度时，首先发生珠光体向奥氏体转变，转变过程与共析钢的奥氏体化过程相同，也包括奥氏体形核、奥氏体长大、残余渗碳体溶解和奥氏体成分均匀化四个阶段。当加热到 $A_{c1} \sim A_{ccm}$ 温度时，二次渗碳体开始向奥氏体转变。当继续加热到 A_{ccm} 以上温度时，二次渗碳体全部溶解，过共析钢中只有单相奥氏体。过共析钢的奥氏体化过程的转变式为

$$Fe_3C_{II} + P \rightarrow Fe_3C_{II} + \gamma \rightarrow \gamma$$

将亚共析钢加热到 A_{c1}～A_{c3} 温度时，原始组织中的珠光体已经转变为奥氏体，但仍存在未转变的铁素体，此时钢中为铁素体和奥氏体混合的两相组织，这种奥氏体化称为不完全奥氏体化或者部分奥氏体化。同理，将过共析钢加热到 A_{c1}～A_{ccm} 温度时，原始组织中的珠光体已经转变为奥氏体，但仍存在未转变的二次渗碳体，此时钢中为渗碳体和奥氏体混合的两相组织，这种奥氏体化过程也是不完全奥氏体化或者部分奥氏体化。在实际热处理生产过程中，对亚共析钢和共析钢的加热通常要完全奥氏体化，而对过共析钢的加热通常只进行部分奥氏体化。

2. 影响奥氏体转变的因素

钢中奥氏体的形成过程遵循形核和晶核长大的基本规律，因此凡是影响形核和晶核长大的因素都会对奥氏体的转变产生影响。

(1) 加热温度。

较高的加热温度能够提高原子的迁移能力，从而使奥氏体形核率及长大速率都迅速增大，奥氏体化过程也随之加快。

(2) 加热速度。

加热速度越快，过热度越大，奥氏体转变所用时间也随之越短。

(3) 原始组织和化学成分。

由于奥氏体的晶核容易先在铁素体和渗碳体的相界面上形成，因此钢的含碳量越接近于共析成分，珠光体的相对量越多，原始组织越细，则铁素体和渗碳体的相界面越多，奥氏体的形成速度越快。

钢中的合金元素对奥氏体的形成具有不同的影响作用。例如，Co、Ni 等元素会加快碳在奥氏体中的扩散速度；Cr、Mo、W、V 等元素会减缓碳在奥氏体中的扩散速度；Si、Al、Mn 等元素对碳在奥氏体中的扩散速度没有显著影响。

3.3.3 奥氏体晶粒的尺寸及影响因素

1. 奥氏体晶粒度的概念

钢加热的目的是得到成分均匀、晶粒细小的奥氏体，以便钢在冷却后得到晶粒细小、力学性能良好的基体组织。因此，奥氏体的晶粒尺寸是评价钢加热质量的重要指标之一。奥氏体的晶粒尺寸通常用晶粒度（grain size）表示。晶粒度是指在金相显微镜下单位面积的晶粒个数。奥氏体晶粒度可分为8个级别，其标准金相图（×100）如图 3-6 所示。若要测定某种钢的奥氏体晶粒度，只需把该钢的奥氏体金相图与标准金相图比较，就可以得到钢的奥氏体晶粒度级别，并以此来判断奥氏体的晶粒尺寸。

奥氏体晶粒个数与晶粒度级别的关系为

$$N=2^{G-1} \tag{3-1}$$

式中，N 表示在显微镜下放大 100 倍时，每平方英寸面积内包含的晶粒个数；G 表示显微晶粒度级别。

式(3-1) 表明，晶粒度级别 G 数值越小，每平方英寸面积内包含的奥氏体晶粒个数

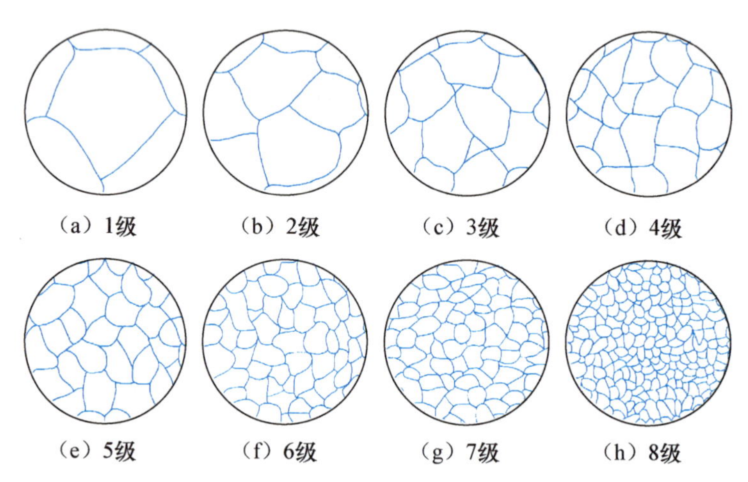

图 3-6 奥氏体晶粒度标准金相图(×100)

越少，奥氏体晶粒越粗大。一般规定：$G<1$，为超粗晶粒；$G=1\sim4$，为粗晶粒；$G=5\sim8$，为细晶粒；$G>8$，为超细晶粒。

奥氏体晶粒度涉及三个概念：起始晶粒度、实际晶粒度和本质晶粒度。

(1) 起始晶粒度。

起始晶粒度指珠光体向奥氏体转变完成时的奥氏体晶粒尺寸，奥氏体晶粒通常较为细小且均匀。

(2) 实际晶粒度。

实际晶粒度指钢在某一具体加热条件下实际获得的奥氏体晶粒尺寸。实际晶粒度一般比起始晶粒度大，其大小直接影响钢热处理后的性能。

(3) 本质晶粒度。

本质晶粒度指钢在特定的加热条件下奥氏体晶粒长大的倾向性，并不是晶粒尺寸的实际度量。本质晶粒度又可分为本质粗晶粒度和本质细晶粒度。

将钢加热至指定温度[(930±10)℃]，保温一定时间（一般为3～8h），冷却后制成金相试样，然后将在显微镜下放大100倍的显微组织和晶粒度标准金相图（图3-6）比较，测定的晶粒度即为本质晶粒度。晶粒度为1～4级的为本质粗晶粒钢，晶粒度为5～8级的为本质细晶粒钢。

本质晶粒度只是表征该钢种在通常的热处理条件下奥氏体晶粒长大的倾向性，并不代表实际的晶粒尺寸。本质粗晶粒度钢的实际晶粒度并非一定粗大，本质细晶粒度钢的实际晶粒度也并非一定细小，实际的晶粒尺寸与具体的热处理工艺有关。图3-7所示为本质粗晶粒度钢和本质细晶粒度钢在加热时晶粒长大的倾向性。在低于950℃时，本质细晶粒度钢随着加热温度的升高，奥氏体晶粒不易长大；而在低于950℃时，本质粗晶粒度钢随着加热温度的升高，奥氏体晶粒迅速长大。然而，当加热温度升至950～1000℃时，本质细晶粒度钢的实际晶粒度反而比本质粗晶粒度钢大，这说明加热温度在950～1000℃以上时，本质细晶粒度钢反而具有比本质粗晶粒度钢更大的晶粒长大的倾向性。

出现上述现象的原因是本质细晶粒度钢通常含有形成AlN、VN、TiN、NbN、ZrN等高熔点化合物的合金元素，形成的难熔化合物分布在奥氏体晶界上。在正常加热情况

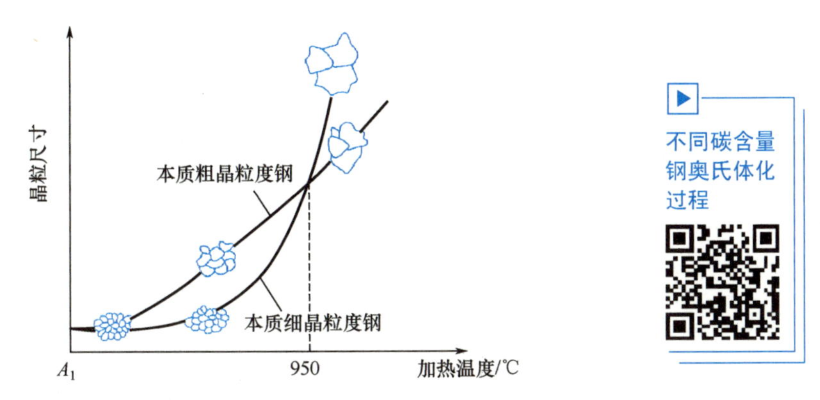

图 3－7 本质粗晶粒度钢和本质细晶粒度钢在加热时晶粒长大的倾向性

下，难熔化合物对原子扩散起机械阻碍作用，从而阻碍晶粒进一步长大。但是，如果加热温度过高，这些难熔化合物也会熔解或聚集长大，从而失去或减弱阻碍原子扩散的作用，此时奥氏体晶粒会突然长大，甚至超过本质粗晶粒度钢，出现本质细晶粒度钢比本质粗晶粒度钢晶粒更加粗大的现象。

在常规热处理工艺中，本质晶粒度是确定钢的热处理工艺参数进而控制热处理质量的重要依据。由于热处理工艺操作不当导致的加热过程中奥氏体晶粒显著粗大的现象称为过热，在加热过程中应尽可能避免。需要热处理的钢件也应尽可能选择本质细晶粒度钢。

2. 影响奥氏体晶粒长大的因素

（1）加热温度和保温时间。

奥氏体晶粒长大是通过原子扩散促使晶界迁移来完成的。因此，所有加速原子扩散的因素都能促进奥氏体晶粒长大。提高钢奥氏体化过程的加热温度和延长保温时间能够加速原子扩散，有利于晶界迁移，促使奥氏体晶粒长大。由图 3－8 可见，在设定温度下进行保温时，初始奥氏体晶粒长大迅速。随着保温时间的不断延长，奥氏体晶粒长大速度放缓。在这两个影响因素中，加热温度的影响尤为显著。所以，在合理选择保温时间的同时更应该严格控制加热温度。

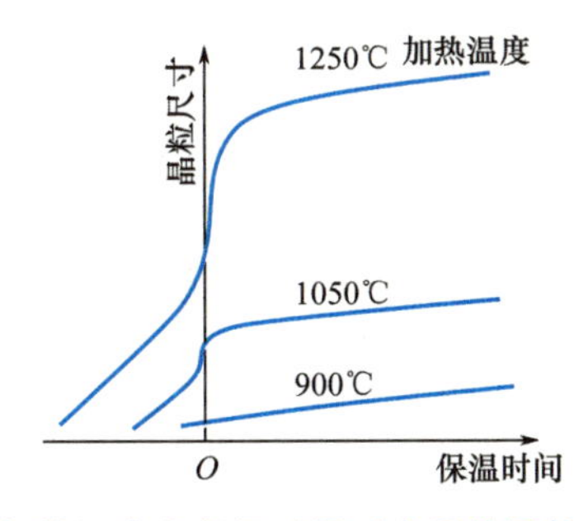

图 3－8 加热温度和保温时间对奥氏体晶粒长大的影响

（2）加热速度。

在钢的奥氏体化过程中，当加热温度不变时，加热速度越快，过热度越大，奥氏体的形核率越高，转变刚结束时的奥氏体晶粒越细小。工业生产中的表面淬火就是利用快速加热、短时保温的方法，以获得晶粒细小的奥氏体。

(3) 化学成分的影响。

化学成分的影响可分为含碳量的影响和其他合金元素的影响。合金元素是指为了改善钢的性能而在冶炼时额外添加的元素。随着奥氏体中含碳量的增加，碳原子和铁原子的扩散速度加快，晶界迁移速度加快，奥氏体晶粒长大的倾向性增强。然而，如果碳以碳化物的形式存在于钢中，则会降低晶界迁移的速度，阻碍奥氏体晶粒长大。一旦碳化物溶解于奥氏体中，碳化物阻碍晶粒长大的作用就会消失，奥氏体晶粒将迅速长大。钢冶炼时加入适量的 Ti、Zr、Nb、V 等强碳化物形成元素，有利于得到本质细晶粒度钢。Ti、Zr、Nb、V 等元素能在钢中形成碳化物或氮化物，这些碳化物或氮化物的熔点很高，加热时不易溶入奥氏体中，具有阻碍晶界迁移、抑制奥氏体晶粒长大的作用。在钢中不形成碳化物的 Si、Ni、Cu 等元素有部分阻碍奥氏体晶粒长大的作用。钢中的 Mn、P、N 等元素会加速奥氏体晶粒长大。

扩展阅读

钢的新型晶粒细化技术

开发性能优异并适合大规模生产的新型高强钢可以实现交通装备的轻型化，具有巨大的市场需求。孪晶钢因具有优异的成形性能、抗拉强度（800～1000MPa）和均匀延展性（≥50%），成为汽车轻型化设计的首选材料，但其屈服强度低，严重制约了工程应用。如何在保证其高加工硬化率、高塑性、高韧性的同时大幅提升材料强度是交通装备制造等国民经济领域面临的关键问题。

细晶强化是同步提升材料韧性和强度的重要手段。然而，由于孪晶钢在冷却过程中不具备固态相变，因此其无法像低合金高强度钢一样通过轧制和快速冷却等工艺获得超细晶粒，故不得不采用等通道转角挤压、高压扭转等大塑性变形方法获得超细晶粒。这些方法生产成本高、样品尺寸小，而且细晶材料中通常含有高密度位错、空位等晶体缺陷，会大大降低其均匀延展性，很难实现规模化生产。

为解决超细晶奥氏体钢的规模化制备的技术问题，北京科技大学新金属材料国家重点实验室吕昭平教授团队与来自英国谢菲尔德大学、美国国家标准与技术研究院及泰斯研究公司、郑州大学等国内外科研机构的材料学家们研发了一种新型晶粒细化技术。通过微量铜合金化，在再结晶过程中实现超细再结晶晶粒内部快速、大量共格无序析出，通过强烈而持续的 Zener 钉扎抑制超细再结晶晶粒长大，从而实现工业化条件下获得超细晶 TWIP 钢。该技术通过影响局部层错能细化了超细晶 TWIP 钢的机械孪晶，而晶内无序析出几乎不钉扎位错移动，从而在细化晶粒的同时进一步提升了超细晶 TWIP 钢加工硬化能力。通过这一技术得到的超细晶 TWIP 钢屈服强度达到 710MPa，抗拉强度高达 2000MPa，同时均匀真应变超过了 45%。该项技术具有一定的普适性，对其他合金体系的晶粒细化具有一定指导意义。

3.4 钢在冷却过程中的组织转变

钢的加热是为了获得晶粒细小、成分均匀的奥氏体，为随后的冷却做准备。冷却方式和冷却速度会对钢冷却后的组织和性能产生决定性的影响，因此掌握钢在冷却过程中的组织转变规律尤为重要。

在实际生产过程中，奥氏体化钢的冷却方式(图 3-9) 通常有两种：一种是等温冷却，即将奥氏体化钢迅速冷却至平衡临界温度 A_1 以下的某一温度，保温一定时间，使奥氏体发生等温转变，转变结束后再冷却至室温；另一种是连续冷却，即将奥氏体化钢以一定冷却速度一直冷却（油冷、水冷等）至室温，使奥氏体在一定温度范围内发生组织转变。

与平衡冷却时的冷却速度（非常缓慢）不同，实际工业生产中的冷却速度通常都比较快，一般称为非平衡冷却。钢非平衡冷却后获得的组织称为非平衡组织，如索氏体、屈氏体、马氏体等。

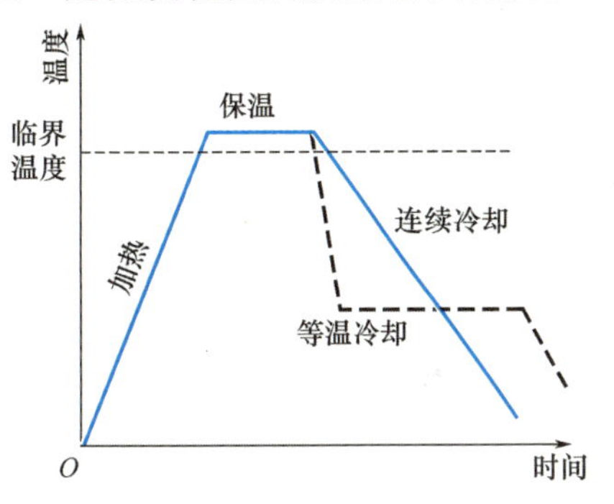

图 3-9 奥氏体化钢的冷却方式

以共析钢为例，参照铁碳相图可知，平衡状态下奥氏体存在于 A_1 线以上，此时的奥氏体是稳定的，当缓慢冷却到 A_1 线以下时，奥氏体转变为珠光体。通过极为缓慢的平衡冷却获得的组织称为室温平衡组织。共析钢的室温平衡组织为珠光体，亚共析钢的室温平衡组织为先共析铁素体和珠光体，过共析钢的室温平衡组织为二次渗碳体和珠光体。

非平衡冷却与平衡冷却不同，当钢从奥氏体非平衡冷却到 A_1 线以下时，奥氏体转变为即将发生转变的不稳定组织，并根据实际冷却方式转变为索氏体、屈氏体、马氏体等非平衡组织。实际工业热处理过程中大多都是非平衡冷却。这种在 A_1 线以下存在即将发生转变的奥氏体称为过冷奥氏体。过冷奥氏体的吉布斯自由能高，处于热力学不稳定状态。根据冷却速度（即过冷度）的不同，其可能会发生珠光体转变、贝氏体转变和马氏体转变。

热处理工艺中采用不同的冷却方式，过冷奥氏体将转变为不同的组织，最终性能具有很大的差异。45 钢经 840℃加热并在不同条件下冷却后的力学性能见表 3-1。

表 3-1 45 钢经 840℃加热并在不同条件下冷却后的力学性能

冷却方法	力学性能				
	R_m/MPa	R_e/MPa	A/(%)	Z/(%)	硬度/HRC
随炉冷却	519	272	32.5	49	15～18
空气中冷却	657～706	333	15～18	45～50	18～24
油中冷却	882	608	18～20	48	40～50
水中冷却	1078	706	7～8	12～14	52～60

3.4.1 过冷奥氏体的等温转变

钢的过冷奥氏体的等温转变图，即 TTT 图（time temperature transformation diagram），能够综合反映钢中过冷奥氏体在不同过冷度下的等温转变过程，即转变开始和结束时间、转变产物、转变量与时间和温度的关系等。

过冷奥氏体的等温转变图可通过实验方法建立。由于过冷奥氏体在转变过程中伴有体积膨胀、组织变化、磁性转变及其他性能变化，因此可通过金相-硬度法、膨胀法、磁性法等方法来建立过冷奥氏体等温转变图。现以共析钢为例，分析过冷奥氏体的等温转变规律。

1. 共析钢过冷奥氏体等温转变图的建立

将共析钢加工成圆片状薄试样并分成若干组，将各组试样在相同加热温度下奥氏体化，保温一定时间后得到均匀奥氏体组织，再将其迅速冷却到 A_1 线以下不同温度（如700℃、650℃、600℃、550℃等）的盐浴中保温，每隔一定时间取出一组试样立即淬入盐水中，使未转变的奥氏体转变为马氏体。如果过冷奥氏体尚未发生等温转变，则试样组织全为白色的马氏体；如果过冷奥氏体已开始发生分解（产物为黑色），则尚未分解的过冷奥氏体转变为马氏体；如果过冷奥氏体已经分解完毕，水淬后的组织则没有马氏体。结合显微观察、硬度测定和定量分析，即可确定过冷奥氏体在 A_1 线以下不同温度保温不同时间时，转变产物的类型及转变的体积分数。由此测定各等温温度下的转变开始时间和结束时间，并将其绘制在同一温度-时间坐标系中，连成曲线就可得到共析钢的过冷奥氏体等温转变图，如图 3-10 所示。

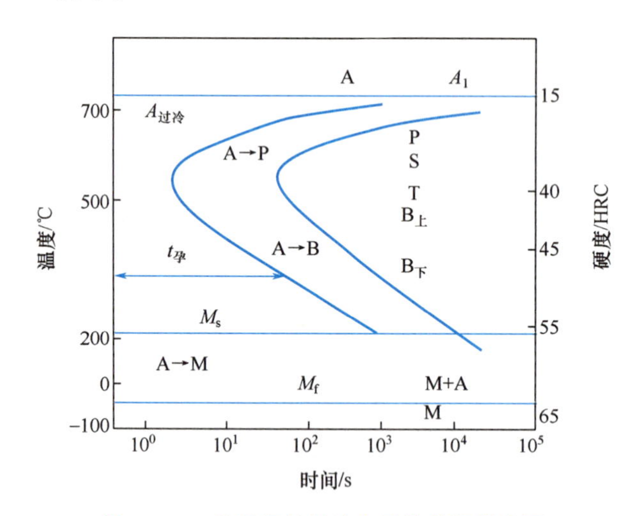

图 3-10 共析钢的过冷奥氏体等温转变图

图 3-10 中最上部的水平线是 A_1 线，它是奥氏体和珠光体发生相互转变的平衡临界温度。水平线 A_1 以上的区域称为奥氏体区，在此区域内，共析钢中的奥氏体稳定存在。A_1 线下方为不稳定的过冷奥氏体（$A_{过冷}$）及其组织转变区。

TTT 图中部有两条曲线，形似英文字母“C”，故常称 TTT 图为 C 曲线。左边一条 C 曲线是过冷奥氏体转变起始线。一定温度下，温度纵轴到该曲线的水平距离代表过冷奥氏体开始等温转变需要的时间，称为孕育期。孕育期越长，说明过冷奥氏体越稳定；孕育期越短，说明过冷奥氏体越不稳定。在550℃左右，孕育期最短，过冷奥氏体稳定性最差，该温度点称为C曲线的“鼻尖”温度。右边一条C曲线是过冷奥氏体转变结束线。一定温度下，温度纵轴到该曲线的水平距离代表过冷奥氏体等温转变结束需要的时间。C曲线下部有两条水平线 M_s 和 M_f，分别代表过冷奥氏体发生马氏体（M）转变的开始温度和结束温度。由 A_1 水平线、温度纵轴、M_s 水平线和左边的C曲线（即过冷奥氏体转变起始线）围成的区域称为过冷奥氏体区。通过过冷奥氏体的等温转变图可以分析钢在 A_1 线以下不同温度进行等温转变的产物。等温温度不同，过冷奥氏体等温转变产物有珠光体型和贝氏体型两种。等温转变温度越低，生成组织晶粒越细小，强度、硬度也越高。过冷奥氏体等温转变的高温转变产物和中温转变产物见表3-2。

表3-2 过冷奥氏体等温转变的高温转变产物和中温转变产物

转变类型	转变温度/℃	转变产物	符号	显微组织特征	硬度/HRC
高温转变	A_{c1}～650	珠光体	P	粗片状铁素体与渗碳体混合物	<25
	650～600	索氏体	S	600倍光学金相显微镜下才能分辨的细片状珠光体	25～35
	600～550	屈氏体	T	在光学金相显微镜下已无法分辨的极细片状珠光体	35～40
中温转变	550～350	上贝氏体	$B_{上}$	羽毛状组织	40～45
	350～M_s	下贝氏体	$B_{下}$	黑色针状（竹叶状）组织	45～55

通过等温冷却只能生成珠光体和贝氏体，必须通过连续冷却才能生成马氏体。

2. 亚共析钢和过共析钢的等温转变图

亚共析钢的等温转变图（图3-11）与共析钢的等温转变图不同之处是：在C曲线上

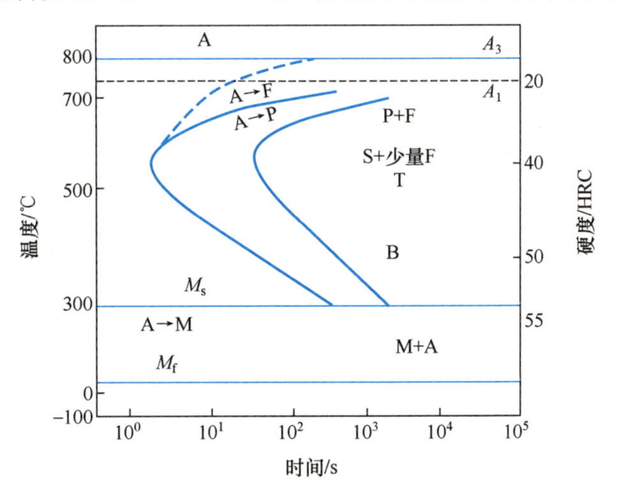

图3-11 亚共析钢的等温转变图

方多了一条过冷奥氏体转变为铁素体的转变起始线。随着含碳量的减少，C 曲线向左移动，同时马氏体转变开始温度 M_s 线和马氏体转变结束温度 M_f 线向上移动。亚共析钢发生过冷奥氏体等温转变时，在高温转变区由一部分过冷奥氏体先转变为铁素体，剩余的过冷奥氏体再转变为珠光体。其余转变过程与共析钢的转变过程类似。

过共析钢的等温转变图（图 3－12）与共析钢的等温转变图不同之处是：在 C 曲线上方多了一条过冷奥氏体转变为二次渗碳体的转变起始线。随着含碳量的减少，C 曲线向右移动，同时马氏体转变开始温度 M_s 线和马氏体转变结束温度 M_f 线向下移动。过共析钢发生过冷奥氏体等温转变时，在高温转变区由一部分过冷奥氏体先转变为二次渗碳体，剩余的过冷奥氏体再转变为珠光体。其余转变过程与共析钢的转变过程类似。

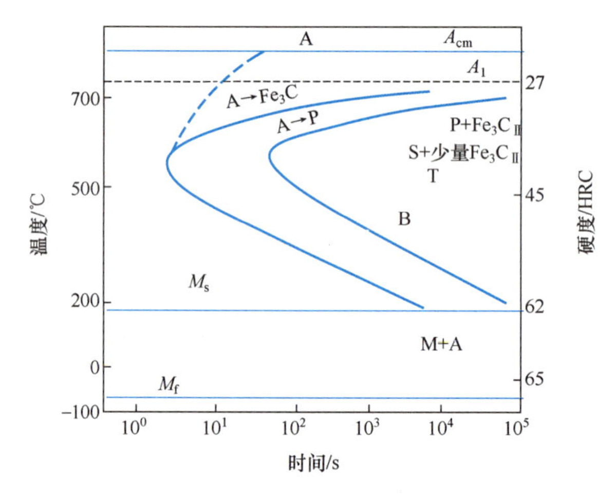

图 3－12　过共析钢的等温转变图

3. 影响过冷奥氏体等温转变的主要因素

C 曲线的形状和位置对过冷奥氏体的稳定性、转变产物性能及热处理工艺的制定有着十分重要的影响。影响 C 曲线形状和位置的主要因素是奥氏体的成分（含碳量、合金元素等）和加热条件（加热温度和保温时间）。

（1）含碳量。

钢中含碳量的变化只改变 C 曲线的位置，不改变 C 曲线的形状。

对共析钢来说，因含碳量固定为 0.77%，C 曲线位置最靠右，过冷奥氏体最稳定，奥氏体转变最慢。

对亚共析钢来说，钢中奥氏体含碳量增加，奥氏体的稳定性提高，C 曲线右移，过冷奥氏体转变的孕育期延长。因此，亚共析钢含碳量越高，则奥氏体中含碳量越高，奥氏体越稳定，C 曲线越靠右。

对过共析钢来说，钢中有未溶渗碳体（或其他高熔点碳化物），并且随其量的增加，奥氏体含碳量减少，C 曲线左移，奥氏体的稳定性下降，奥氏体转变加速。因此，过共析钢含碳量越高，二次渗碳体量越多，则奥氏体含碳量越少，C 曲线越靠左。

（2）合金元素。

钢中的合金元素既可能改变 C 曲线的位置，又可能改变 C 曲线的形状。除 Co、Al

（w_{Al}＞2.5％）外，其他合金元素溶入奥氏体中都能提高奥氏体的稳定性，使C曲线右移，并使 M_s 线降低。Cr、W、Mo、V、Ti、Nb、Zr 等元素不但会使C曲线右移，还会改变C曲线的形状，合金元素对C曲线位置和形状的影响如图3－13所示。

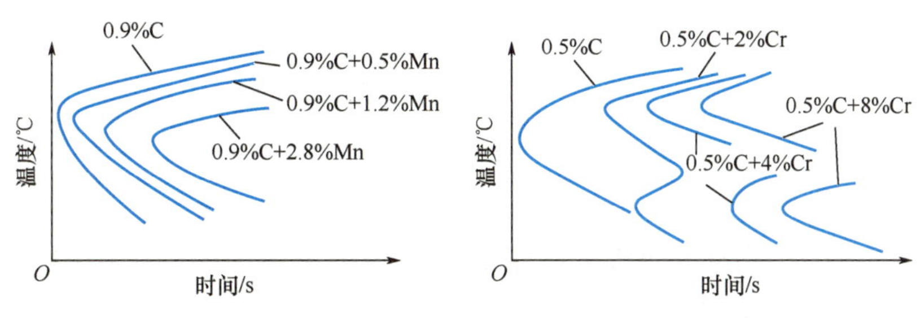

图3－13　合金元素对C曲线位置和形状的影响

（3）加热温度和保温时间。

奥氏体化温度越高，保温时间越长，奥氏体成分越均匀，同时晶粒也越大，晶界面积越小，导致过冷奥氏体转变的形核率降低，不利于奥氏体分解，使其稳定性增大，C曲线向右移动。因此，应用C曲线时需注意其奥氏体化的条件。

4. 共析钢过冷奥氏体等温转变产物的组织和性能

（1）珠光体转变。

① 层片状珠光体组织。共析成分的奥氏体过冷到 A_1～550℃等温冷却后，将发生共析转变，生成珠光体组织，其转变反应式为

$$\gamma \rightarrow \alpha + Fe_3C$$

珠光体是铁素体和渗碳体组成的片层相间的机械混合物。在奥氏体转变成铁素体和渗碳体的过程中，伴有两个过程同时进行：一个是碳原子和铁原子的扩散，由此生成高碳的渗碳体和低碳的铁素体；另一个是晶格的重组，由面心立方结构的奥氏体转变为体心立方结构的铁素体和复杂斜方结构的渗碳体。这两个过程均是通过碳原子和铁原子的扩散实现的，由于转变温度较高，铁原子和碳原子都具有较强的扩散能力，因此该转变是典型的扩散型相变。

珠光体转变也可分为形核和长大两个阶段。当钢为共析成分时，珠光体在奥氏体晶界上形核；当钢的成分偏离共析成分时，珠光体通常在位于奥氏体晶界处的先共析相（铁素体或渗碳体）上形核。珠光体长大的基本方式是沿片层的长轴方向长大，称为纵向长大；同时珠光体也可以横向长大。

图3－14所示为共析钢珠光体转变示意图。由于能量起伏、成分起伏和结构起伏，在奥氏体晶界上会先产生一小片渗碳体晶核，这种片状渗碳体晶核按非共格扩散方式不仅纵向长大，还横向长大。渗碳体横向长大时，吸收两侧的碳原子，从而使其两侧的奥氏体含碳量降低，当含碳量降低到足以形成铁素体时，在渗碳体两侧出现铁素体。新生成的铁素体，除伴随渗碳体纵向长大外，也横向长大。铁素体横向长大时，要向两侧的奥氏体中排出多余的碳，因而侧面奥氏体的含碳量会增高，这就促进另一片渗碳体的形成，出现新的渗碳体片。如此循环下去，许多铁素体与渗碳体相间的片层就形成了。最终长大的各珠光

体晶群相遇，奥氏体全部转变为珠光体，珠光体形成即告结束。

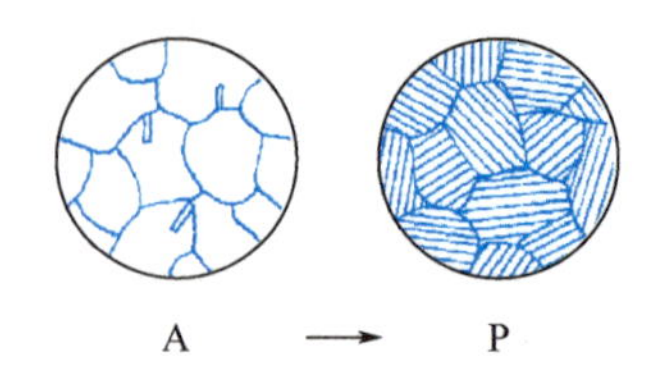

图 3-14　共析钢珠光体转变示意图

亚共析钢在发生珠光体转变前，奥氏体中会有先共析铁素体析出，从而使未转变奥氏体的成分发生改变。当未转变奥氏体成分改变为共析成分时，才会发生珠光体转变。亚共析钢珠光体转变示意图如图 3-15 所示。

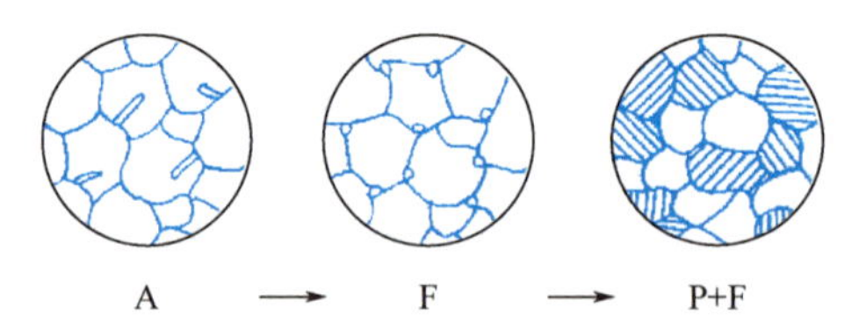

图 3-15　亚共析钢珠光体转变示意图

过共析钢在发生珠光体转变前，会有二次渗碳体析出，从而使未转变奥氏体的成分发生改变。当未转变奥氏体成分改变到共析成分时，才会发生珠光体转变。过共析钢珠光体转变示意图如图 3-16 所示。

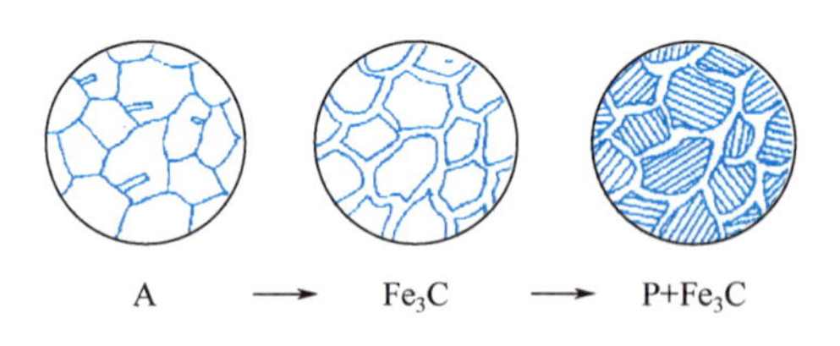

图 3-16　过共析钢珠光体转变示意图

珠光体片层间距随过冷度的增大而减小。共析钢珠光体型组织如图 3-17 所示，在 A_1～650℃（过冷度很小）时，可得到片层间距较大（>0.4μm）的珠光体，在 400 倍以上光学显微镜下就能分辨出层片形态；在 650～600℃（过冷度稍大）时，可得到层片间距较小（0.4～0.2μm）的细珠光体，一般称索氏体，在 800～1000 倍光学显微镜下才能分辨出

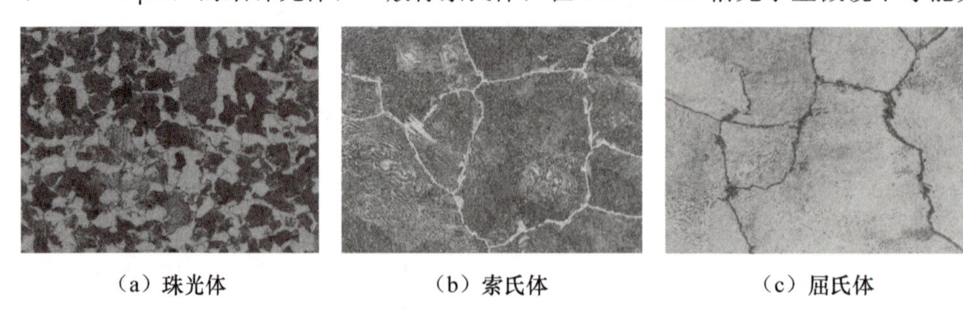

（a）珠光体　（b）索氏体　（c）屈氏体

图 3-17　共析钢珠光体型组织

层片形态；在 600～550℃（过冷度再大一些）时，可得到片层间距更细（<0.2μm）的极细珠光体组织，一般称屈氏体或托氏体，在高倍光学显微镜下也分辨不出片层形态，其呈现黑色团状，只有在电子显微镜下才能分辨出层片形态。

按转变温度由高到低，转变产物分别为珠光体、索氏体、屈氏体，片层间距由粗到细。其力学性能与片层间距大小有关，片层间距越小，则塑性变形抗力越大，强度和硬度越高，塑性越好。

② 粒状珠光体组织。粒状珠光体组织由铁素体和粒状碳化物组成，其特征是碳化物呈颗粒状分布在铁素体上，如图 3-18 所示。

图 3-18 粒状珠光体组织

珠光体的形成

粒状珠光体组织的形成机制通常有两种。一种形成机制是由过冷奥氏体直接转变形成粒状珠光体。要使过冷奥氏体直接转变形成粒状珠光体，必须使渗碳体在奥氏体内均匀弥散形成大量晶核，而这只有利用非均匀形核才能实现。因此，必须控制加热时奥氏体化的程度，使它只进行到奥氏体化的第二阶段，使奥氏体中残存大量未溶的渗碳体颗粒，这些渗碳体颗粒在溶入过程中已趋于球化；同时使奥氏体的碳浓度不均匀，存在许多高碳区和低碳区，这样过冷到 A_1 线以下足够低的温度，即在较小的过冷度时，就能在奥氏体晶粒内部均匀弥散形成大量渗碳体晶核。每个晶核独立长大，长大的同时必须使其周围的奥氏体贫碳而形成铁素体，即直接转变形成粒状珠光体。粒状珠光体形成的关键在于奥氏体化状态，需要使奥氏体的碳浓度分布不均匀，而且保留大量未溶的渗碳体颗粒。

另一种形成机制是层片状珠光体通过球化处理形成粒状珠光体，如图 3-19 所示。层片状珠光体本身是一种亚稳定组织，在较高温度、长时间加热后，原子迁移能力增强，扩散速度增加，层片状渗碳体会逐渐断裂、分散，并最终向更稳定的球状珠光体发展。更高的加热温度、更长的保温时间和更慢的冷却速度都有利于形成粒状珠光体。

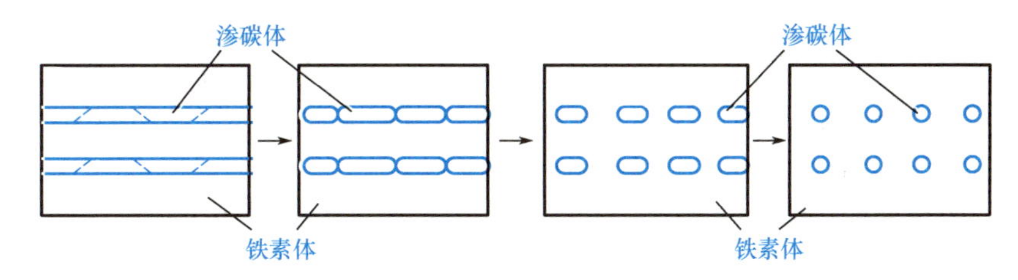

图 3-19 层片状珠光体通过球化处理形成粒状珠光体

③ 珠光体的性能。原始奥氏体晶粒越细，所得的珠光体团尺寸越小，硬度、强度越高，塑性也越好。层片状珠光体的力学性能主要取决于珠光体的片层间距。层片状珠光体的硬度和强度均随片层间距的缩小而提高，这是由于片层间距越小，单位体积钢中铁素体和渗碳体的相界面越多，对位错运动的阻碍越大，塑性变形抗力越大，因此硬度和强度都提高。层片状珠光体的塑性也随片层间距的减小而变好，这是由于片层间距越小，铁素体和渗碳体越薄，从而塑性越好。

与层片状珠光体相比，在成分相同的情况下，粒状珠光体的强度和硬度稍低于层片状珠光体，但断面收缩率和断后伸长率均优于层片状珠光体。强度和硬度稍低的原因是粒状珠光体的铁素体与渗碳体的界面较层片状珠光体少，而更高的塑性和韧性则是因为粒状珠光体的基体连续分布。此外，粒状珠光体的冷变形性能、可加工性能及淬火工艺性能都比层片状珠光体好，而且钢中含碳量越高，层片状珠光体的工艺性能越差。因此，高碳钢具有粒状珠光体组织，更有利于其切削加工和淬火。

④ 伪共析转变。亚共析钢的室温平衡组织由先共析的铁素体和珠光体组成，过共析钢的室温平衡组织由先共析的渗碳体和珠光体组成。由于亚共析钢的先共析铁素体太多，易于引起钢材硬度过低而难以切削加工；同理，由于过共析钢的先共析渗碳体太多，易于引起钢材脆性增大而产生断裂。

珠光体在铁碳合金平衡相图中，将共析成分附近的亚共析钢或过共析钢以较快的速度冷却至平衡相图中的 *GS* 线和 *ES* 线的反向延长线组成的阴影区，即伪共析转变区（图 3－20），先共析铁素体（亚共析钢）和先共析渗碳体（过共析钢）来不及析出，这样就形成了珠光体型的类共析组织。其合金成分并非共析成分，并且组织中铁素体和渗碳体的相对量也与共析成分的珠光体不同，随奥氏体含碳量而变化，这种转变称为伪共析转变，其转变产物称为伪共析组织。

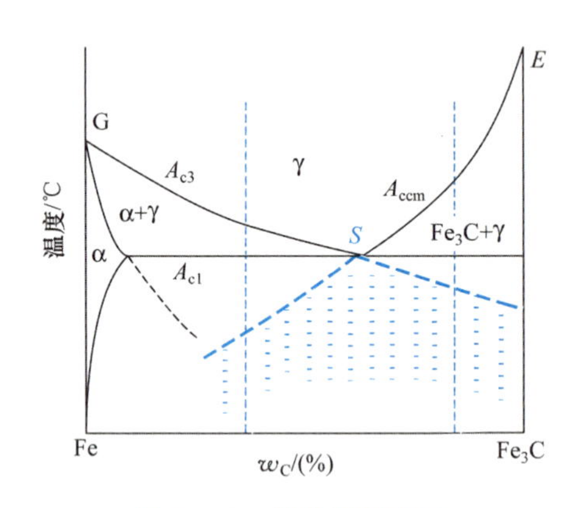

图 3－20　伪共析转变区

部分亚共析钢和过共析钢可以通过快速冷却的方式生成伪共析组织，从而抑制先共析相的生成。例如，为了提高钢板强度，采用热轧后立即水冷或喷雾冷却的方法能减少先共析铁素体的数量，从而增加伪共析组织的数量。

（2）贝氏体（bainite）转变。

当奥氏体过冷到 550℃～M_s 时将发生贝氏体转变。贝氏体是由含碳量过饱和的铁素体和微小的渗碳体（或 ε 碳化物、$Fe_{2.4}C$）组成的羽毛状（或针状）组织，用符号 B 表示。其中，把在550～350℃形成的由过饱和碳的铁素体和渗碳体组成的羽毛状组织称为上贝氏体；把在350℃～M_s形成的由过饱和碳的铁素体和ε碳化物组成的针状组织称为下贝氏体。

由于贝氏体的转变温度较低，铁原子扩散困难，但碳原子具有一定的扩散能力，因此贝氏体转变属于半扩散型转变。

上贝氏体的形成机理如图3-21所示。上贝氏体开始转变前，先在过冷奥氏体的贫碳区孕育出铁素体晶核，使其处于碳过饱和状态，从而使碳有从铁素体中向奥氏体扩散的倾向。当转变温度达到550～350℃时，铁素体从奥氏体晶界向晶内平行生长，随着密排铁素体条的伸长、变宽，生长中的铁素体中的碳不断通过界面扩散到周围的奥氏体中，在奥氏体晶界处的碳开始聚集。当含碳量足够高时，在条间沿条的长轴方向便析出碳化物，形成典型的上贝氏体。上贝氏体的金相显微组织如图3-22所示。上贝氏体组织在光学显微镜下呈羽毛状，在扫描电镜下上贝氏体组织由许多从奥氏体晶界向晶内平行生长的条状铁素体和相邻铁素体条间存在的断续的短杆状渗碳体组成。

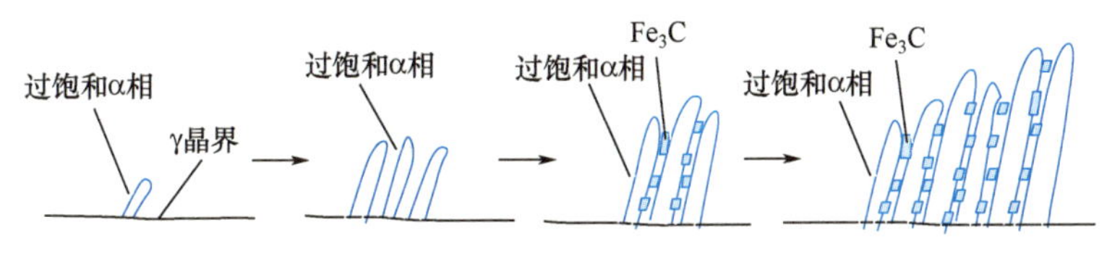

图3-21 上贝氏体的形成机理

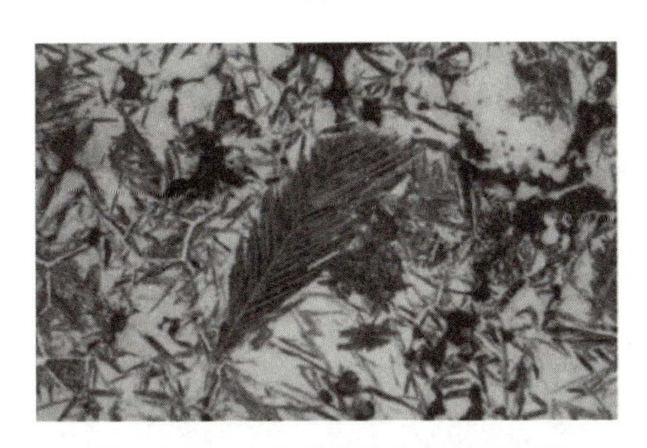
图3-22 上贝氏体的金相显微组织

当转变温度较低（350℃～M_s）时，铁素体在晶界或晶内某些界面上形成针状的下贝氏体。下贝氏体的形成机理如图3-23所示。下贝氏体是在较大的过冷度下形成的，碳的扩散能力低，尽管初生下贝氏体的铁素体周围溶有较多的碳，具有较大的析出碳化物的倾向，但碳的迁移未能超出铁素体的范围，只是在铁素体内沿一定的晶面偏聚并进而沿与长轴成55°～60°夹角的方向上沉淀出碳化物粒子。转变温度越低，碳化物粒子越细，分布越弥散。下贝氏体是由含过饱和的针状铁素体和铁素体内弥散分布的由ε碳化物组成的细小渗碳体细片组成，在光学显微镜下呈黑色针状。下贝氏体的金相显微组织如图3-24所示。

贝氏体的力学性能取决于其组织形态特征。上贝氏体形成温度较高，铁素体晶粒和碳化物颗粒较粗大，碳化物呈短杆状平行分布于条状铁素体间，两个相的分布具有明显的方

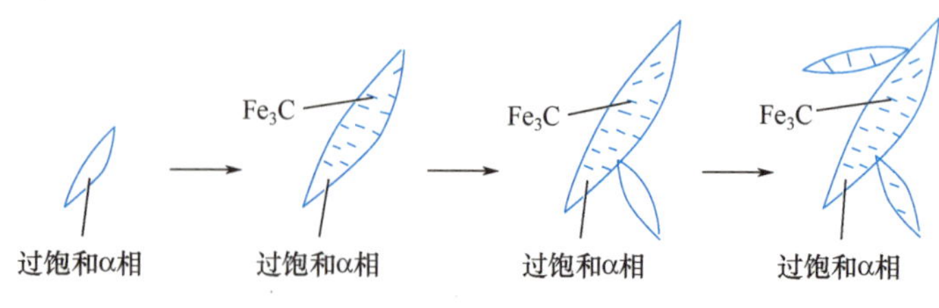

图 3-23 下贝氏体的形成机理

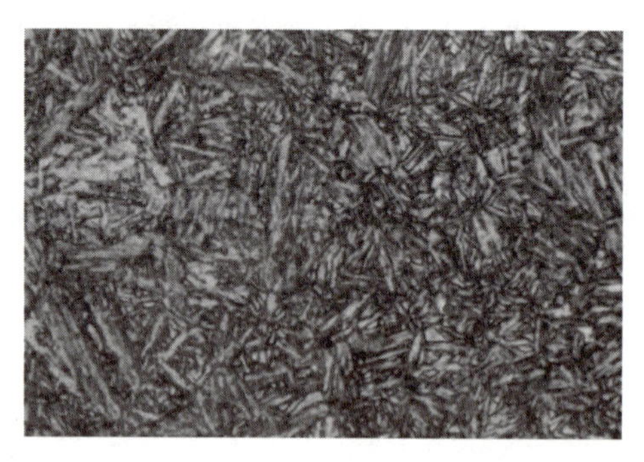

图 3-24 下贝氏体的金相显微组织

向性，这种组织形态使条状铁素体间易产生脆性断裂。上贝氏体强度、硬度低，塑性、韧性差，在工程材料中应避免生成该组织。下贝氏体形成温度较低，铁素体晶粒和碳化物颗粒细小，在下贝氏体内部沉淀析出的细小、弥散分布的 ε 碳化物，其位错密度很高。下贝氏体具有较高的强度、硬度（通常为 45～55HRC）和韧性，同时具有很好的耐磨性。

（3）魏氏组织（widmanstätten structure）。

当亚共析钢或过共析钢处于奥氏体晶粒较粗大、冷却速度相对较快的条件时，钢中先共析相（先共析铁素体或先共析渗碳体）会以针状或片状形态从原奥氏体晶界沿奥氏体一定晶面往晶内平行或规则生长，并与层片状珠光体混合存在，这种组织称为魏氏组织，如图 3-25 所示。

图 3-25 魏氏组织

魏氏组织是一种过热缺陷组织，不仅晶粒粗大，还会使钢的冲击韧性和塑性降低，并且会提高钢的脆性转变温度，使钢容易发生脆性断裂。钢中的魏氏组织一般可通过细化晶粒的正火、退火及锻造等方法消除，较为严重的可采用二次正火的方法消除。

扩展阅读

贝茵体相变的研究历程

钢及铜合金在进行热处理时，从高温冷却到一定温度的过程中，晶体结构和组织会发生变化。当较缓慢冷却时，其形成韧性高的珠光体（如钢轨）；当快速冷却时，其形成硬度高的马氏体（如淬火钢）。美国学者E.C.贝茵（E. C. Bain）和达文波特（Davenport）最早发现在珠光体和马氏体转变过程之间存在另一个组织——贝茵体（即贝氏体）。当时的欧洲学界称之为中间转变产物，但其转变机制并没有得到阐明。

1951年，我国学者柯俊首次发现并提出了钢中贝茵体切变位移机制，受到国际学术界的重视。他运用此概念，利用我国富裕的钒硼资源，发展了高强度、高韧性贝茵体结构用钢。此外，他还带领团队首次观察到钢中马氏体形成时基体的形变和对马氏体长大的阻碍作用。20世纪80年代，他们又系统研究了铁镍合金中原子簇团是如何导致蝶状马氏体的形成，发展了马氏体相变动力学，在国际学术界产生了广泛的影响。由于柯俊阐述了钢中的无碳贝茵体形成的切变机制，《钢铁金相学》以他的姓氏将无碳贝茵体命名为“柯氏贝茵体”，而柯俊本人也被国外同行称为Mr. Bain（贝茵体先生）。

1956年，柯俊的《钢中奥氏体中温转变机理》获得当年国家自然科学三等奖，成为北京钢铁工业学院（现北京科技大学）建校以来的第一个国家级科研奖。无论海外留学还是归国执教，柯俊从未中断对合金中贝茵体相变机理的深入研究。柯俊取得的众多研究成果使其在国际上产生了越来越重要的影响力，贝茵体相变的切变学派成为主流学派。

3.4.2 过冷奥氏体的连续冷却转变

在实际生产中进行的热处理一般采用连续冷却方式，这种处理方式中的过冷奥氏体的转变是在一定温度范围内进行的。虽然可以利用等温转变图来定性分析连续冷却时过冷奥氏体的转变过程，但分析结果与实际结果往往存在误差。因此，建立并分析过冷奥氏体连续冷却转变曲线显得更为重要。

1. 过冷奥氏体的连续冷却转变图

过冷奥氏体连续冷却转变图，即CCT图（continous cooling transformation diagram），如图3-26所示。共析钢的过冷奥氏体连续冷却转变图中只有珠光体转变区和马氏体转变区，没有贝氏体转变区。这是由于共析钢发生贝氏体转变时孕育期较长，在连续冷却过程中贝氏体转变还未进行时，温度就已降到室温。图中，P_s线是珠光体转变起始线，P_k线是珠光体转变结束线，K线是珠光体转变终止线。当共析钢的过冷奥氏体连续冷却曲线遇到K线时，未转变的过冷奥氏体将不再发生珠光体转变，而保留到M_s线以下，发生马氏体转变。冷却速度v_c称为上临界冷却速度或淬火临界冷却速度，它表示过冷奥氏体不发生珠光体转变，只发生马氏体转变的最小冷却速度。冷却速度 v_c' 称为下临界冷却速度，它表示过冷奥氏体不发生马氏体转变，只发生珠光体转变，得到 100%珠光体组织的最大冷却速度。

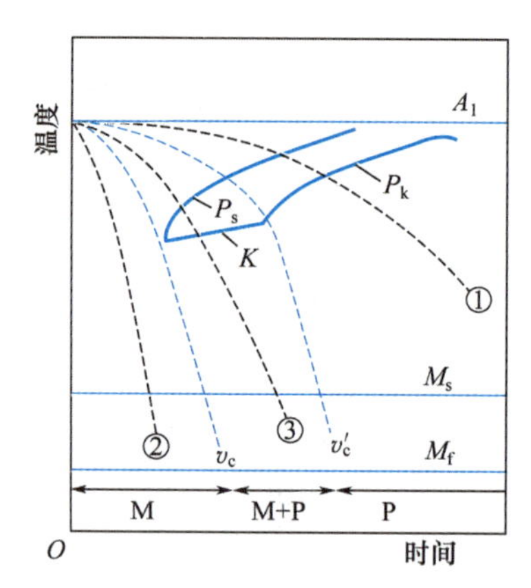

图 3-26　共析钢的过冷奥氏体连续冷却转变图

按奥氏体化后共析碳钢的冷却速度不同，在室温下可获得以下三种组织。

a. 若共析钢的冷却速度 $v<v_c'$（图 3-26 中曲线①），则曲线①和 P_s 线、P_k 线相交，不和 K 线相交，这表明过冷奥氏体全部转变为珠光体。因此，转变后共析钢的室温组织为珠光体。由于珠光体转变是在一定温度范围内进行的，转变过程中过冷度逐渐增大，珠光体的片层间距逐渐减小，因此珠光体组织不均匀。

b. 若共析钢的冷却速度 $v_c'<v<v_c$（图 3-26 中曲线③），则曲线③和 P_s 线、K 线相交，不和 P_k 线相交，这表明一部分过冷奥氏体转变为珠光体，而另一部分过冷奥氏体保留至 M_s 线以下，转变为马氏体。因此，转变后共析钢的室温组织为马氏体和珠光体。

c. 若共析钢的冷却速度 $v>v_c$（图 3-26 中曲线②），则曲线②不和 P_s 线、K 线、P_k 线相交，这表明全部过冷奥氏体冷却至 M_s 线以下，发生马氏体转变。由于马氏体转变的不完全性，过冷奥氏体在室温下会有一部分保留下来，称为残余奥氏体（A_r）。因此，转变后共析钢的室温组织为马氏体和残余奥氏体。

常见钢的等温转变图可在相关的热处理手册中查到，而有一大部分钢的连续冷却转变图较难查到。在无法查阅到的情况下，可利用等温转变图对钢的连续冷却转变进行分析。

2. 过冷奥氏体连续冷却转变产物的组织和性能

（1）珠光体转变——高温转变（A_1～“鼻尖”温度）。

过冷奥氏体连续冷却过程中生成的珠光体组织与等温冷却过程中生成的珠光体组织类似，这里不再赘述。

（2）马氏体转变——低温转变（M_s～M_f 温度）。

钢从奥氏体状态快速冷却，抑制其扩散性分解，在较低温度下（低于 M_s 线）进行的无扩散性相变称为马氏体相变。马氏体是黑色金属材料的一种组织名称，是碳在 α-Fe 中的过饱和固溶体，用符号 M 表示。最先由德国冶金学家阿道夫·马滕斯（Adolf Martens）于 19 世纪 90 年代在一种硬矿物中发现。与珠光体和贝氏体转变有所不同，马氏体转变不能在等温下完成，只能在 M_s～M_f 温度范围内连续冷却完成。由于马氏体转变温度很低，碳原子和铁原子都失去了扩散能力，因此马氏体转变属于典型的非扩散型相变。

① 马氏体的晶体结构。钢中马氏体的性质主要取决于其晶体结构。马氏体具有体心立方结构，奥氏体向马氏体转变只有晶格改组而无成分变化，即奥氏体中固溶的碳原子全部保留在马氏体点阵中。

马氏体的晶体结构如图 3－27 所示。随着马氏体中含碳量的变化，其点阵常数也会发生相应的变化。奥氏体向马氏体转变时，过饱和的碳原子被强制固溶在体心立方晶格中，使晶格严重畸变，成为具有一定正方度（轴比 c/a）的体心立方结构。含碳量越高，马氏体的正方度越大。

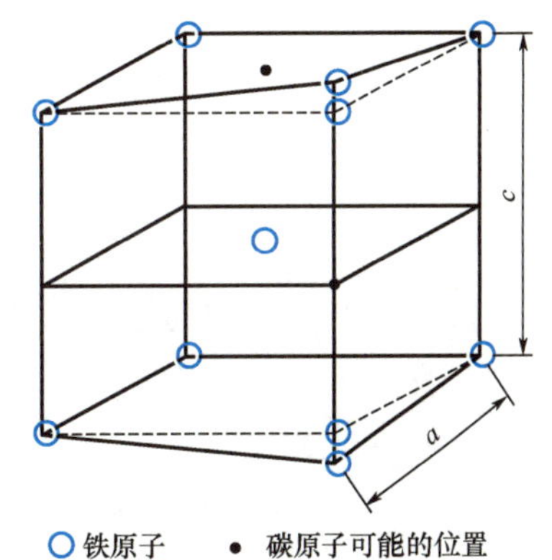

图 3－27　马氏体的晶体结构

由于 α－Fe 的比容比 γ－Fe 的大，而马氏体是碳在 α－Fe 的过饱和固溶体，因此马氏体的比容最大。由奥氏体向马氏体转变时体积会发生膨胀。含碳量越高，体积膨胀越大，这是引起淬火工件变形和开裂的原因之一。

② 马氏体的组织形态。马氏体的组织形态主要有板条状和片状两种，其形态主要与奥氏体含碳量有关。通常认为，钢的含碳量小于 0.20％时，马氏体基本以板条状为主；含碳量大于 1.0％时，马氏体基本以片状为主；含碳量为 0.20％～1.0％时，马氏体是板条状马氏体和片状马氏体的混合组织。

板条状马氏体通常在低碳钢、中碳钢、马氏体时效钢中形成。低碳钢中的板条状马氏体如图 3－28（a）所示。板条状马氏体主要呈束状排列，由近乎平行且长度几乎相等的条状马氏体组成束，称为板条群。一个奥氏体晶粒内可以形成几个位向不同的板条群。

板条状马氏体显微组织的晶体学特征示意图如图 3－28（b）所示。马氏体板条被连续的、高度变形的、含碳量较高的残余奥氏体薄膜隔开。由平行排列的马氏体板条组成的较大区域为板条群。板条群内可以由一种板条束组成，也可以由两种板条束组成。在一个原奥氏体晶粒内可以包含多个这样的板条群（通常为 3～5 个）。一般情况下，奥氏体晶粒尺寸的变化对板条群的数量无影响，只能改变板条群的尺寸。高倍透射电镜观察表明，在板条状马氏体内有大量位错缠结的亚结构，所以板条状马氏体也称位错马氏体。

（a）低碳钢中的板条状马氏体

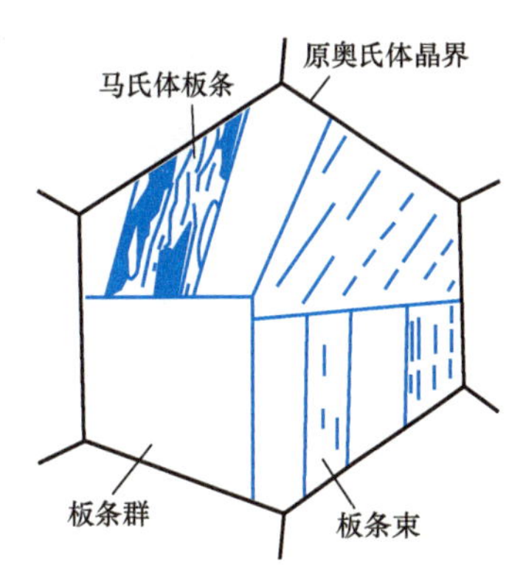

（b）板条状马氏体显微组织的晶体学特征示意图

图 3－28　板条状马氏体的组织形态

片状马氏体是铁基合金中的另一种典型的马氏体组织，多出现在淬火高碳钢、中碳钢及高镍的铁镍合金中。高碳钢中的片状马氏体如图 3-29（a）所示。片状马氏体呈双凸透镜片状，因其与试样磨面相截，在显微镜下呈针状或竹叶状，故又称针状马氏体或竹叶状马氏体。片状马氏体显微组织的晶体学特征示意图如图 3-29（b）所示。片状马氏体片层间相互不平行，先形成的第一片马氏体贯穿整个原奥氏体晶粒，将奥氏体晶粒分成两部分，后形成的马氏体片大小受到限制，因此最终形成的马氏体片的大小各不相同。由于片状马氏体存在大量的孪晶亚结构，因此片状马氏体也称孪晶马氏体。

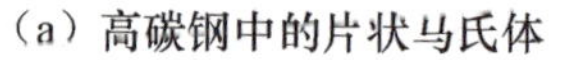

（a）高碳钢中的片状马氏体

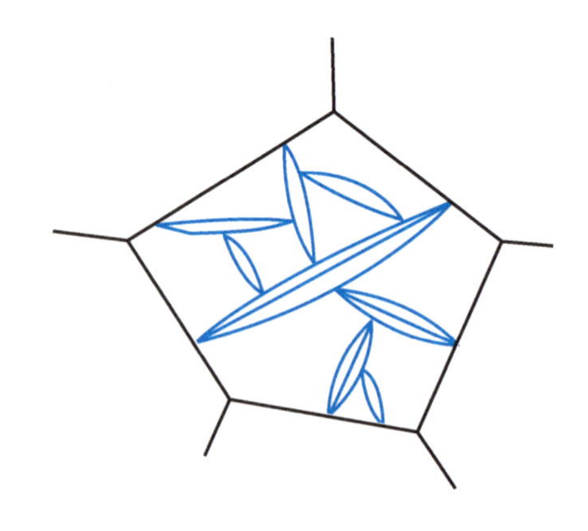

（b）片状马氏体显微组织的晶体学特征示意图

图 3-29　片状马氏体的组织形态

片状马氏体形成速度较快。在形成过程中，马氏体片间相互碰撞，或与奥氏体晶界相撞产生较大应力，而片状马氏体本身较脆，因此片状马氏体常存在大量微裂纹，如图 3-30 所示。

图 3-30　片状马氏体中的大量微裂纹

③ 马氏体的性能。马氏体最重要的特点是具有高硬度和高强度。马氏体的硬度主要决定于马氏体中的含碳量，与马氏体中的合金元素含量关系不大。随着马氏体含碳量的增加，其硬度也随之提高，尤其在含碳量较低的情况下，硬度提高比较明显；但当含碳量超过 0.6%后，其硬度随含碳量提高的趋势趋于平缓。对于高硬度、耐磨损、耐疲劳的工件，马氏体含碳量为 0.5%～0.6%为宜；对于高强度的工件，马氏体含碳量在 0.2%左右为宜。板条状马氏体与片状马氏体的性能比较见表 3-3。

表 3-3 板条状马氏体与片状马氏体的性能比较

形态	w_C/(%)	R_e/MPa	R_m/MPa	Z/(%)	α_k/(J·cm^{-2})	硬度/HRC
板条状	0.1～0.25	820～1330	1020～1530	9～17	60～180	30～50
片状	0.77	2040	2350	1	10	66

板条状马氏体含碳量较低，碳的过饱和度较小，淬火应力小，不存在显微裂纹，亚结构中存在大量分布不均匀的位错，低密度位错区为位错提供了活动余地，所以板条状马氏体硬度较高，韧性也相对较好。片状马氏体含碳量较高，晶格畸变严重，淬火应力较大，往往存在较多显微裂纹，其内部的微细孪晶破坏了滑移系，所以片状马氏体硬度和强度较高，但塑性和韧性较差。

马氏体具有高强度和高硬度主要是因为它具有固溶强化、相变强化和时效强化三种强化机制。

马氏体形成

固溶强化：间隙碳原子在 α-Fe 晶格中造成正方畸变，形成一个强烈的应力场，该应力场与位错发生强烈的交互作用，从而提高马氏体的强度。

相变强化：马氏体相变时，晶格内造成缺陷密度很高的亚结构，板条状马氏体中的高密度位错网、片状马氏体内的微细孪晶都会阻碍位错运动，从而使马氏体得到强化。

时效强化：马氏体形成后，碳及合金元素的原子向晶体缺陷处扩散偏聚或析出，钉扎位错，使位错难以运动，从而实现马氏体强化。

④ 马氏体转变的特点。

a. 非扩散型转变。马氏体转变属于非扩散型转变，转变前后的含碳量没有变化。由于马氏体转变是奥氏体在极大过冷度下进行的，碳原子和铁原子活动能力很低，因此难以进行扩散，只发生 γ-Fe 向 α-Fe 的晶格重组。固溶在奥氏体中的碳全部保留在 α-Fe 晶格中，形成碳在 α-Fe 中的过饱和固溶体。

b. 表面浮凸和切变共格。马氏体形成时，和它相交的试样表面发生转动，一边凹陷，一边凸起，并牵动奥氏体凸出表面，从而试样呈现表面浮凸形貌，如图 3-31 所示。

(a) 表面浮凸形貌

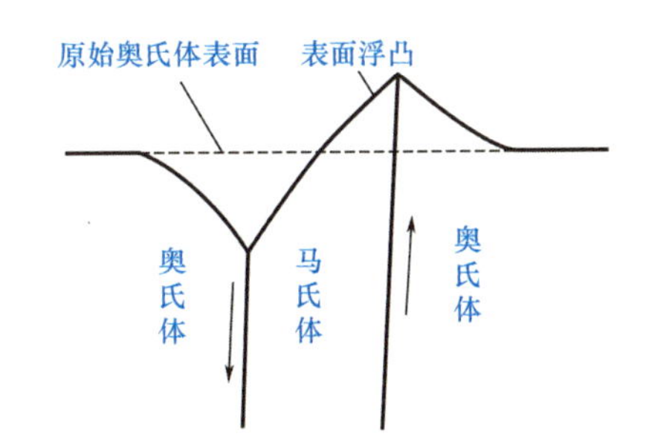

(b) 表面浮凸形成机理

图 3-31 表面浮凸

由奥氏体向马氏体的转变过程具有切变共格的特点。马氏体转变时，由母相（奥氏体）变为新相（马氏体）的晶格改组过程是以切变方式进行的，即新相与母相界面上的原子以协同的、集体的、定向的、有次序的方式从母相向新相中的移动来实现晶格重组，并且相邻原子间的相对移动距离不超过原子间距，这一过程称为切变。在切变过程中，新相和母相晶格间始终保持严格的位向关系，其晶面和晶向相互平行，即为共格。

c. 转变速度极快。马氏体转变没有孕育期，其转变速度极快，瞬间完成，形成一片高碳马氏体用时不超过 10^{-7}s。马氏体转变是在 M_s～M_f 温度范围内连续降温的过程中完成的，并且随着温度的降低，不断有马氏体形核并瞬间长大，直至冷却至 M_f 线。如果冷却过程中停止降温，马氏体的增长就会随之停止。

d. 可逆性。马氏体相变具有可逆性。冷却时，奥氏体可以通过马氏体相变机制转变为马氏体；同样，重新加热时，马氏体也可以通过逆向马氏体相变机制转变为奥氏体。

e. 不完全性。马氏体转变起始线 M_s 和马氏体转变结束线 M_f 主要由奥氏体的含碳量决定。奥氏体的含碳量对 M_s 线和 M_f 线的影响如图 3-32 所示，奥氏体的含碳量增加会使 M_s 线和 M_f 线下降。当奥氏体的含碳量增加至 0.5%以上时，M_f 线已经降至室温以下，这时即使将奥氏体冷却至室温也不能完全转变为马氏体，这种在冷却过程中发生相变后仍在室温下存在的奥氏体称为残余奥氏体，通常用 A_r 或 A'表示。奥氏体的含碳量对残余奥氏体量的影响如图 3-33 所示。奥氏体的含碳量越高，马氏体转变温度下降越明显，残余奥氏体量也越多。例如，共析钢的 M_f 线约为－50℃，当淬火冷却至室温时，其组织中仍会有 3%～6%的残余奥氏体。残余奥氏体的存在会降低钢件的硬度和耐磨性，并影响钢件的尺寸稳定性。要使残余奥氏体继续向马氏体转变，需要将淬火钢继续冷却至室温以下（如冰柜可冷却至 0℃以下；干冰加乙醇可冷却至－78℃；液氮可冷却至－183℃），这种处理方法称为深冷处理（cryogenic treatment）。一些尺寸要求高的工件（如精密刀具、精密量具、精密轴承、精密丝杠等）均应在淬火后进行深冷处理。

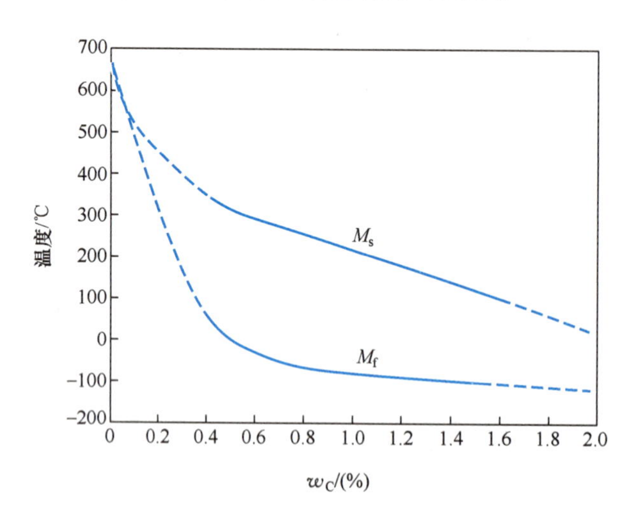

图 3-32 奥氏体的含碳量对 M_s 线和 M_f 线的影响

f. 淬火内应力。马氏体转变会产生淬火内应力，造成变形或开裂。马氏体的比容比其他组织大，因此奥氏体转变为马氏体时，马氏体的比容必然增大，从而在钢件中产生较大的淬火内应力（quenching stress）。马氏体的含碳量越高，其正方度越大，比容也越大，淬火产生的内应力也随之越大，这就是高碳钢工件淬火时容易变形和开裂的原因之一。

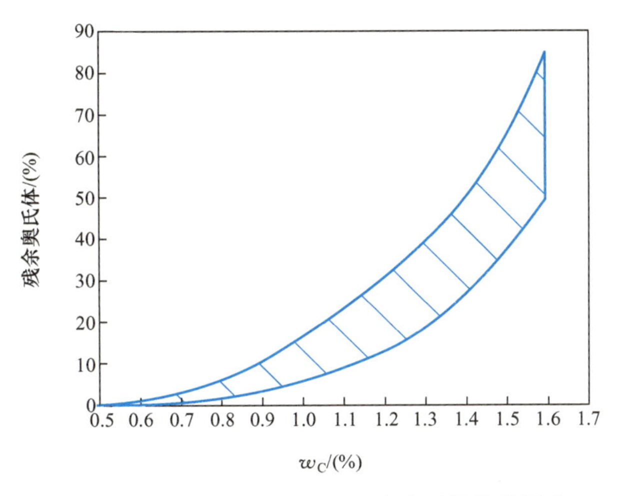

图 3-33 奥氏体的含碳量对残余奥氏体量的影响

扩展阅读

徐祖耀，1921 年 3 月 21 日出生于浙江宁波，是著名的材料科学家、教育家，中国科学院院士，上海交通大学材料科学与工程学院教授。徐祖耀先生 1995 年当选为中国科学院院士，在相变热力学、马氏体和贝氏体相变等领域作出了卓越的学术贡献。

徐祖耀先生出版著作 10 部，其中的《金属学原理》培育了新中国第一代材料工作者，《马氏体相变与马氏体》《材料热力学》《材料科学导论》和《相变原理》等著作培养了我国几代材料科学家。

徐祖耀先生一生治学严谨、孜孜不倦，是精勤不倦怀大爱的榜样，是淡泊名利求报国的典范。他不仅传授学生治学之道，更以身作则授之以为人之道。徐祖耀先生慧眼识才，发掘和培养了一代又一代我国材料学发展的领军人才。“为人至真、为师至尊、为学至勤”，这是徐匡迪对徐祖耀院士崇高品格的高度评价。

徐祖耀先生的起居室是一间不足 $10m^2$ 的小房间，室内陈设很普通，找不着一件像样的家具或物件。徐祖耀先生从不舍得多花一分钱向奢侈的生活接近一步。他一日三餐以素食为主，不吃零食，不吃补品。就是在这种粗茶淡饭的生活中，徐祖耀先生专注地进行着他的学术研究。

徐祖耀先生还牵挂着其他老百姓的日子过得好不好，都有些什么难处。2011 年 3 月，他出资在上海交通大学设立“徐祖耀基金”，主要用于资助优秀青年教师开展科研工作、资助家庭经济困难的学生。2014 年 5 月，他捐款 50 万元，在上海市闵行区慈善基金分会设立“徐祖耀慈善爱心专项基金”。同年 10 月，他又捐款增资 50 万元对失独或子女残疾的老年人养老实行补贴。2016 年 4 月，正在上海华东医院住院治病的徐祖耀先生再次捐款 100 万元，设立了“托起夕阳”和“呵护花朵”两个专项基金，用以资助患大重病的困难老人和孩子。

徐祖耀先生一生未婚，也无子女。2010 年 5 月，徐祖耀先生的学生们为他在宁波举办了 90 岁生日庆典，在吹蜡烛前，徐祖耀院士朗声说道，他有三个愿望：第一，希望大家要做好人，做一个正直忠厚的人；第二，希望大家要做强人，要内心坚强，对工作负责；第三，现在中国是钢铁强国、水泥大国，希望在 21 世纪能成为工业强国。

3.4.3 连续冷却转变图和等温转变图的对比和应用

（1）连续冷却转变图和等温转变图的对比。

图 3－34 所示为共析钢的过冷奥氏体连续冷却转变图与等温转变图的对比。共析钢的连续冷却转变过程可以看成是无数个温度相差很小的等温转变过程。由于连续冷却时过冷奥氏体的转变是在一个温度范围内发生的，因此其转变产物是不同温度下等温转变组织的混合。但是，连续冷却转变又有不同于等温转变的特点。

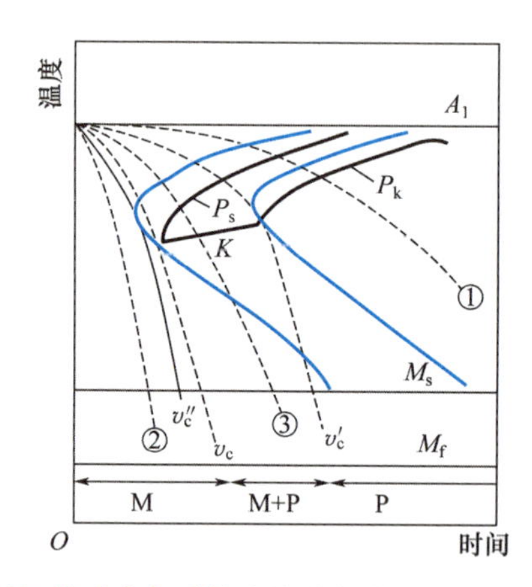

图 3－34　共析钢的过冷奥氏体连续冷却转变图与等温转变图的对比

合金元素对连续冷却转变图的影响与对等温转变图的影响基本相似。等温转变图中与珠光体开始转变线相切的冷却速度 v_c'' 可视为钢的临界冷却速度。在实际应用中，由于连续冷却转变图测定困难，当缺少连续冷却转变图时，可用等温转变图代替连续冷却转变图作定性分析，判断获得马氏体的难易程度；还可利用等温转变图估算连续冷却转变的淬火临界冷却速度 v_c，而 v_c'' 大致等于实际测定的 v_c 的 1.5 倍。

（2）连续冷却转变图和等温转变图的应用。

① 从连续冷却转变图中可以获得真实的钢的淬火临界冷却速度。钢的淬火临界冷却速度是过冷奥氏体不发生分解直接得到全部马氏体（含残余奥氏体）的最低冷却速度，可以直接从连续冷却转变图中读取。淬火临界冷却速度表示钢接受淬火的能力，同时也表示钢淬火得到马氏体的难易程度。

② 连续冷却转变图是制定钢的正确冷却规范的依据。根据钢的材质、尺寸、形状及组织性能要求，查出相应的钢的连续冷却转变图，即可选择适当的冷却速度和淬火介质来满足钢的性能要求。

③ 根据连续冷却转变图可以估计淬火后钢的组织和性能。由于连续冷却转变图精确

地反映了钢在不同冷却速度下经历的各种转变、转变温度、转变时间及转变产物的组织和性能，因此根据连续冷却转变图可以估计钢的表面或内部某点在某一具体热处理条件下的组织和硬度。只要知道钢的截面上各点的冷却曲线和该钢的连续冷却转变图，就可以判断钢沿截面的组织和硬度分布。

习 题

一、判断题

1. 热处理只适用于固态下发生相变的材料。(　　)
2. γ-Fe 的含碳量为 2.11%。(　　)
3. 碳原子在奥氏体中的分布通常较为均匀。(　　)
4. 马氏体转变是非常典型的扩散型相变。(　　)
5. 奥氏体化的目的是获得成分均匀、晶粒细小的奥氏体晶粒。(　　)
6. 本质细晶粒度钢的实际晶粒度一定细小。(　　)
7. 奥氏体的含碳量增加，C 曲线左移。(　　)
8. 在成分相同的情况下，层片状珠光体的强度和硬度稍低于粒状珠光体。(　　)
9. 魏氏组织会导致钢的硬度急剧下降。(　　)

二、简答题

1. 什么是热处理？热处理通常由哪几个阶段构成？热处理的主要目的是什么？所有材料都可以通过热处理的方式进行强化吗？

2. 初始晶粒度、实际晶粒度和本质晶粒度的定义分别是什么？试说明奥氏体晶粒尺寸对钢性能的影响。

3. 共析钢奥氏体形成包括哪四个阶段？试分析亚共析钢奥氏体和过共析钢奥氏体形成的主要特点。

4. 什么是淬火临界冷却速度？影响因素有哪些？如何在实际生产中进行合理利用？

5. 珠光体的力学性能有哪些特点？影响珠光体力学性能的因素有哪些？层片状珠光体和粒状珠光体在力学性能上有什么差异？试阐述原因。

6. 试阐述马氏体转变的主要特征。

7. 从组织形态和力学性能等方面比较板条状马氏体和片状马氏体的差异。

8. 淬火钢的硬度与马氏体的硬度是否相同？为什么？

9. 马氏体的力学性能有什么特点？为什么？

第4章 钢的热处理工艺

1. 通过钢的退火学习，学生能够列举退火主要包含的种类，并能用自己的语言描述不同退火工艺的主要特征和应用范围。

2. 通过钢的正火学习，学生能够介绍正火的应用范围，并能用自己的语言描述正火的主要目的。

3. 通过钢的淬火学习，学生能够准确介绍淬火的定义，并能用自己的语言阐述淬火的不同种类。

4. 通过钢的回火学习，学生能够用自己的语言描述回火的转变机理，并能阐述回火的四个阶段。

1974年，河北省易县燕下都出土了一批战国中晚期的钢铁兵器，据专家分析，它们的金相组织中都存在马氏体，这是我国发现最早的淬火器件。这批出土的钢铁兵器说明在战国中晚期我国已发明了钢铁淬火技术。

两汉时期，钢的淬火技术得到了广泛的应用。在河北省满城西汉中山靖王刘胜墓、辽宁省辽阳三道壕西汉遗址、山东省兰陵县等地都发现了淬火的钢刀和钢剑。在史书上也有关于淬火的文字记载，如《史记·天官书》载：火与水合为焠。王褒《圣主得贤臣颂》载：及至巧冶铸干将之璞，清水淬其锋。其中“焠”“淬”都是淬火之意，“干将”是指传说中的春秋名剑。在这些出土的兵器中尤其值得注意的是西汉中山靖王刘胜墓佩剑（图4-1）和错金书刀，这两把剑只对剑刃进行了局部渗碳和局部淬火，这是当时高超淬火技术的体现。

汉剑

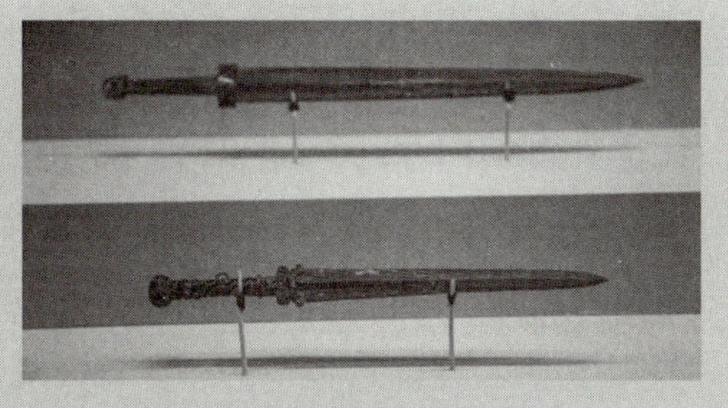

图 4-1 西汉中山靖王刘胜墓佩剑

随着淬火技术的深入发展，古人发现淬火剂对淬火质量有很大的影响。三国时期的蒲元和南北朝时期的綦毋怀文在这方面都曾作出较大的贡献。

《蒲元别传》记载：君性多奇思，得之天然，鼻类之事出若神，不尝见锻功，忽于斜谷为诸葛亮铸刀三千口。熔金造器，特异常法。刀成，白言（自言）汉水钝弱，不任淬用，蜀江爽烈，是谓大金之元精，天分其野，乃命人于成都取之。有一人前至，君以淬刀，言杂涪水，不可用。取水者犹悍言不杂，君以刀画水，云“杂八升，何故言不杂?”取水者方叩首伏，云：“实于涪津渡负倒覆水，惧怖，遂以涪水八升益之。”于是咸共惊服，称为神妙。刀成，以竹筒密内铁珠满其中，举刀断之，应手灵落，若薙生刍，故称绝当世，因曰神刀。今之屈耳环者，是其遗范也。于是“蒲元识水”一下子就传了开来。这个故事虽有点夸张成分，但基本精神与现代科学原理相符，即不同地区的水质含盐的种类和数量有所不同，淬火质量自然各异。可见，我国古代对水淬火性能的研究颇有建树，值得借鉴。我国古代的淬火主要用于锋刃器具，这项技术的发展对社会生产和社会生活都产生了很大的影响。

图4-2彩图

淬火工艺（图4-2）可广泛用于各种工具、模具、量具及要求表面耐磨的零件，宝剑、铣刀、车刀、钻头、锻模、挤压模、齿轮、轧辊、游标卡尺、千分尺等均需进行淬火处理。

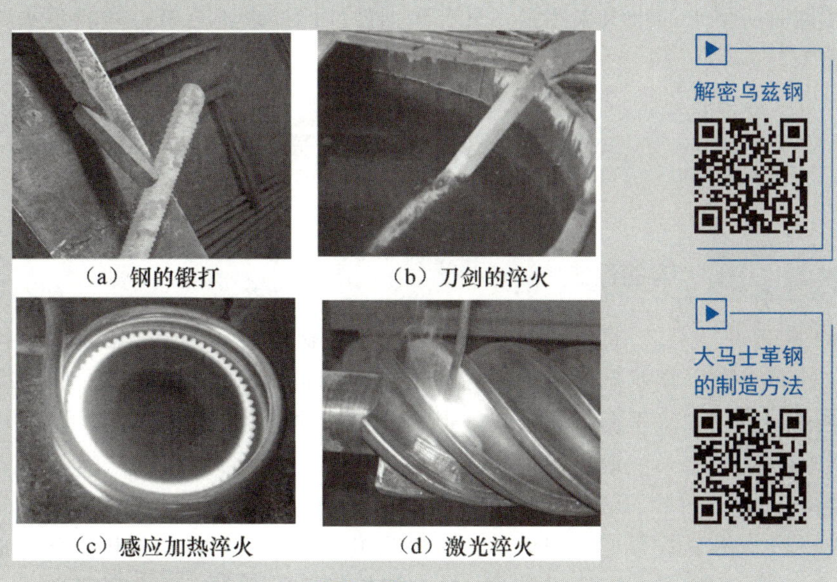

图 4-2 淬火工艺

4.1 钢的热处理工艺概述

钢的热处理工艺是通过加热、保温、冷却的方法改变钢的组织结构，以获得钢件所要求性能的一种热加工技术。钢在加热和冷却过程中的组织转变规律（即热处理原理）为制定正确的热处理工艺提供了理论依据。要想使具体的钢制钢件获得相应的性能要求，其热处理工艺参数的确定必须满足钢的组织转变规律。

热处理工艺区别于其他加工工艺（如铸造、压力加工等）的特点是通常在不改变钢件外部形貌的前提下，只通过改变钢件内部的组织来改变性能。热处理工艺只适用于固态下能够发生相变的材料，不发生固态相变的材料不能用热处理的方式进行强化。

根据加热、冷却方式及热处理后钢的组织性能变化特点，可将热处理工艺进行如下分类。

（1）普通热处理：退火、正火、淬火、回火。

（2）表面热处理：表面淬火、表面化学热处理。

（3）其他热处理：控制气氛热处理、真空热处理、形变热处理、激光热处理。

根据钢件在生产过程中所处的位置和作用不同，又可将热处理分为预备热处理与最终热处理。预备热处理是指为随后的加工（冷拔、冲压、切削等）或进一步热处理做准备的热处理工艺，最终热处理是指赋予钢件所要求的使用性能的热处理工艺。

机械零件加工的一般工艺流程为

铸（锻）造成形→预备热处理→粗加工→最终热处理→精加工

其中，预备热处理包括退火和正火，主要目的是消除铸（锻）件的组织缺陷，均匀组织，细化晶粒，降低硬度，消除应力；最终热处理包括淬火和回火，主要目的是形成零件使用时所要求的组织和性能。只有在钢件性能要求不高时，才将退火与正火作为最终热处理工艺。

4.2 钢的普通热处理

4.2.1 钢的退火

将钢件加热到适当温度，保温一定时间，然后缓慢冷却，以获得近乎平衡状态组织的热处理工艺称为退火（annealing）。缓慢冷却的目的是获得近乎平衡状态组织。退火后得到的组织通常为均匀的珠光体型组织。

退火的主要目的如下。

（1）降低硬度，提高塑性，改善切削加工性能。

（2）细化晶粒，消除组织缺陷（如枝晶偏析、化学成分不均匀等）。

（3）消除锻、轧后的应力，稳定钢件尺寸，防止钢件变形开裂。

（4）为后续的淬火工艺做好组织准备。

退火主要用于铸、锻、焊毛坯或半成品零件。按加热温度、冷却方式和工艺特点，可将退火分类如下。

（1）按加热温度可将退火分为两大类：一类为临界温度（A_{c1}）以下的退火，包括再结晶退火、去应力退火等；另一类为临界温度（A_{c1}或A_{c3}）以上的退火，包括完全退火、不完全退火（球化退火）、均匀化退火（扩散退火）。各种退火和正火的加热温度如图4-3所示。

（2）按冷却方式可将退火分为等温退火和连续冷却退火。

（3）按热处理所用设备可将退火分为加热炉退火、盐浴炉退火、火焰退火和氢气退火。

（4）按钢件退火体积可将退火分为整体退火和局部退火。

（5）按钢件表面状态可将退火分为黑皮退火和光亮退火。

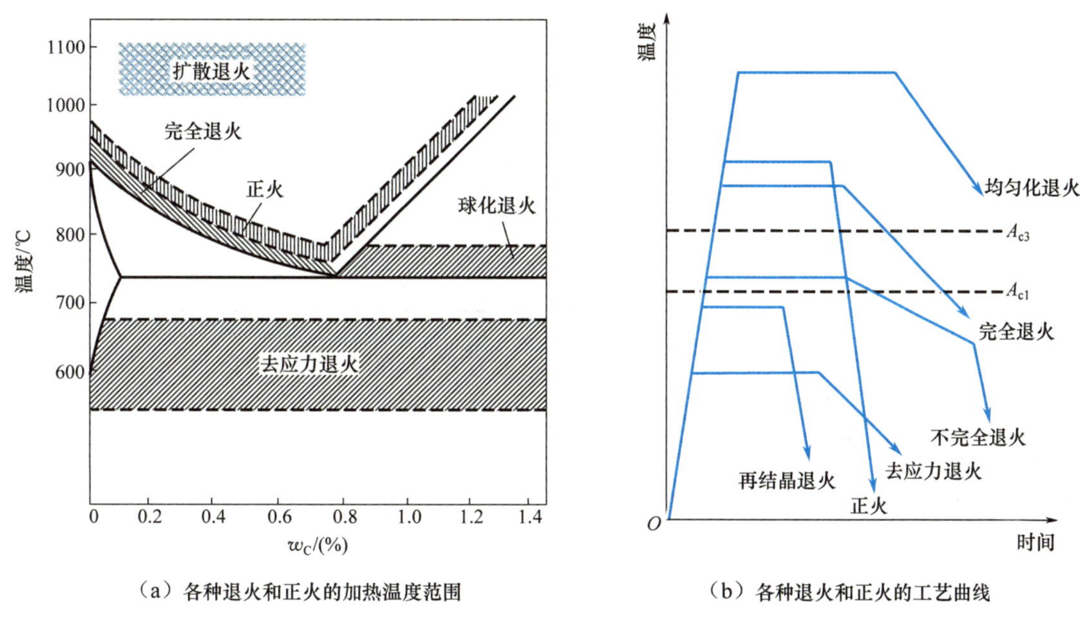

（a）各种退火和正火的加热温度范围

（b）各种退火和正火的工艺曲线

图4-3 各种退火和正火的加热温度

1. 完全退火

将钢件加热到A_{c3}以上20～30℃，保温一定时间后缓慢冷却（如炉冷到500℃以下再出炉空冷）的热处理工艺称为完全退火。

完全退火采用随炉缓慢冷却的冷却方式，这种冷却方式可以保证先共析铁素体的析出和过冷奥氏体在A_{r1}以下较高温度范围内转变为珠光体，从而达到消除内应力、降低硬度和改善切削加工性的目的。钢件在退火温度下的保温不仅要使钢件烧透（钢件心部达到要求的加热温度），而且要保证得到均匀化的奥氏体，达到完全重结晶。完全退火的保温时间与钢材成分、钢件厚度、装炉量和装炉方式等因素有关。

通常，加热时间以钢件的有效厚度进行计算，对装炉量不大的一般碳钢和低合金钢钢

件，在箱式炉中退火的保温时间可按下式计算，即

$$t=KD$$

式中，t 为退火的保温时间（单位为 min）；K 为加热系数，一般取 $K=1.5\sim2.0$min/mm；D 为钢件有效厚度（单位为 mm）。

装炉量过大时，应根据具体情况延长保温时间。亚共析钢锻、轧钢材，一般可用下列经验公式计算退火的保温时间，即

$$t=(3\sim4)+(0.2\sim0.5)Q$$

式中，t 为退火的保温时间（单位为 h）；Q 为装炉量（单位为 t）。

实际生产时，为了提高生产率，退火冷却至 600℃左右，确保只发生珠光体转变后即可出炉空冷。碳钢完全退火时的冷却速度通常控制在 100～200℃/h，冷却至 600℃以下时可出炉空冷。淬透性较好的合金钢在完全退火时需控制冷却速度，防止发生马氏体转变。低合金钢在完全退火时冷却速度通常控制在 50～100℃/h，炉冷至 450℃以下后可出炉空冷。高合金钢在完全退火时冷却速度通常控制在 20～60℃/h，炉冷至 350℃以下后可出炉空冷。

45 钢锻造后与完全退火后的机械性能对比见表 4-1。

表 4-1　45 钢锻造后与完全退火后的机械性能对比

工艺	R_e/MPa	R_m/MPa	A/(%)	Z/(%)	α_k/(J·cm^{-2})	硬度/HB
锻造	650～750	300～400	5～15	20～40	200～400	230
完全退火	600～700	300～350	15～20	40～50	400～600	200

由表可知，完全退火后，45 钢的强度和硬度有所下降，但塑性和韧性显著提升。完全退火主要适用于中碳钢和中碳合金钢的铸件、焊件、锻件、轧制件等。完全退火后钢的组织为铁素体和珠光体。低碳钢和过共析钢不宜采用完全退火。低碳钢采用完全退火后硬度降低，整体偏软，容易“粘刀”，不利于切削加工；过共析钢采用完全退火，加热到 A_{ccm} 以上奥氏体化后，缓慢冷却时有网状二次渗碳体析出，这使过共析钢的强度、塑性和冲击韧性显著降低。

2. 不完全退火（球化退火）

将钢件加热到不完全奥氏体化温度（亚共析钢加热到 $A_{c1}\sim A_{c3}$，过共析钢加热到 $A_{c1}\sim A_{ccm}$），保温一定时间，然后缓慢冷却的热处理工艺称为不完全退火。不完全退火的主要目的在于降低硬度、消除内应力和提高塑性。

由于不完全退火只加热到两相区温度，奥氏体仅发生重结晶，因此基本上不改变先共析铁素体或渗碳体的形态及分布。如果亚共析钢的原始组织中的铁素体已均匀细小，仅存在珠光体片层间距小，硬度偏高，内应力较大的情况，那么只要在 A_{c1} 以上、A_{c3} 以下温度进行不完全退火即可达到降低硬度和消除内应力的目的。不完全退火主要用于过共析钢获得粒状珠光体组织，消除内应力，降低硬度，改善切削加工性能。针对过共析钢进行的以获得粒状珠光体组织的不完全退火也称球化退火。

钢随炉加热到 $A_{c1}\sim A_{ccm}$ 以下的双相区，保温一定时间后，缓慢冷却获得粒状珠光体

的热处理工艺称为球化退火。球化退火主要适用于共析或过共析成分的工具钢。

球化退火的原理是片状渗碳体有自发球化和聚集长大的倾向。当层片状珠光体在加热到 A_{c1} 以上 20～30℃时，其中的片状渗碳体开始局部溶解，使一片渗碳体断开为若干细的点状渗碳体，并弥散分布在奥氏体基体上。在球化退火过程中，加热温度低会导致渗碳体不完全溶解，奥氏体成分极不均匀。在随后的缓冷过程中，以原有的细碳化物质点为核心（或以奥氏体的富碳区为核心），产生新的碳化物核心，从而形成均匀而细小的颗粒状碳化物。这些碳化物在缓冷过程中或等温过程中聚集长大，并向能量最低的状态转化为粒状渗碳体。图 4－4 所示为 T10 钢的球化退火组织。

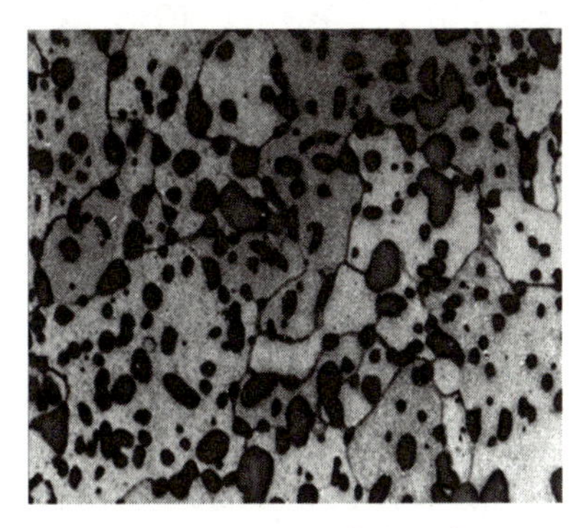

图 4－4 T10 钢的球化退火组织

球化退火主要适用于共析钢、过共析钢的刃具、量具、模具等。过共析钢中有网状二次渗碳体时，不仅硬度高，难以进行切削加工，而且钢的脆性大，容易产生淬火变形及开裂。因此，钢在热处理后必须进行球化退火，使网状二次渗碳体和珠光体中的片状渗碳体发生球化，得到综合性能良好的粒状珠光体。球化退火的主要目的是降低硬度，改善组织，提高钢的塑性和切削加工性能。

3. 均匀化退火（扩散退火）

均匀化退火也称扩散退火，它是将钢件加热到略低于固相线的温度（亚共析钢通常为 1050～1150℃），长时间（一般 10～20h）保温，然后随炉缓慢冷却到室温的热处理工艺。

均匀化退火的主要目的是消除钢锭、大型铸件、锻坯的化学成分偏析和组织不均匀，以获得均匀一致的成分和组织。钢中的化学成分偏折主要有枝晶偏折、带状碳化物不均匀、合金元素（C、S、P、Mo）偏析等，这些偏析将严重影响钢的热处理质量，降低钢的力学性能。

均匀化退火主要适用于质量要求高的合金钢铸锭、铸件和锻件。由于均匀化退火加热温度高，生产周期长，在实际生产中极易造成钢件氧化和严重脱碳，并且消耗能量大，成本高昂，因此只有一些优质合金钢、偏析较严重的合金钢铸件及钢锭才使用这种热处理工艺。对于一般尺寸不大的钢铸件，若其偏析程度较轻，可采用完全退火来细化晶粒、消除成分偏析和内应力。

4. 去应力退火

为了消除由于变形加工及铸造、焊接过程引起的残余内应力而进行的退火称为去应力退火。

去应力退火和去应力回火都能有效消除钢中的残余内应力。去应力退火的温度范围很宽，习惯上把较高温度下的去应力处理称为去应力退火，而把较低温度下的去应力处理称为去应力回火。

去应力退火是将钢件缓慢加热到500～650℃，保温一定时间（1～3h），然后随炉缓慢冷却至200℃，再出炉空冷。去应力退火过程中，为防止珠光体发生石墨化，钢的去应力退火加热温度一般在500～650℃。对于难以在加热炉内进行去应力退火的大型焊接件，常采用火焰加热等局部退火方式，其退火加热温度一般略高于炉内加热温度。去应力退火的保温时间根据钢件的截面尺寸和装炉量决定。对于每毫米厚度的钢件，钢的保温时间通常为3min，铸铁的保温时间通常为6min。去应力退火后的冷却应尽量缓慢，以免产生新的应力。

去应力退火的主要目的是消除铸件、锻件、焊件、冷冲压件及机加工钢件中的残余内应力，稳定钢件的尺寸，减少变形，防止开裂。去应力退火进行前后，钢件中的组织不发生变化，钢件的性能与去应力退火前基本相同。

5. 再结晶退火

将加工硬化的钢件加热至再结晶温度以上150～200℃（碳钢的再结晶温度为450～500℃，即加热至600～700℃，小于A_{c1}），并在此温度保温一定时间，完全消除加工硬化（使破碎晶粒恢复原状），然后在空气中冷却，这种热处理工艺称为再结晶退火。

钢件经冷加工后会产生加工硬化，这种现象会使钢件的力学性能和工艺性能变差。通过再结晶退火能消除加工硬化，使钢的力学性能恢复到冷变形前的状态。冷加工变形量及再结晶退火温度对金属组织与性能的影响如图4－5所示。

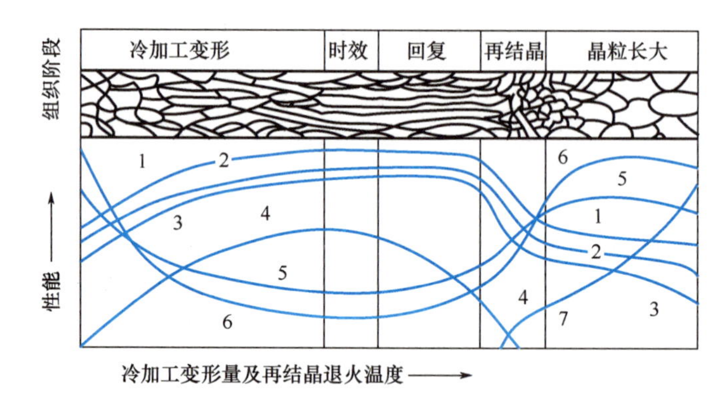

1—硬度；2—抗拉强度；3—屈服强度；4—内应力；5—延伸率；6—断面收缩率；7—再结晶晶粒尺寸。

图4－5 冷加工变形量及再结晶退火温度对金属组织与性能的影响

冷加工变形钢的再结晶温度与化学成分和冷加工变形量等因素有关。一般来说，冷加工变形量越大，再结晶温度越低，再结晶退火温度也越低。一般钢材的再结晶退火温度为650～700℃，保温时间为1～3h。再结晶退火可作为钢材或其他合金多道冷变形间的中间处理工艺，也可作为冷变形钢材或其他合金成品的最终热处理工艺。再结晶退火后，钢中晶粒变为细小的等轴晶粒，钢的强度和硬度降低，同时塑性提高。

6. 等温退火

将钢件加热到高于 A_{c1}（亚共析钢）或 A_{c1}～A_{ccm}之间（过共析钢）的温度，短时间保温后，较快冷却到珠光体转变温度区间的某一温度，等温保持足够时间，使奥氏体转变为珠光体型组织，然后在空气中冷却的退火工艺称为等温退火。等温退火与普通退火的差异如图 4－6 所示。

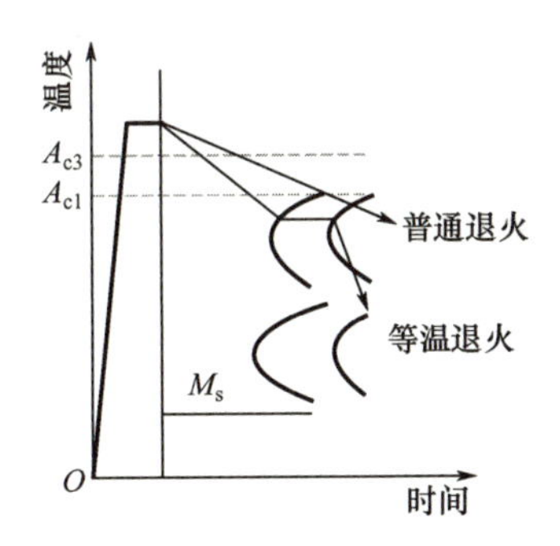

图 4－6 等温退火与普通退火的差异

中碳钢及合金结构钢进行等温退火比完全退火更具优越性，原因如下：①能够获得更均匀的组织，同时可有效提高生产率；②能够有效消除内应力；③工艺周期比完全退火少约一半。

4.2.2 钢的正火

1. 正火工艺概述

正火（normalizing）是将钢件加热到 A_{c3}（或 A_{ccm}）以上 30～50℃，保温一定时间后，在静止空气中冷却，以得到珠光体型组织的热处理工艺。亚共析钢的正火加热温度通常在 A_{c3} 以上 30～50℃，过共析钢的正火加热温度通常在 A_{ccm} 以上 30～50℃。

正火的主要目的是细化晶粒，消除缺陷，均匀组织。正火用于低碳钢可调整其硬度和改善其切削加工性能；用于中碳钢可代替调质，为高频淬火做组织准备；用于高碳钢可消除钢中的网状碳化物，便于后续进行球化退火，这是因为正火的冷却速度相对较快，钢中先共析相 Fe_3C 的析出量较少，不能连成网状。

由于正火的冷却速度（空冷）高于退火的冷却速度（炉冷），因此正火后钢件的强度和硬度高于完全退火后的钢件。共析钢正火后的组织通常为索氏体，亚共析钢正火后的组织为少量的先共析铁素体和索氏体（或屈氏体），过共析钢正火后的组织为少量的二次渗碳体和索氏体（或屈氏体）。正火的保温时间选择原则和完全退火相同，应以钢件透烧，即以心部达到要求的加热温度为准，还应考虑钢材、原始组织、装炉量和加热设备等因素。正火最常用的冷却方式是将钢件从加热炉中取出，在空气中自然冷却。对于大型钢件也可采用吹风、喷雾和调节钢件堆放距离等方法控制钢件的冷却速度，以达到要求的组织和性能。

2. 正火的作用和应用范围

（1）改善钢的切削加工性能。含碳量低于0.25%的碳钢和低合金钢完全退火后硬度较低，切削加工时容易“粘刀”，通过正火处理可以减少自由铁素体，获得层片状珠光体，硬度提高，从而改善钢的切削加工性能，提高刀具的使用寿命和钢件的表面光洁程度。

（2）消除热加工缺陷。中碳结构钢的铸件、锻件、轧件及焊接件在热加工后易出现魏氏组织、粗大晶粒等过热缺陷和带状组织，这些可以通过正火处理消除，并达到细化晶粒、均匀组织、消除内应力的目的。

（3）消除过共析钢的网状碳化物。过共析钢在淬火前要进行球化退火，以便改善切削加工性能，并为淬火做好组织准备。但是，当过共析钢中存在数量过多的网状碳化物时，将达不到理想的球化退火效果。正火处理可以有效消除过共析钢中的网状碳化物，便于进行后续的球化退火。

（4）提高普通结构零件的机械性能。一些受力不大、性能要求不高的碳钢和合金钢零件采用正火处理后能达到一定的综合力学性能，从而可用正火代替调质处理作为零件的最终热处理。

3. 正火和退火的差异

（1）正火后钢中生成的珠光体与完全退火后钢中生成的珠光体相比，片层间距更小，珠光体领域（片层方向大致相同的区域）也更小，如共析钢完全退火后珠光体的平均片层间距约0.5μm，正火后细珠光体的片层间距约为0.2μm。

（2）正火冷却速度较快，钢中先共析产物（自由铁素体、渗碳体）不能充分析出，即先共析相的数量少于平衡冷却时相的数量。由于奥氏体的成分偏离共析成分，钢中易出现伪共析组织。例如，含碳量为0.4%的钢经平衡冷却后，钢中组织为45%铁素体和55%珠光体；含碳量为0.4%的钢在正火后，钢中组织则为30%铁素体和70%珠光体，此时的伪珠光体中含碳量为0.65%。对于过共析钢而言，完全退火后的组织为珠光体和网状碳化物。经过正火处理，钢中网状碳化物的析出受到抑制，从而能够得到全部的细珠光体组织，或沿晶界仅析出一部分条状碳化物（不连续的网状）。45钢经完全退火与正火后的组织与力学性能比较见表4-2。

表4-2　45钢经完全退火与正火后的组织与力学性能比较

工艺	R_m/MPa	A/(%)	α_k/(J·cm^{-2})	硬度/HB	冷却速度	组织	晶粒度
完全退火	600～700	15～20	40～60	180	慢	45%F+55%P	细
正火	700～800	15～29	50～80	220	稍快	30%F+70%P	更细

（3）合金钢中的碳化物较为稳定，加热时不易溶入奥氏体，退火冷却后不易形成层片状珠光体，而易形成粒状珠光体，便于切削加工；而在正火冷却后，合金钢中易形成粒状索氏体或粒状屈氏体，从而导致钢的硬度偏高。因此，合金钢很少将正火作为加工前的预备热处理。

（4）正常规范下通过退火和正火均能使钢的晶粒细化。例如，含碳量为0.5%的碳钢经正火后，晶粒度能够由原来的3级细化到6级，但如果加热温度过高，则容易导致奥氏体晶粒粗大，在正火后极易形成魏氏组织，在退火后易形成粗晶粒的组织。

4. 正火和退火的选择

从改善切削加工性能的角度考虑，低碳钢宜采用正火处理；中碳钢既可采用退火处理，也可采用正火处理；高碳钢（过共析钢）在消除网状渗碳体后宜采用球化退火处理。图4－7所示为钢的含碳量对热处理后硬度的影响。

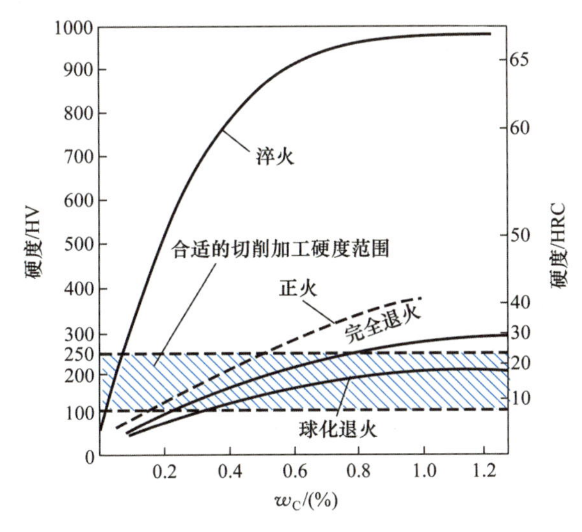

图4－7 钢的含碳量对热处理后硬度的影响

（1）含碳量小于0.25％的低碳钢，通常采用正火代替退火。因为正火较快的冷却速度可以防止低碳钢沿晶界析出游离的三次渗碳体，从而提高冲压件的冷变形性能；正火可以提高钢的硬度，改善低碳钢的切削加工性能；在没有其他热处理工序时，正火可以细化晶粒，提高低碳钢的强度。

（2）含碳量为0.25％～0.5％的中碳钢也可用正火代替退火。虽然接近上限含碳量的中碳钢正火后硬度偏高，但尚能进行切削加工；而且正火成本低，生产率高。

（3）含碳量为0.5％～0.75％的钢，因含碳量较高，正火后钢的硬度显著高于完全退火后钢的硬度，硬度过高会导致难以对钢进行切削加工，所以一般采用完全退火处理，从而降低钢的硬度，改善切削加工性能。

（4）含碳量大于0.75％的高碳钢或工具钢一般均采用球化退火作为预备热处理。如果有网状二次渗碳体存在，则应先进行正火处理，以消除网状二次渗碳体。

随着钢中碳和合金元素的增多，过冷奥氏体的稳定性增强，尤其是含有较多合金元素的钢，这些钢中过冷奥氏体较为稳定，甚至在缓慢冷却条件下也能得到马氏体和贝氏体。此时应当采用高温回火处理，以达到消除内应力、降低硬度和改善切削加工性能的目的。

（5）从使用性能考虑，当钢件或零件受力不大、性能要求不高时，不必进行淬火和回火，可用正火提高钢的机械性能，作为最终热处理工艺。

（6）从经济原则考虑，由于正火比退火生产周期短，操作简单，工艺成本低，因此在钢的使用性能和工艺性能都能满足的条件下，应尽可能用正火代替退火。

4.2.3 钢的淬火

1. 钢的淬火概述

钢的淬火（quenching）是热处理工艺中最重要、应用最广泛的工艺之一，通过淬火可以显著提高钢的强度和硬度。钢的淬火是将钢件加热到 A_{c3} 或 A_{c1} 以上温度后，保温一定时间，使之奥氏体化，以大于临界冷却速度的冷却速度进行冷却的一种热处理工艺。淬火钢的组织主要为马氏体或贝氏体（贝氏体的获得需通过等温淬火）。

2. 淬火温度选择

淬火温度即钢的奥氏体化温度，是淬火的主要工艺参数之一。碳钢的淬火温度（图 4－8）可利用铁碳相图进行选择。不同成分碳钢淬火后的组织见表 4－3。对于亚共析钢，淬火温度通常为 A_{c3} 以上 30～50℃。当含碳量不高于 0.5%时，淬火后的组织为马氏体，45 钢淬火后的组织如图 4－9 所示；当含碳量高于 0.5%时，淬火后组织为马氏体和少量残余奥氏体。20 钢在 A_{c1}～A_{c3} 之间加热淬火后的组织为马氏体和铁素体，如图 4－10 所示。由于组织中存在自由铁素体，钢的强度和硬度降低，但钢的韧性得到改善，这种淬火工艺也称亚温淬火，如处理得当，亚温淬火也可作为一种强韧化处理方法。

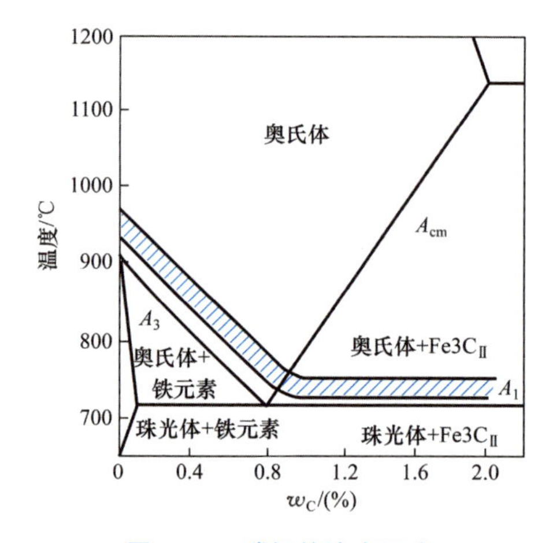

图 4－8　碳钢的淬火温度

表 4－3　不同成分碳钢淬火后的组织

不同成分碳钢	淬火温度/℃	最终组织
亚共析钢（$w_C \leqslant 0.5\%$）	A_{c3}＋(30～50)	M
亚共析钢（$w_C > 0.5\%$）	A_{c3}＋(30～50)	M＋A_r
共析钢	A_{c1}＋(30～50)	M＋A_r
过共析钢	A_{c1}＋(30～50)	M＋Fe_3C＋A_r

图 4-9　45 钢淬火后的组织（×500）

图 4-10　20 钢淬火后的组织（×500）

对于共析钢和过共析钢，淬火温度为 A_{c1} 以上 30～50℃。共析钢淬火后的组织为马氏体和少量残余奥氏体；而过共析钢由于淬火前经过球化退火，因此淬火后的组织为细马氏体、颗粒状渗碳体和少量残余奥氏体。T12 钢淬火后的组织如图 4-11 所示。淬火后过共析钢基体组织上弥散分布的颗粒状渗碳体有利于提高钢的硬度和耐磨性。如果将过共析钢加热到 A_{ccm} 以上，则奥氏体晶粒变得粗大，同时奥氏体中的含碳量增加，这会导致淬火后马氏体晶粒变得粗大，残余奥氏体量增多，这种淬火后的组织会导致钢的硬度和耐磨性下降，脆性和变形开裂倾向增加。对于合金钢来说，由于大多数合金元素（除锰、磷外）均有阻碍奥氏体晶粒长大的作用，因此其淬火温度比碳钢高，通常为 A_1 以上 50～100℃。

图 4-11　T12 钢淬火后的组织（×500）

如果过共析钢的加热温度超过 A_{ccm}，则会带来以下不良后果。

（1）碳化物全部溶入奥氏体中，奥氏体的含碳量增加，同时 M_s 线降低，淬火后残余奥氏体量增多，钢的硬度和耐磨性降低。

（2）奥氏体晶粒粗大，同时由于含碳量较高，淬火后易得到含有显微裂纹的粗片状马氏体，钢的脆性增大。

（3）钢氧化、脱碳严重，同时钢的表面质量降低。

（4）淬火内应力增大，钢件变形和开裂的倾向显著增加，还可能缩短加热炉的使用寿命。

例如，原始组织为粒状珠光体的 T8 钢，若淬火加热温度为 600℃（低于 A_{c3}），则淬火后的硬度与淬火前的退火状态基本相同；若淬火加热温度为 780℃（A_{c3} 以上 30～50℃），则淬火后的硬度能达到 63HRC；若淬火温度提高至 1000℃（远高于 A_{c3}），虽然淬火后硬度能达到 63HRC，但韧性显著降低。

合金钢的淬火加热温度选择与钢中所含合金元素有关。对于含有阻碍奥氏体晶粒长大的强碳化物形成元素（如钛、铌等）的合金钢，淬火温度应适当提高，从而加速钢中碳化物的溶解，以获得较好的淬火效果；对于含有促进奥氏体晶粒长大的元素（如锰）的合金钢，淬火加热温度应适当降低，从而防止出现晶粒粗大的现象。

3. 淬火冷却机理

淬火的冷却过程中，当炽热的钢件进入淬火介质（以水为例）后，其冷却过程大致包含三个阶段：蒸汽膜阶段（冷却速度较慢）、沸腾阶段（冷却速度变快）、对流阶段（冷却速度减缓）。

4. 淬火冷却介质

淬火冷却介质是指将钢件从奥氏体状态冷却至 M_s 线以下所用的冷却介质。选择淬火冷却介质时应着重考虑两方面因素：一方面，冷却介质的冷却能力越大，钢的冷却速度越快，越易超过钢的临界淬火速度，则钢件越易淬硬，淬硬层的深度也越大；另一方面，冷却速度过大将产生较大的淬火内应力，容易使钢件产生变形或开裂。

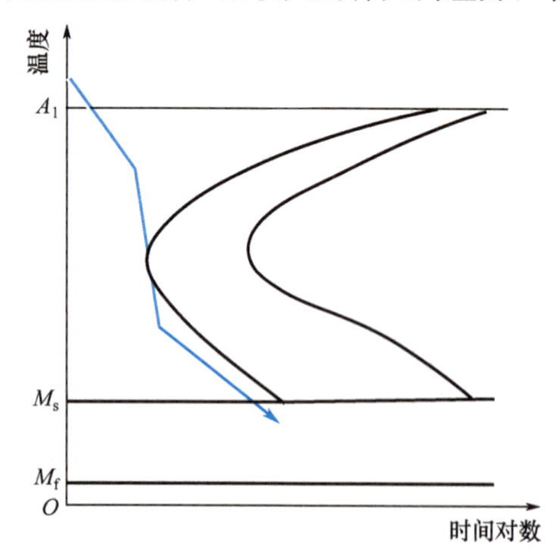

图 4－12　理想的淬火冷却介质的冷却曲线

理想的淬火冷却介质的冷却曲线如图 4－12 所示。钢中过冷奥氏体冷却的过程中，在 650℃ 以上应缓慢冷却，尽量降低淬火内应力；当冷却至 650～400℃时应快速冷却，以通过过冷奥氏体最不稳定的区域，避免发生珠光体或贝氏体转变；当冷却到 400℃以下至 M_s 线附近时，应再次缓慢冷却，以尽量减小马氏体转变时产生的组织内应力。具有这种冷却特性的淬火冷却介质可以保证在获得马氏体组织的前提下尽量减少淬火内应力，避免钢件产生变形或开裂。

常用淬火冷却介质有水、油、盐水或碱水溶液等。常用淬火冷却介质的冷却特性见表 4－4。

表 4-4　常用淬火冷却介质的冷却特性

淬火冷却介质	冷却特性			
	最大冷却速度所在温度/℃	最大冷却速度/(℃·s^{-1})	300℃时冷却速度/(℃·s^{-1})	特性温度/℃
自来水（10℃）	669	253	83.0	—
自来水（30℃）	614	218	83.0	—
自来水（50℃）	584	172	83.0	—
自来水（70℃）	450	122	76.8	—
快速淬火油（40℃）	608	100	—	700
快速淬火油（60℃）	610	103	—	702
快速淬火油（80℃）	609	102	—	700
10%氯化钠水溶液	720	272	93.0	—
10%氯化钙水溶液	691	243	88.1	—
10%碳酸钠水溶液	699	245	87.2	—
10%氢氧化钠水溶液	703	291	95.7	—

由表 4-4 可知，自来水是经济且冷却能力较强的淬火冷却介质。然而，自来水作为淬火冷却介质的缺点是其冷却能力对水温的变化很敏感。在马氏体转变温度区，水的冷却速度太大，很容易引起钢件变形和开裂。虽然水不是理想的淬火冷却介质，但适用于尺寸不大、形状简单的碳钢钢件。

快速降火油作为淬火冷却介质，一般适用于过冷奥氏体比较稳定的合金钢，大尺寸碳钢钢件油淬时由于冷却不足会出现珠光体型组织分解。45 钢在 80℃的油淬组织如图 4-13 所示。另外，快速淬火油在淬火时产生的油烟会污染空气，不利于环保和操作人员的健康，还存在可能着火的安全隐患。

图 4-13　45 钢在 850℃的油淬组织（×500）

自来水与快速淬火油作为淬火冷却介质两者各有优缺点，均不属于理想的淬火冷却介质。自来水的冷却能力很好，但冷却特性不好；快速淬火油的冷却特性较好，但其冷却能力较差。

盐水作为淬火冷却介质，其冷却能力受温度影响比自来水小，在低温区仍具有较大的冷却能力，但对钢件有一定的锈蚀作用。碱水作为淬火冷却介质，在高温区的冷却速度比盐水的高，在低温区的冷却速度则比盐水低，但同样对钢件具有较大的腐蚀性。

因此，寻找冷却能力介于油水之间，冷却特性接近于理想淬火冷却介质的新型淬火冷却介质是人们努力的目标。由于自来水是廉价、容易获得且性能较为稳定的淬火冷却介质，因此世界各国都在进行将有机水溶液作为淬火冷却介质的相关研究。我国使用比较广泛的新型淬火冷却介质有过饱和硝盐水溶液等。

5. 淬火方法

淬火方法选择的原则是：在保证获得要求的淬火组织和性能的前提下，尽量降低淬火内应力，减少钢件变形和开裂的倾向。常用的淬火方法有单介质淬火、双介质淬火、马氏体分级淬火和贝氏体等温淬火等，其冷却曲线如图 4－14 所示。采用常用的淬火方法钢件表面和心部的冷却情况如图 4－15 所示。

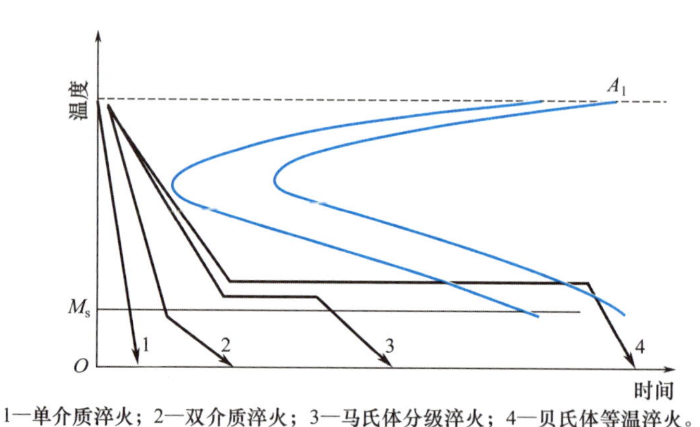

1—单介质淬火；2—双介质淬火；3—马氏体分级淬火；4—贝氏体等温淬火。

图 4－14　常用淬火方法的冷却曲线

下面主要介绍常用的淬火方法及局部淬火与深冷处理。

（1）单介质淬火（单液淬火）。

单介质淬火也称单液淬火。它是将奥氏体状态的钢件放入单一淬火冷却介质中一直冷却到室温的淬火方法。碳钢单介质淬火时通常选择水为淬火冷却介质，合金钢单介质淬火时通常选择油为淬火冷却介质。单介质淬火的优点是操作简单，易实现机械化，因而应用广泛。单介质淬火的缺点是在水中淬火时变形与开裂的倾向大，在油中淬火时冷却速度小，淬透直径小，无法淬透大型钢件。

（2）双介质淬火（双液淬火）。

双介质淬火也称双液淬火。它是将奥氏体状态的钢件放入冷却能力较强的淬火冷却介质中冷却到接近 M_s 线的温度，再立即转入冷却能力较弱的淬火冷却介质中，直至完成马氏体转变的淬火方法。碳钢进行双介质淬火时通常采用先水冷后油冷的方式，合金钢进行双介质淬火时通常采用先油冷后空冷的方式。双介质淬火的优点是能够结合两种不同淬火冷却介质的优点，既能保证获得马氏体组织，又能减少淬火过程中产生的热应力与相变应力，从

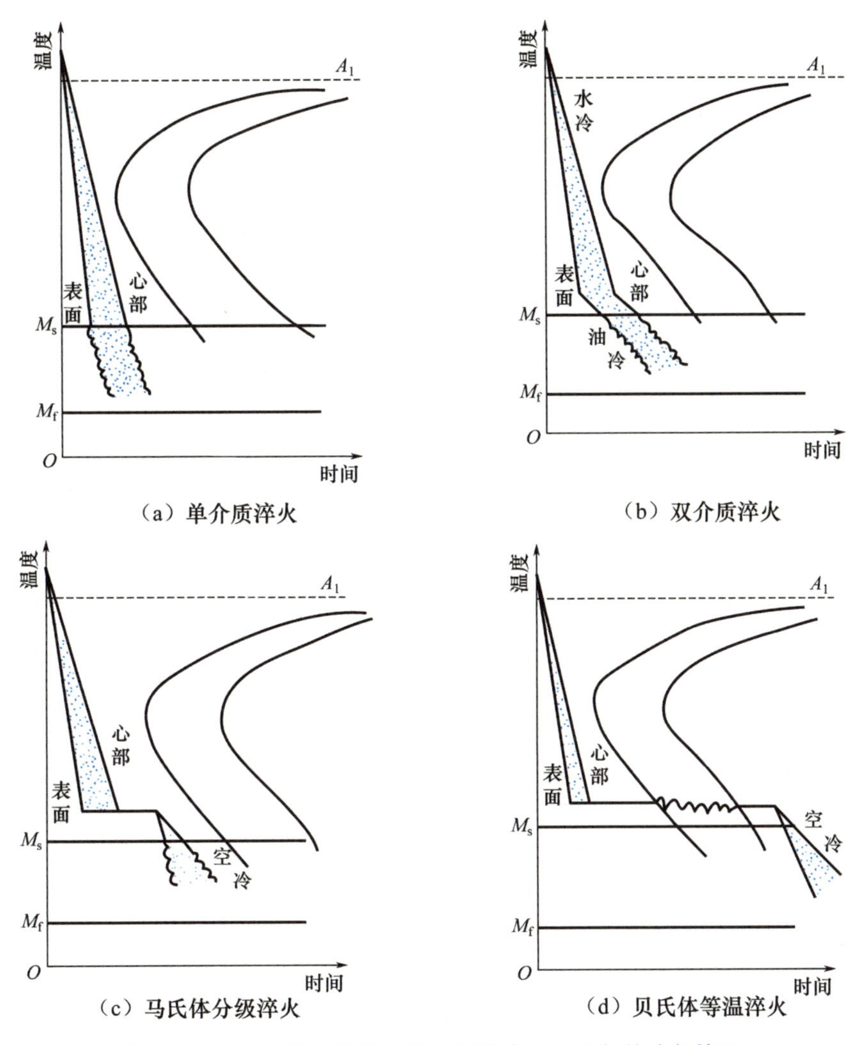

图 4-15 采用常用的淬火方法钢件表面和心部的冷却情况

而使钢件减少变形并防止开裂。双介质淬火的缺点是该方法不易掌握，要求操作熟练，同时也难以解决钢件淬火时表面与心部温差大的问题。

(3) 马氏体分级淬火。

马氏体分级淬火是将奥氏体状态的钢件放入接近于 M_s 线温度的盐浴或碱浴中，停留适当时间，待钢件的内外层均达到介质温度后取出空冷，以获得马氏体组织的淬火方法。马氏体分级淬火在冷却时进行短暂保温处理能够减小钢件冷却时产生的温差。马氏体分级淬火的优点是能使过冷奥氏体在缓慢冷却条件下转变成马氏体，从而减少内应力，避免钢件变形或开裂。马氏体分级淬火的缺点是只适用于尺寸较小的零件，否则可能出现因淬火冷却介质的冷却能力不足而导致表面和心部较大的组织差异；而且马氏体分级淬火的分级温度难以控制。

(4) 贝氏体等温淬火。

贝氏体等温淬火是将奥氏体状态的钢件放入稍高于 M_s 线温度的盐浴或碱浴中，保温足够时间，使其完成下贝氏体转变后取出空冷的淬火方法。经贝氏体等温淬火后，钢的淬火内应力小，钢件不易发生变形和开裂。贝氏体等温淬火的主要目的是获得下贝氏体组织，下贝氏体的硬度略低于马氏体，但综合力学性能较好，具有较为广泛的应用。贝氏体等温淬火主要用于尺寸较小、形状复杂、要求较高硬度、强度和韧性的（中高碳钢）零件。

（5）局部淬火。

为了满足钢件局部高硬度的要求，并且避免钢件其他部分产生变形或开裂，可采用局部淬火方法，即只对钢件需要硬化的部位进行淬火。卡规及其局部淬火如图 4-16 所示。

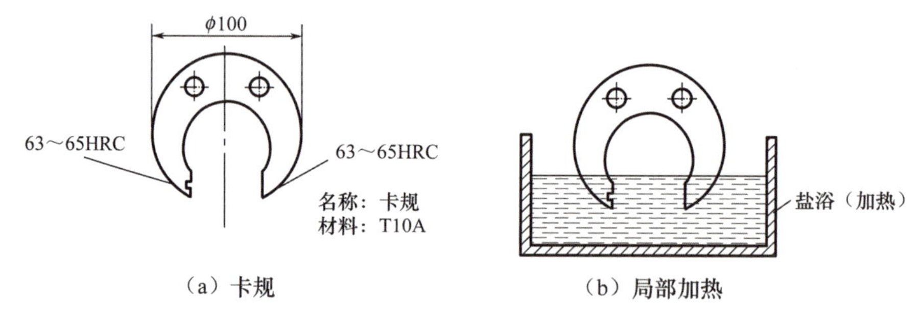

图 4-16　卡规及其局部淬火

（6）深冷处理。

为了尽量减少钢中残余奥氏体并获得最大数量的马氏体，可采用深冷处理。深冷处理是将冷却至室温的钢继续冷却到－70～－80℃（或更低的温度），保温一定的时间，使钢中的残余奥氏体在冷却过程中继续转变为马氏体的淬火方法。深冷处理能够提高钢的耐磨性和硬度，并进一步稳定钢件尺寸。目前只对某些要求尺寸稳定性很高的精密零件（如量具、精密轴承、精密丝杠等）进行深冷处理。

扩展阅读

贝氏体的争议

贝氏体的定义和转变机制是固态转变理论发展中最有争议的领域之一。它形成了两个对立的学派，即以中国柯俊为代表的切变学派和以美国 H. I. 阿伦森（H. I. Aaronson）为代表的扩散学派，以及介于两个学派之间的一种转化连续性和阶段性理论学派。

1952 年，在英国伯明翰大学任教的中国材料科学家柯俊及其合作者英国冶金学家 A. H. 科特雷尔（A. H. Cottrell）首次用光学金相法研究了钢中贝氏体转变，发现有类似于马氏体转变的表面浮凸现象。当时，表面浮凸现象被公认为马氏体型切变机制的有利证据。据此，贝氏体转变被认为是受碳扩散控制的马氏体型转变，铁和置换溶质原子是无扩散的切变，间隙溶质原子（如 C）则是有扩散的。于是形成了切变学派，这是当时贝氏体转变的主导理论。

20 世纪 60 年代末，美国冶金学家 H. I. 阿伦森等从合金热力学的研究得出，在贝氏体转变温度区间内，相变驱动力不能满足切变机制的能量条件，故从热力学上否定了贝氏体转变的切变理论。他们认为贝氏体转变属于共析转变类型，以扩散台阶机制长大，属于扩散型转变。这种观点为中国著名金属学家徐祖耀等继承和发展，这些人为扩散学派。

在两大学派间还有一些中间性理论学派。该学派认为贝氏体转变是介于共析分解和马氏体转变之间的中间过渡性转变，上贝氏体的形成机制接近于共析分解，下贝氏体则与马氏体转变相近。

6. 钢的淬硬性和淬透性

(1) 钢的淬硬性和淬透性概述。

钢的淬硬性表示钢在理想条件下进行淬火硬化能达到的最高硬度的能力，即淬火得到马氏体组织硬度的高低。钢的淬硬性主要取决于马氏体的含碳量，也就是淬火前钢中奥氏体的含碳量。

钢的淬透性是指钢在淬火时获得淬硬层（也称淬透层）深度的能力，它是钢材本身固有的特性。对于一定尺寸的圆柱形钢件，淬火时钢件表面冷却较快，心部冷却较慢，如果钢件表面冷却速度 $v_{表}$ 和心部冷却速度 $v_{心}$ 都大于淬火临界冷却速度 v_c，则整个钢件都可转变为马氏体，即钢件淬透。如果钢件表面的冷却速度 $v_{表}$ 大于临界冷却速度 v_c，但钢件心部的冷却速度 $v_{心}$ 小于淬火临界冷却速度 v_c，则马氏体转变只能在钢件表面进行，心部组织不能转变为马氏体，会生成索氏体或者屈氏体，即钢件未淬透，如图 4－17 所示。

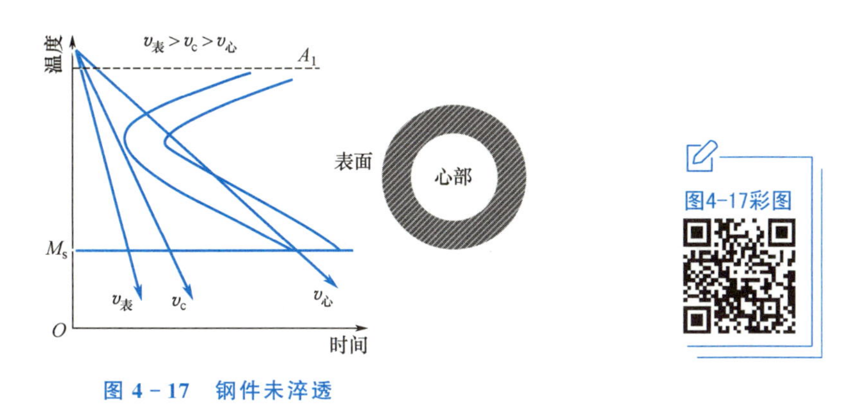

图 4－17 钢件未淬透

(2) 影响钢的淬透性的因素。

① 含碳量。在正常加热条件下，亚共析钢的 C 曲线随含碳量的增加向右移动，淬火临界冷却速度降低，钢的淬透性提高；过共析钢的 C 曲线随含碳量的增加向左移动，淬火临界冷却速度增大，钢的淬透性降低。

② 钢的化学成分。除钴和铝外的大部分合金元素溶于奥氏体后均能增加过冷奥氏体的稳定性，降低淬火临界冷却速度，提高钢的淬透性。

③ 钢的奥氏体化条件。提高奥氏体化温度和延长保温时间使奥氏体晶粒粗大，成分更均匀，过冷奥氏体更稳定，C 曲线向右移动，钢的淬透性提高。

④ 钢中未溶的第二相。残余渗碳体和碳化物的彻底溶解使过冷奥氏体更加稳定，C 曲线向右移动，淬火临界冷却速度降低，钢的淬透性提高。

（3）钢的淬透性的测定方法。

按国家标准 GB/T 225—2006《钢　淬透性的末端淬火试验方法（Jominy 试验）》，钢的淬透性可采用钢淬透性的末端淬火试验方法（Jominy 试验）来检测，图 4－18（a）所示为末端淬火试验装置示意图。将标准试样（ϕ25mm×100mm）加热至奥氏体后，在规定条件下对其端面迅速喷水淬火。水冷端冷却速度最大，随着水冷端沿试样的轴向距离增大，冷却速度逐渐减小。因此，水冷端组织为马氏体，硬度最高，随着与水冷端的距离增大，其余部位的组织和硬度发生相应的变化。将硬度与至水冷端距离的变化绘制成的曲线称为钢的淬透性曲线，如图 4－18（b）所示。由图 4－18（b）可知，45 钢半马氏体区至水冷端的距离约为 3mm，而 40Cr 钢为 10.5mm。该距离越大，钢的淬透性越好，因此 40Cr 钢的淬透性好于 45 钢的淬透性。

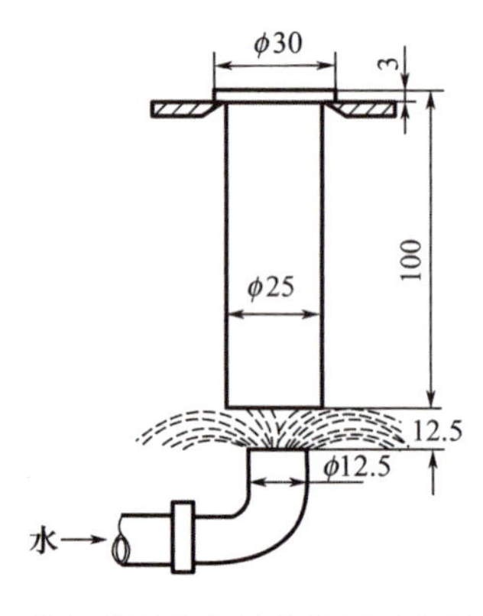

（a）末端淬火试验装置示意图

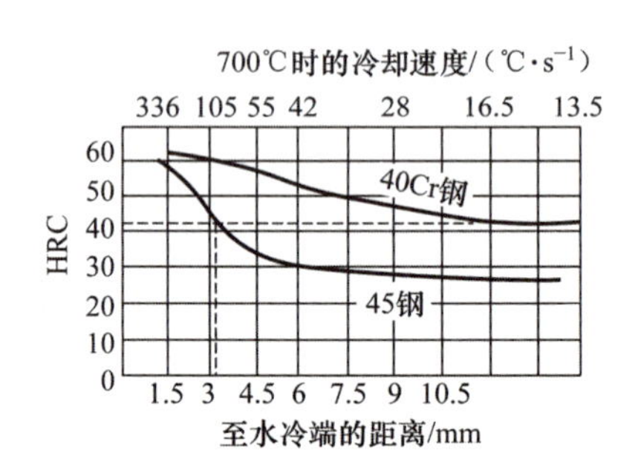

（b）钢的淬透性曲线

图 4－18　端淬试验法

钢的淬透性值可用 J HRC－d 表示。其中，J 表示末端淬透性，HRC 表示至水冷端要求距离处的硬度值，d 表示至水冷端的距离。例如，J 43－5 表示至水冷端 5mm 处试样的硬度值为 43HRC。

实际生产中也常用临界直径来定量表示不同钢种的淬透性。临界直径是指钢材在某种介质中淬冷后，心部得到 50%马氏体组织的最大直径，用 d_c 表示。常见钢的临界直径见表 4－5。

表 4－5　常见钢的临界直径

钢种	临界直径				钢种	临界直径			
	静油	20℃水	40℃水	20℃，5% NaCl 水溶液		静油	20℃水	40℃水	20℃，5% NaCl 水溶液
15	2	7	5	7	35Cr	18	33	28	34
65	12	24	19.5	26	20CrV	8	17	14	18
20Mn	15	28	24	29	15CrMn	35	52	50	54
60Mn	20	36	31.5	37	30CrMnTi	18	33	28	34
35SiMn	25	42	38	43	60Si2Mn	22	38	35	40

续表

钢种	临界直径				钢种	临界直径			
	静油	20℃水	40℃水	20℃，5% NaCl水溶液		静油	20℃水	40℃水	20℃，5% NaCl水溶液
42SiMn	25	42	38	43	GCr6	12	24	19.5	25.5
40MnB	18	33	28	34	GCr15	15	28	24	29
20Mn2B	7.5	15	12	16	T10	14	26	22	28
20MnTiB	15	28	24	29	Cr2	22	38	35	40
20SiMnVB	23	40	36	42	9Mn2V	33	42	50	54
15Cr	8	17	14	18	9CrWMn	75	95	90	96

(4) 钢的淬透性和淬硬性的区别。

钢的淬透性与淬硬性是两个不同的概念。钢的淬透性表示钢淬火时获得马氏体的能力，反映了钢的过冷奥氏体的稳定性，它与临界冷却速度有关。过冷奥氏体越稳定，淬火临界冷却速度越小，钢在一定条件下淬透层深度越深，则钢的淬透性越好。

钢的淬透性可以用规定条件下的淬透层深度表示。淬透层深度是指由零件的表层到半马氏体区（50%马氏体+50%非马氏体）的距离。钢淬火时的淬透层深度与钢的淬透性、钢件尺寸及淬火冷却介质的冷却能力等许多因素有关。

实际钢件在具体淬火条件下的淬透层深度与淬透性也不是同一概念。钢的淬透性是钢的一种属性，相同奥氏体化温度下的同一钢种，其淬透性是确定不变的。不能说同一钢种水淬比油淬时的淬透性好或小件淬火时比大件淬火时的淬透性好。钢的淬透性是不随钢件形状、尺寸和淬火冷却介质的冷却能力而变化的。

钢的淬硬性表示钢淬火时的硬化能力，用淬成马氏体可能得到的最高硬度表示，它主要取决于马氏体的含碳量。马氏体的含碳量越高，钢的淬硬性越高。

淬透性好的钢其淬硬性不一定高，而淬火后硬度低的钢也可能具有好的淬透性。例如，低合金钢的淬透性很好，但其淬硬性不高；高碳钢的淬硬性高，但其淬透性很差。常见钢的淬透性和淬硬性比较见表4-6。

表4-6 常见钢的淬透性与淬硬性比较

钢种	淬透性	淬硬性
碳素结构钢（20钢）	差	低
碳素工具钢（T12A）	差	高
低碳合金结构钢（20Cr2Ni4A）	好	低
高碳合金工具钢（W18Cr4V）	好	高

(5) 钢的淬透性对钢的力学性能的影响。

钢的淬透性是机械零件设计时选材和制定热处理工艺的重要依据。钢的淬透性不同，淬火后得到的淬透层深度不同，因此沿截面的组织和力学性能的差别很大。图4-19所示为淬透性不同的钢经调质处理后表面和中心力学性能的对比。其中，图 4-19（a）所示为淬透的轴，其整个界面均为回火索氏体，力学性能沿界面均匀一致；图 4-19（b）所示为未淬透的轴，其心部没有获得回火索氏体，因此强度较低，韧性更低。

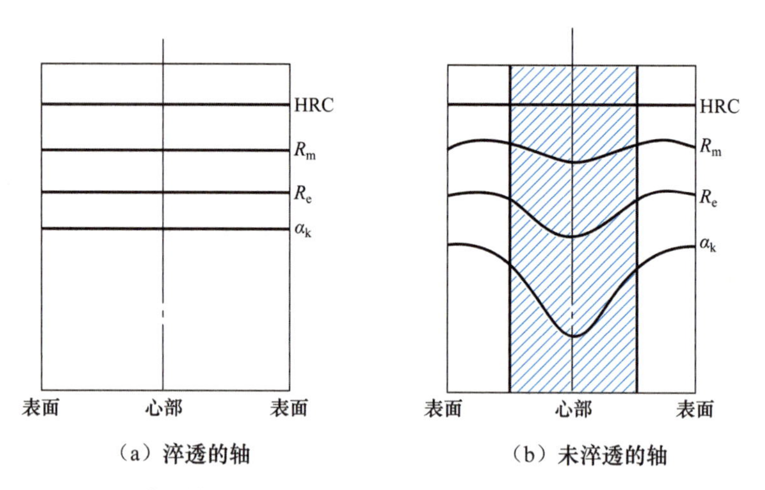

图 4-19 淬透性不同的钢经调质处理后表面和中心力学性能的对比

机械制造中许多在重载荷下工作的重要零件及承受拉压应力的重要零件，常要求钢件表面和心部的力学性能一致，此时应选用能完全淬透的钢；而对于内应力主要集中在钢件表面，心部内应力不大（如承受弯曲应力）的零件，则可考虑选用淬透性低的钢；焊接件一般不用淬透性高的钢，否则易在焊缝及热影响区出现淬火组织，造成焊件变形和开裂。

7. 淬火的缺陷及预防措施

（1）过热和过烧。

钢件在淬火加热时，加热温度过高或者保温时间过长造成奥氏体晶粒粗大的现象称为过热。过热不仅在淬火后得到粗大马氏体组织，而且容易引起淬火裂纹。过热的钢件强度和韧性降低，容易发生脆性断裂。轻微的过热可用延长回火时间进行补救，严重的过热则需进行一次细化晶粒退火，并重新淬火。

淬火加热温度太高使奥氏体晶界处局部熔化或者发生氧化的现象称为过烧。过烧是严重的热处理缺陷，钢件一旦过烧就无法补救，只能报废。过烧的原因主要是设备失灵或操作不当。高速钢淬火温度过高时容易过烧，火焰炉加热局部温度过高也容易造成过烧。

（2）氧化和脱碳。

淬火加热时，钢件与周围加热介质相互作用往往会发生氧化和脱碳现象。氧化会使钢件尺寸减小，表面光洁程度降低，严重影响淬火冷却速度，进而使钢件出现软点或硬度不足等新的缺陷。钢件表面脱碳会降低淬火后钢的表面硬度和耐磨性，并显著降低其疲劳强度。因此，淬火加热过程中，在获得均匀化奥氏体时必须注意防止发生氧化和脱碳现象。

在空气介质炉中加热时，防止氧化和脱碳最简单的方法是在炉子升温加热时向炉内加入无水分的木炭，以改变炉内气氛，进而减少氧化和脱碳现象发生。此外，采用盐炉加热、用铸铁屑覆盖钢件表面或在钢件表面热涂硼酸等方法都能有效防止或减少氧化和脱碳现象发生。

（3）变形与开裂。

钢件淬火冷却时，不同部位存在温度差及组织转变不同时会引起淬火内应力。当淬火内应力超过钢的屈服点时，钢件将产生变形；当淬火内应力超过钢的抗拉强度时，钢件将产生裂纹，成为废品。为了防止钢件变形和开裂，可采用不同的淬火方法（如马氏体分级淬火、双介质淬火、贝氏体等温淬火等）和合理的工艺设计等措施（如结构对称、截面均匀、避免尖角等）来减少淬火内应力，并在淬火后及时进行回火处理。

（4）硬度不足。

由于加热温度过低、保温时间不足、冷却速度不够大或表面脱碳等原因造成的钢件硬度不足，可采用重新淬火进行消除（淬火前需进行一次退火或正火处理）。

4.2.4 钢的回火

钢在淬火后一般都要进行回火处理。回火决定了钢在使用状态下的组织和性能，是很重要的热处理工艺。

1. 钢的回火概述

回火（tempering）是指将淬火后的钢加热到 A_1 以下的某一个温度，保温一定时间后进行冷却（除特殊钢外，一般均为空冷）的热处理工艺。

2. 回火的目的

（1）淬火导致钢中产生了较大的内应力，钢的脆性增大。因此，钢淬火后必须进行回火处理以降低脆性，减少或消除内应力，防止钢件变形和开裂。

（2）回火处理能够获得钢件要求的力学性能。淬火后钢件的硬度高、脆性大，通过适当的回火处理可调整钢件的硬度，获得其所需的塑性和韧性。

（3）淬火后钢中形成的马氏体和残余奥氏体都是非平衡组织，会自发地向稳定组织转变，从而引起钢件的尺寸和形状发生改变。回火可使淬火马氏体和残余奥氏体转变为较稳定的组织，保证钢件在使用过程中不发生尺寸和形状的改变。

（4）对于某些淬透性好的合金钢，空冷处理便可淬火形成马氏体。若采用退火软化，则软化周期很长。对于退火难以软化的合金钢可采用高温回火处理，使钢中碳化物产生聚集，降低合金钢硬度，在改善切削加工性能的同时缩短软化周期。

3. 回火转变机理

淬火后在不同温度范围内进行回火将发生以下四种转变（或称回火的四个阶段）。

（1）马氏体的分解（100～200℃）。

在100～200℃回火时，马氏体中的过饱和碳原子以碳化物（η 或 ε）的形式析出，并发生分解，马氏体中碳原子的过饱和度降低，马氏体的正方度减小。由于该转变温度较低，马氏体中仅析出一部分过饱和碳原子，其仍是碳在 α-Fe 中的过饱和固溶体。马氏体析出的 η 碳化物与 α 固溶体晶格联结在一起，保持共格关系。这种由过饱和 α 固溶体及相联结 η 碳化物或 ε 碳化物组成的组织称为回火马氏体。

回火马氏体中 α 固溶体仍是过饱和固溶体，并且 η 碳化物或 ε 碳化物较为细小，弥散度极高，并与 α 固溶体保持共格，因此该转变钢的硬度并不会降低。同时，由于 η 碳化物或 ε 碳化物的析出，晶格畸变减小，淬火内应力下降。

（2）残余奥氏体的转变（200～300℃）。

残余奥氏体本质上与原过冷奥氏体并无不同。在相同的等温温度下，残余奥氏体的回火转变产物与原过冷奥氏体的转变产物相同，即在不同温度范围内可转变为马氏体、贝氏体和珠光体。在 200～300℃回火时，钢中的残余奥氏体转变为下贝氏体，而马氏体继续分解，二者共同作用的结果是钢的硬度稍微下降。

（3）碳化物的转变（250～450℃）。

在 250～450℃回火时，η 碳化物或 ε 碳化物将随温度升高逐渐转变为稳定的渗碳体。在该温度范围内，过饱和碳从 α 固溶体内继续析出，同时 η 碳化物或 ε 碳化物也逐渐转变为渗碳体，一直延续到 450℃时转变结束。由于过饱和碳从 α 固溶体内不断析出，α 固溶体的含碳量将达到平衡含量，正方度随之下降至 1，即 α 固溶体实际上已变成铁素体，并出现稳定的与母相不再有晶格联结的渗碳体相，因此淬火内应力大大消除。此时钢的组织由铁素体和高度弥散分布的渗碳体组成。

（4）渗碳体球化、长大和铁素体的再结晶（450～700℃）。

在 450～700℃回火时，高度弥散分布的渗碳体逐渐球化成细粒状。随着温度的升高，渗碳体颗粒逐渐长大，同时铁素体发生回复与再结晶。此时，钢的硬度和强度取决于渗碳体质点的尺寸和弥散度。回火温度越高，渗碳体质点越大，弥散度越小，则钢的硬度、强度越低，韧性越高。

4. 回火组织与性能

按淬火钢回火后的组织特征，可将回火产物分为以下四种组织。

（1）回火马氏体。

回火马氏体由过饱和固溶体和与其共格的碳化物组成。回火马氏体仍保留原来的片状或板条状形态。由于在过饱和固溶体上分布着大量高度弥散的细小碳化物，回火马氏体比淬火马氏体更易被腐蚀，因此在光学显微镜下呈黑色。

（2）回火屈氏体。

回火屈氏体由尚未发生再结晶的铁素体和弥散分布的极细小的片状或粒状渗碳体组成。由于铁素体尚未发生再结晶，因此仍保留原来的马氏体形态。

（3）回火索氏体。

回火索氏体由已发生再结晶的铁素体和均匀分布的细粒状渗碳体组成。由于在上限温度回火时，铁素体发生了再结晶，从而失去了原来马氏体的片状或板条状形态。同时，由于渗碳体的聚集长大，渗碳体颗粒要比在回火屈氏体中的更大且弥散度更小。

（4）回火珠光体。

回火珠光体由铁素体和较大粒状渗碳体组成。其光学显微组织与球化退火后的显微组织相似。

5. 回火的种类及应用

根据钢的回火温度范围，可将回火分为以下三类。

（1）低温回火。

低温回火的回火温度为150～250℃。低温回火时，马氏体发生分解，从马氏体中析出ε碳化物（Fe_xC），马氏体过饱和度降低。析出的碳化物以细片状分布在马氏体基体上，这种组织称为回火马氏体，用$M_{回}$表示。在光学显微镜下回火马氏体为黑色，残余奥氏体为白色。45钢在860℃水淬并低温回火时的回火马氏体如图4-20所示。由于马氏体分解，其正方度下降，对残余奥氏体的压力减轻，因此残余奥氏体易于分解为ε碳化物和过饱和铁素体，即转变为回火马氏体。

图4-20　45钢在860℃水淬并低温回火时的回火马氏体（×200）

低温回火的目的是在保留钢件淬火后的高硬度（一般为58～64HRC）和高耐磨性的同时降低淬火内应力，并提高韧性。低温回火主要用于处理各种工具、模具、轴承及经渗碳和表面淬火的钢件。

（2）中温回火。

中温回火的回火温度为350～500℃。中温回火时，ε碳化物溶解于铁素体中，同时从铁素体中析出Fe_3C。当回火温度达到350℃时，马氏体的含碳量已降到铁素体的平衡成分，内应力大量消除，回火马氏体转变为由保持马氏体形态的铁素体和其基体上分布着细粒状的碳化物组成的组织，这种组织称为回火屈氏体，用$T_{回}$表示。45钢在860℃水淬并中温回火时的回火屈氏体如图4-21所示。回火屈氏体组织具有较高的弹性极限和屈服极限，并具有一定的韧性，硬度一般为35～45HRC，主要用于各类弹簧。

图4-21　45钢在860℃水淬并中温回火时的回火屈氏体（×500）

（3）高温回火。

高温回火的回火温度为 500～650℃。此时 Fe_3C 聚集长大，铁素体开始由针片状转变为多边形，这种在多边形铁素体基体上分布着颗粒状 Fe_3C 的组织称为回火索氏体，用 $S_{回}$ 表示。42CrMo 钢淬火并高温回火时的回火索氏体如图 4－22 所示。

图4-22彩图

图 4－22　42CrMo 钢淬火并高温回火时的回火索氏体（×500）

回火索氏体组织具有良好的综合力学性能，能在保持较高强度的同时具有良好的塑性和韧性，硬度一般为 25～35HRC。通常把淬火加高温回火的热处理工艺称为调质处理，简称调质。由于调质组织中的渗碳体是颗粒状的，正火组织中的渗碳体是片状的，而颗粒状渗碳体对阻碍裂纹扩展比片状渗碳体更有利，因此调质组织的强度、硬度、塑性及韧性均高于正火组织。调质广泛用于各种重要结构件（如连杆、轴、齿轮等）的处理，也可作为某些要求较高的精密零件、量具等的预备热处理。不同回火温度下钢的组织和主要用途见表 4－7。

表 4－7　不同回火温度下钢的组织和主要用途

回火温度	温度/℃	组织	主要用途
低温回火	150～250	$M_{回}$	耐磨件
中温回火	350～500	$T_{回}$	弹簧
高温回火	500～650	$S_{回}$	调质件

6. 回火脆性

回火过程中钢的组织变化伴随着力学性能的变化。总的变化趋势为：随回火温度提高，钢的强度、硬度下降，塑性、韧性提高。图 4－23 所示为淬火钢的硬度随回火温度的变化。在 200℃以下回火时，由于马氏体中碳化物的弥散析出，钢的硬度并不下降，高碳钢硬度甚至略有提高。在 200～300℃回火时，由于高碳钢中的残余奥氏体转变为回火马氏体，钢的硬度再次升高。在 300℃以上回火时，由于渗碳体粗化，马氏体转变为铁素体，钢的硬度显著下降。淬火钢的冲击韧性并不总是随温度升高而提高，在某些温度范围内回火时会出现冲击韧性下降的现象，这种现象称为回火脆性。淬火钢的冲击韧性随回火温度的变化如图 4-24 所示。

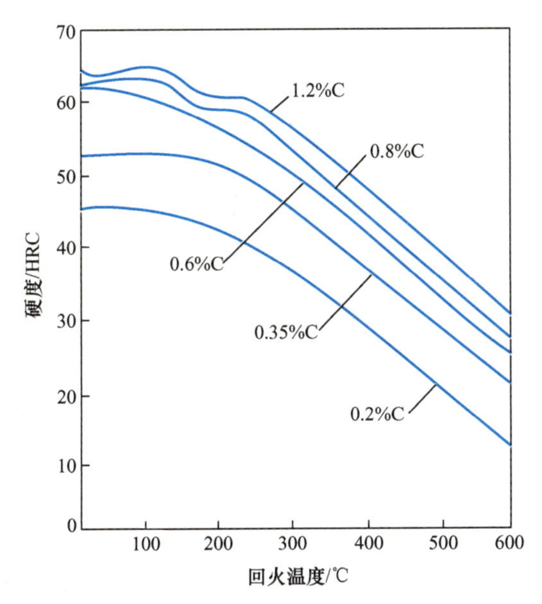

图 4-23 淬火钢的硬度随回火温度的变化

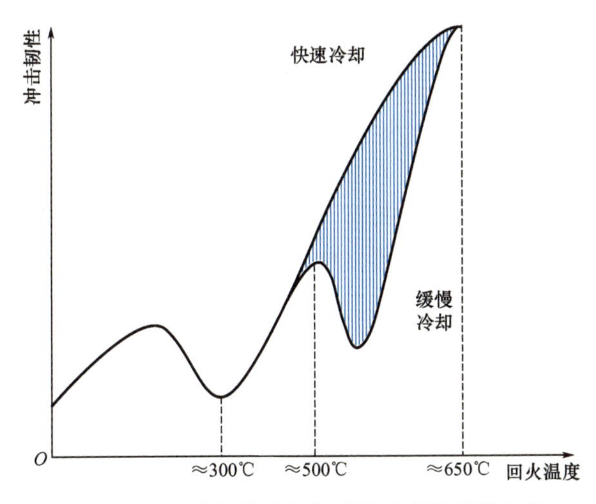

图 4-24 淬火钢的冲击韧性随回火温度的变化

(1) 第一类回火脆性。

淬火钢在 250～350℃ 回火时产生的脆性称为第一类回火脆性，又称低温回火脆性。其产生的原因是：钢在此温度回火时沿马氏体晶界析出薄片状碳化物，这些碳化物硬而脆，割裂了马氏体，降低了基体强度，从而使脆性增加。目前尚无有效办法完全消除这类回火脆性，所以一般不在 250～350℃进行回火。

(2) 第二类回火脆性。

淬火钢在 500～650℃ 回火时产生的脆性称为第二类回火脆性，又称高温回火脆性。其主要发生在含 Cr、Ni、Si、Mn 等合金元素的合金钢中，这类钢淬火后在 500～650℃ 以非常缓慢的速度冷却时会产生明显的脆化现象，但如果回火后快速冷却，脆化现象便消失或受到有效抑制，因此第二类回火脆性是可逆的。一般认为第二类回火脆性产生的原因与 Sb、Sn、P 等杂质元素在原奥氏体晶界偏聚有关。Cr、Ni、Si、Mn 等元素会促进这种偏聚，因而增加了产生第二类回火脆性的倾向。除回火后快速冷却可以防止第二类回火脆性产生，在钢中加入 W、Mo 等合金元素也可以有效抑制第二类回火脆性的产生。

4.3 表面淬火和表面化学热处理

淬火、回火你真的懂吗

在实际生产中，很多机械零件（如齿轮、曲轴、主轴等）是在冲击载荷、交变载荷及摩擦等条件下工作的，其表层承受较高的内应力，因此要求钢件表面要有高的硬度、好的耐磨性和高的疲劳强度，而心部又要有足够的韧性。若仅从选材方面考虑很难满足上述要求。例如，高碳钢的硬度高，但韧性不足；低碳钢虽然韧性好，但表面硬度低且耐磨性差。在生产中广泛采用的表面淬火和表面化学热处理能满足上述的要求。

4.3.1 表面淬火

德国最大的热处理工厂

表面淬火是将钢件表层淬硬到一定深度，而心部仍保持未淬火状态的一种局部淬火工艺，常用于轴类、齿轮类等零件。表面淬火时利用快速加热的方法使钢件表层奥氏体化，然后立即淬火使表层组织转变为马氏体，心部组织基本不变。表面淬火后一般还会对钢件进行低温回火处理。根据加热方法的不同，可将表面淬火分为感应加热表面淬火、火焰加热表面淬火、激光表面淬火、电接触加热表面淬火、电解液加热表面淬火等，前两种表面淬火应用广泛。这里主要介绍前三种表面淬火。

1. 感应加热表面淬火

感应加热表面淬火是利用电磁感应的原理，使零件在交变磁场中切割磁感线，在表面产生感应电流，根据交流电的趋肤效应，表面产生的感应电流以涡流形式快速加热零件表面，随后急速冷却零件的淬火方法。感应加热表面淬火示意图如图 4-25 所示。

感应电流透入零件表面的深度主要取决于电流频率。电流频率越高，感应电流透入零件表面的深度越浅，即渗透层越薄。按感应加热表面淬火使用频率的不同，可以将感应加热表面淬火分为超高频（27MHz）加热表面淬火、高频（200～250kHz）加热表面淬火、中频（2500～8000Hz）加热表面淬火和工频（50Hz）加热表面淬火。使用超高频加热表面淬火时，感应电流透入的深度极小，主要用于锯齿、刀刃、薄件的表面淬火；使用高频加热表面淬火时，感应电流的透入深度很小（0.2～2mm），主要用于小模数齿轮和小轴类零件的表面淬火；使用中频加热表面淬火时，感应电流透入的深度 2～5mm，主要用于中、小模数的齿轮和凸轮轴、曲轴的表面淬火；使用工频加热表面淬火时，电流透入的深度较大（通常超过 10mm），主要用于冷轧辊的表面淬火。

感应加热表面淬火相变的速度极快，一般只有几秒到几十秒。与普通淬火相比，感应

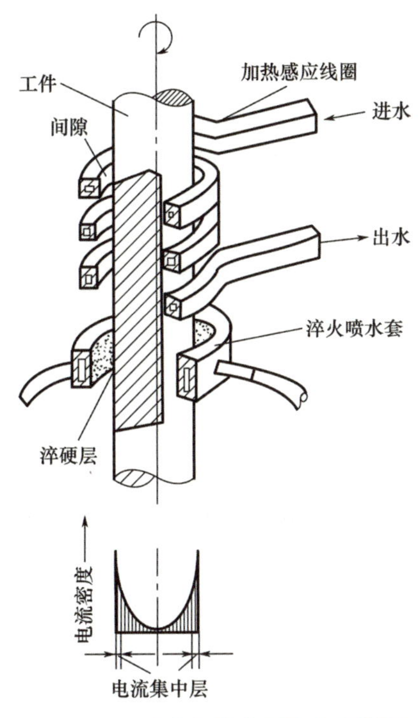

图 4－25　感应加热表面淬火示意图

加热表面淬火后的组织和性能主要有以下特点。

(1) 感应加热表面淬火的加热速度很快，并且无保温时间，铁、碳原子来不及扩散，相变温度升高，所以加热温度一般控制在 A_{c3} 以上 80～150℃。

(2) 由于感应加热表面淬火的加热时间短，奥氏体晶粒细小而均匀，淬火后得到隐针马氏体组织，故感应加热表面淬火后硬度比普通淬火后硬度高 2～3HRC，并且脆性较低。

(3) 感应加热表面淬火后，由于马氏体体积膨胀，钢件表面产生残余内应力，因此钢件的疲劳强度提高。

(4) 感应加热表面淬火的加热时间极短，钢件一般不会发生氧化和脱碳。同时由于心部未被加热，因此钢件变形很小。

(5) 感应加热表面淬火的生产率高，适于大批量生产，而且易于实现机械化和自动化。但是，感应加热设备昂贵，维修、调整比较困难，因此不适合单件、小批量生产。

感应加热表面淬火主要适用于中碳钢和中碳合金钢（如 45、40Cr、40MnB 等），也适用于高碳工具钢、合金工具钢及铸铁件等。通常，感应加热表面淬火前应进行预备热处理（正火或调质），这不仅为高质量的感应加热表面淬火做好组织准备，也为钢件在整个截面上具有良好的力学性能做好组织准备。感应加热表面淬火后，为了降低淬火内应力，保持高的硬度和好的耐磨性，要进行低温（180～200℃）回火。对于形状简单、大批量生产的钢件可利用其淬火余热进行自热回火。

2. 火焰加热表面淬火

火焰加热表面淬火是将火焰或燃烧产物喷射到钢件表面，通常是钢件的局部表面，使其加热到临界点之上（A_{c1}以上80～100℃）的温度，随后用水流或其他淬火冷却介质冷却而获得表面硬化（层深2～8mm）的热处理工艺。火焰加热表面淬火示意图如图4-26所示。火焰直接喷射的区域升温最快（通常高于1000℃/min）且温度最高，在其附近的热扩散区则加热较慢，因而常需摆动火焰或延迟淬火，使加热温度均匀化。火焰加热表面淬火进行过程中容易产生过热，温度及淬硬层深度的测量和控制也较难进行，因而该工艺对于操作人员的技艺水平有较高要求。

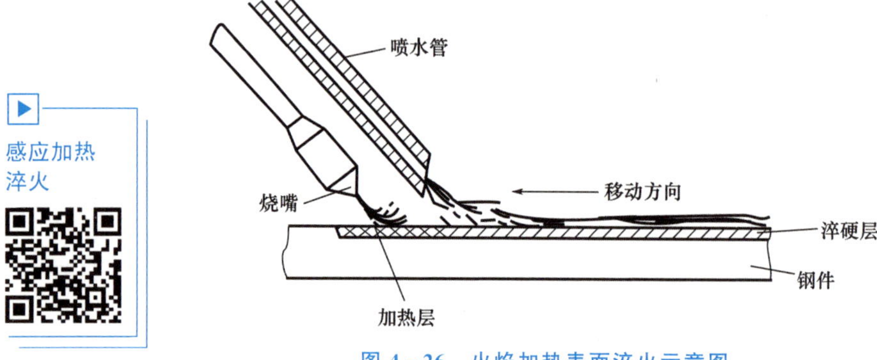

图4-26　火焰加热表面淬火示意图

3. 激光表面淬火

激光表面淬火是用高能激光束照射到钢件表面，使表层温度迅速升高至相变点之上（低于熔点），由于金属良好的导热性，当激光束移开后，基体金属大量吸热，其表面急速冷却，不再需要额外的淬火冷却介质进行冷却的热处理工艺。

激光表面淬火的功率密度高，冷却速度快，不需要水或油等淬火冷却介质，是清洁、快速的淬火工艺。与感应加热表面淬火和火焰加热表面淬火相比，激光表面淬火的淬硬层均匀，硬度高（一般比感应加热表面淬火高1～3HRC），钢件变形小，加热层深度和加热轨迹容易控制，易于实现自动化。激光表面淬火不需要像感应加热表面淬火那样根据不同的零件尺寸设计相应的感应线圈，对大型零件的加工也无须受到炉膛尺寸的限制，因此在很多工业领域逐步取代感应加热表面淬火等传统工艺。尤其重要的是，激光表面淬火前后钢件的变形几乎可以忽略，因此特别适合高精度要求的零件进行表面处理。

激光表面淬火现已被成功应用到冶金、机械、石油化工等行业中易损件的表面强化处理，特别是在提高轧辊、导卫、齿轮、剪刃等易损件的使用寿命方面效果显著，取得了很大的经济效益与社会效益。近年来，激光表面淬火在模具、齿轮等零部件表面强化方面也得到了越来越广泛的应用。

4.3.2 表面化学热处理

表面化学热处理是将钢件置于一定的化学介质中，通过加热和保温，使介质中一种或几种元素的活性原子渗入钢件表层，以改变钢件表层的化学成分和组织，从而使钢件获得所需组织和性能的热处理工艺。表面化学热处理的种类很多，一般以渗入的元素进行命名。常见的表面化学热处理有渗碳、渗氮、碳氮共渗（氰化）、渗硼等。不同的化学元素渗入钢件表层后会产生不同的性能提升效果。例如，渗碳、碳氮共渗能够提高钢件的硬度、耐磨性和疲劳强度；渗氮、渗硼、渗铬能够提高钢件的表面硬度，同时显著改善钢件的耐磨性和耐蚀性；渗硫能够改善钢件的减摩性；渗硅能够提高钢件的耐酸性；渗铝能够提高钢件的耐热性和抗氧化性。

激光表面淬火

无论是哪一种表面化学热处理，活性原子渗入钢件表层都是由以下三个基本过程组成。

（1）分解。化学介质分解出能够渗入钢件表面的活性原子。

（2）吸收。活性原子由钢件表面进入铁的晶格中，形成固溶体或化合物。

（3）扩散。渗入钢件表面的活性原子在一定温度下由钢件表面向内部扩散，形成一定厚度的扩散层。

1. 渗碳

激光淬火技术

渗碳（carburizing）是指为增加钢件表层的含碳量和形成一定的碳浓度梯度，将钢件在渗碳介质中加热和保温，使碳原子渗入表层的化学热处理工艺。渗碳钢件的材料一般为低碳钢或低碳合金钢（含碳量小于0.25%）。依据渗碳剂的不同，渗碳有固体渗碳、气体渗碳和液体渗碳。常用的渗碳为固体渗碳和气体渗碳，其中气体渗碳应用最广。

固体渗碳是将低碳钢放入装满固体渗碳剂的渗碳箱中，用盖和耐火泥密封后送入炉中加热至渗碳温度并保温，以使活性碳原子渗入钢件表层。固体渗碳示意图如图4-27所示。固体渗碳剂由一定颗粒度的木炭和碳酸盐混合而成，渗碳的加热温度一般为900～950℃，渗碳的保温时间视钢件层厚要求确定，常需十几个小时。

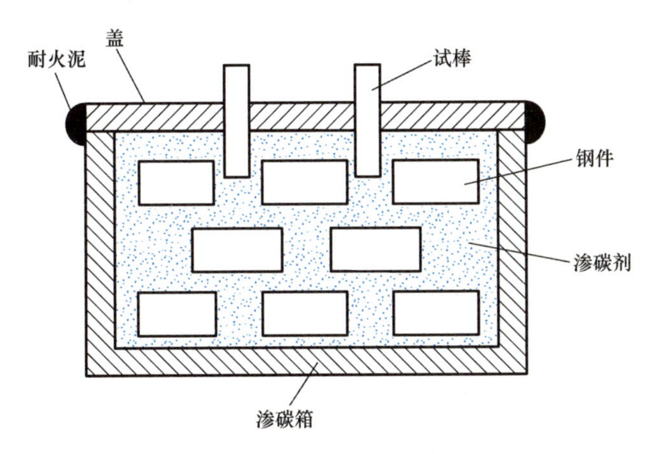

图4-27 固体渗碳示意图

气体渗碳是高温下钢件在气体活性介质中进行渗碳的过程。气体渗碳最大的优点是整个过程不但炉温可调（这在固体渗碳、膏体渗碳和液体渗碳时也能做到），而且渗碳过程中介质的碳势（渗碳能力）易于调控（这是其他渗碳方法做不到的）。所以，气体渗碳的渗层碳浓度和组织可以调控，渗碳钢件质量更有保证，故气体渗碳是如今应用最广的渗碳工艺。气体渗碳示意图如图4-28所示。

气体渗碳所用的渗碳剂可分为两大类：一类是煤油、苯类、甲醇、乙醇和乙酸乙酯等

化学热处理通常采用的方法

低碳钢的表面渗碳硬化

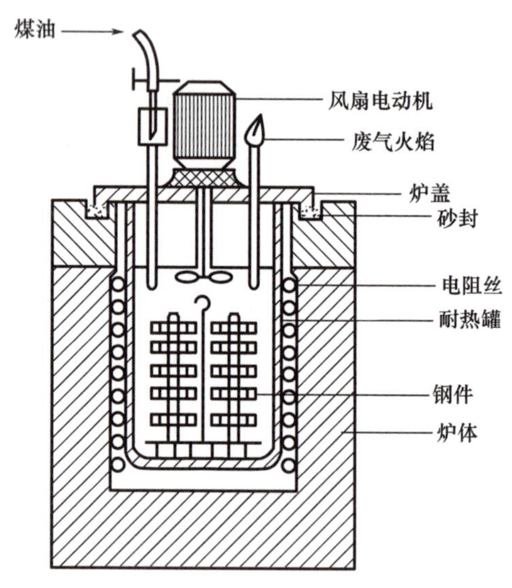

图 4-28　气体渗碳示意图

液体有机物，这些液体滴入炉中，裂解后可产生含有甲烷、一氧化碳等供碳组分的气体，所以此法也称滴注式气体渗碳；另一类是直接使用气体，如吸热式可控气体、氮基可控气体等，后者需要有气源（天然气、丙烷）供应。对于吸热式可控气体，需要将气源在特殊设备中不完全燃烧获得；对于氮基可控气体，也需要制氧站来供应，所以投资相对较大。

渗碳工艺

渗碳后钢件表面的化学成分接近于高碳钢。钢件渗碳后还要经过淬火处理，以得到高的表面硬度、好的耐磨性和疲劳强度，并且心部能够保留低碳钢淬火后的强韧性，使钢件能承受一定的冲击载荷。钢件渗碳淬火后的表面显微组织主要为高硬度的马氏体、残余奥氏体和少量碳化物，心部组织为韧性较好的低碳马氏体或含有非马氏体的组织，但应避免出现铁素体。一般渗碳层深度为 0.8～1.2mm，深度渗碳时为 2mm 或更深，表面硬度为 58～63HRC，心部硬度则为 30～42HRC。渗碳淬火后，钢件表面产生压缩内应力，对提高钢件的疲劳强度有利。因此渗碳被广泛用以提高钢件强度、冲击韧性和耐磨性，以延长钢件的使用寿命。

热处理渗碳保护气氛控制的方法

2. 渗氮

向钢件表面渗入氮元素，形成富氮硬化层的化学热处理称为渗氮（nitriding）。渗入钢件中的氮一方面由表及里与铁形成不同含氮量的氮化铁，另一方面与钢件中的合金元素结合形成各种合金氮化物，特别是氮化铝、氮化铬。这些氮化物具有很高的硬度、弥散度和很好的热稳定性，因而渗氮后的钢件可以获得高的表面硬度、耐磨性、疲劳强度、抗咬合性、抗大气腐蚀能力、抗热蒸汽腐蚀能力和抗回火软化能力，并能够降低缺口敏感性。与渗碳相比，渗氮的加热温度较低，因而畸变小，但由于心部硬度较低，渗层也较浅，一般只能满足承受轻、中等载荷的耐磨、耐疲劳要求，或有一定耐热、耐腐蚀要求的机械零件，以及各种切削刀具、冷作模具和热作模具等。渗氮的方法有多种，较为常见的是气体渗氮和离子渗氮。

（1）气体渗氮。

气体渗氮可采用一般渗氮（即等温渗氮）或多段（二段、三段）渗氮。等温渗氮在整个渗氮过程中渗氮温度和氨气分解率保持不变，渗氮温度一般为480～520℃，氨气分解率为15%～30%，保温时间近80h。等温渗氮适用于渗层浅、畸变要求严、硬度要求高的零件，但通常处理时间过长。多段渗氮是在整个渗氮过程中按不同阶段分别采用不同温度、不同氨气分解率、不同时间进行渗氮和扩散，整个渗氮时间可以缩短到近50h，能获得较深的渗层，但这种快速渗氮处理由于渗氮温度较高，会导致畸变较大。

此外，还有以抗蚀为目的的气体渗氮，渗氮温度为550～700℃，保温0.5～3h，氨气分解率为35%～70%。这种工艺处理后的钢件，其表层可获得化学稳定性高的化合物层，以防止钢件受湿空气、过热蒸汽、气体燃烧物等的腐蚀。

（2）离子渗氮。

离子渗氮又称辉光放电渗氮，是利用辉光放电原理进行的。把钢件作为阴极放入通有含氮介质的负压容器中，通电后介质中的氮、氢原子被电离，在阴阳极间形成等离子区，在等离子区强电场作用下，氮离子和氢离子以高速向钢件表面轰击。离子的动能转变为热能，加热钢件表面至所需温度。由于离子的轰击，钢件表面产生原子溅射，因此得到净化。同时由于吸附和扩散作用，活性氮原子随即渗入钢件表面。

与一般的气体渗氮相比，离子渗氮的特点是：①可适当缩短渗氮周期；②渗氮层脆性小；③可解决能源和氨气的消耗量；④对不需要渗氮的部分可屏蔽起来，实现局部渗氮；⑤离子轰击有净化表面作用，能去除钢件表面钝化膜，可使不锈钢、耐热钢钢件直接渗氮；⑥渗氮层涂度和组织可以控制。

离子渗氮发展迅速，已在机床丝杠、齿轮、模具等钢件的表面处理中得到了广泛应用。

3. 碳氮共渗

渗碳和渗氮的区别

向钢件表面同时渗入碳和氮元素的化学表面处理工艺称为碳氮共渗(carbonitriding)。碳氮共渗通常以渗碳为主，同时渗入少量氮。碳氮共渗按共渗介质状态可分为气体碳氮共渗、液体碳氮共渗和固体碳氮共渗三类。目前固体碳氮共渗和液体碳氮共渗已很少使用。

气体碳氮共渗不使用氰盐，容易控制表面质量，可实现机械化和自动化，因此得到较为广泛的应用。与渗碳相比，碳氮共渗的渗入速度较快，共渗后钢件具有较高的渗层淬透性和回火抗力、较好的耐磨性和抗疲劳性能等，而且碳氮共渗的处理温度较低，故常被用来代替渗碳。气体碳氮共渗的力学性能兼顾了渗碳和渗氮的优点。碳氮共渗适用于要求内部具有良好韧性，并且表面硬度高、耐磨性好的模具零件，如塑料模及冲裁模中的凸模及凹模等。

4. 渗硼

渗硼是将钢件放在一定温度的含硼介质（如硼粉或硼铁合金粉）中加热或电解（用熔融硼砂作为电解液），产生的活性硼原子渗入钢件表面，以提高钢件表面硬度和耐磨性，并改善耐热性和耐蚀性的化学热处理工艺。渗硼处理主要用于模具和阀件，渗硼按介质区分有固体渗硼、熔盐渗硼和气体渗硼三类。

固体渗硼和熔盐渗硼的应用较为广泛。固体渗硼适用于几何形状复杂及带有小孔、螺纹和盲孔的零件；熔盐渗硼多用于处理几何形状简单且渗硼后需淬火以提高基体强度的零件。

(1) 固体渗硼。

中、小型零件的固体渗硼多采用粒状和粉末状介质，大件及局部渗硼多采用膏剂介质。这些介质均由供硼剂（可分别用 B_4C、B－Fe、非晶态硼粉）、催渗剂（KBF_4、NH_4Cl、NH_4F 等）及调节活性、支承钢件的填充剂（Al_2O_3、SiC、SiO_2 等）组成。固体渗硼可在 650～1000℃温度下进行，常采用在 850～950℃温度下保温 2～6h 的工艺。不同钢件可获得 50～200μm 深的渗硼层。

(2) 熔盐渗硼。

常用的熔盐渗硼剂有以硼砂为基，添加 5%～15%氯化盐的熔盐，或以氯化盐为基，添加 B_4C 或 SiC 的熔盐。熔盐渗硼剂会黏附于钢件上，这些黏附于钢件上的盐垢在处理后，甚至直到淬火后仍可局部残存，因此应仔细清洗干净。

熔盐渗硼处理后的渗硼件的表面硬度很高，Fe_2B 的表面硬度可超过 1200HV，钽、铌、钨、钼的硼化物的硬度可达到 2000HV 以上。渗硼能够显著提高钢件的耐磨性、抗高温氧化性和耐热性（保持温度接近 800℃）。渗硼主要用于要求耐磨性且兼有一定耐蚀性的钢件，如钻井用的泥浆泵零件、滚压模具、热锻模具及某些钢件夹具等。近年来，渗硼逐渐扩大到硬质合金、有色金属和难熔金属的强化工艺中，如难熔金属的渗硼已经在宇航设备中获得应用。此外，渗硼还可用于印刷机凸轮、止推板、各种活塞、离合器轴、压铸机料筒与喷嘴、轧机导辊、油封滑动轴、块规、闸阀和各种拔丝模等零部件的强化工艺中。

4.4 其他热处理工艺

随着工业及科学技术的发展，热处理工艺在不断改进，目前人们发展了许多新的热处理工艺，如可控气氛热处理、真空热处理、形变热处理等。热处理新工艺的发展能够更好地提高零件的力学性能和表面质量，节约能源，降低成本，提高经济效益，减少环境污染。

1. 可控气氛热处理

在炉内气氛成分可控制在预定范围内的热处理炉中进行的热处理，称为可控气氛热处理。可控气氛热处理能有效控制表面渗碳、碳氮共渗等表面化学热处理，也可防止钢件在加热时的氧化和脱碳，还可用于实现低碳钢的光亮退火及中碳钢、高碳钢的光亮淬火。炉内气氛按性质可分为渗碳性气氛、还原性气氛和中性气氛等。目前我国常用的可控气氛有吸热式气氛、放热式气氛、放热-吸热式气氛和有机液滴注式气氛等。其中，放热式气氛的制备最为便宜。

渗硼工艺

2. 真空热处理

真空热处理是将真空技术与热处理技术相结合的新型热处理技术。真空热处理所处的真空环境指的是低于一个大气压的气氛环境，包括低真空、中等真空、高真空和超高真空。真空热处理实际也属于可控气氛热处理。真空热处理是全部或部分热处理工艺在真空状态下进行，它能够使热处理的质量大大提高。与常规热处理相比，真空热处理可实现无氧化、无脱碳、无渗碳，还可去掉钢件表面的鳞屑，并有脱脂除气等作用，从而达到表面光亮净化的效果。

钢件经真空热处理后，畸变小，质量高，并且工艺本身操作灵活，无公害，因此真空热处理不仅是某些特殊合金热处理的必要手段，而且在一般工程用钢（特别是工具、模具和精密耦件等）的热处理中也获得了广泛应用。真空热处理后钢件的使用寿命较一般热处理有较大的提高。例如，部分模具经真空热处理后，其使用寿命比熔盐热处理后提高40％～400％。此外，因为真空加热炉可在较高温度下工作，并且钢件可以保持洁净的表面，表面化学热处理的吸附和反应过程加速，所以某些表面化学热处理（如渗碳、渗氮、渗铬、渗硼，以及多元共渗）能获得更快、更好的效果。

3. 形变热处理

钢的形变热处理是将塑性变形和热处理有机结合在一起的一种复合工艺。形变热处理既可获得单一强化方法难以达到的良好强韧化效果，提高强度、改善塑性和韧性，又可简化工艺，节省能源，是提高钢的强韧性的重要手段之一。形变热处理工艺有多种，主要有高温形变热处理、低温形变热处理、等温形变热处理等。其中高温形变热处理和低温形变热处理是在相变前进行形变的热处理工艺。

（1）高温形变热处理。

高温形变热处理是将钢件加热到 A_{c3} 以上温度，在稳定的奥氏体温度范围内进行变形，然后立即淬火处理，使其发生马氏体转变并随后回火处理到所需性能的一种热处理工艺。进行高温形变热处理时应严格控制形变后到淬火前的停留时间，形变后要立即淬火处理，以免形变强化效果被高温再结晶削弱。高温形变热处理主要适用于一般碳钢、低合金钢结构零件及加工量不大的锻材或轧材。

高温形变热处理的形变温度高，形变至淬火停留时间长，易发生再结晶软化过程，减弱形变强化效果，故最终形变温度以900℃左右为宜。形变处理时，变形量的增加易导致钢件的强度增加、塑性下降；但当变形量超过40％后，变形量进一步增加反而会使钢件的强度降低、塑性提高。产生该现象的原因是明显的变形热效应使钢件的温度升高，钢件的再结晶软化过程加快，从而变形量过高导致钢件软化。当变形量控制在20％～40％时，钢件具有最佳的抗拉强度、冲击韧性和疲劳强度。

高温形变热处理的优点如下。

① 高温形变热处理能保留高温淬火得到的由薄壳状残余奥氏体包围的板条马氏体组织。

② 高温形变热处理能克服高温淬火晶粒粗大的缺点，使奥氏体晶粒及马氏体板条束更加细化。

③ 若变形后淬火及时，高温形变热处理可保留较高位错密度及其他形变缺陷，并能促进 ε 碳化物的析出和改变奥氏体晶界析出物的分布。

（2）低温形变热处理。

低温形变热处理是将钢件加热至奥氏体状态，迅速冷却至 A_{c1} 以下、M_s 线以上的过冷亚稳温度范围进行大量的塑性变形，然后立即淬火和回火处理，以获得钢件所需性能的一种热处理工艺。低温形变热处理中的塑性变形可采用锻造、轧制、拉拔等加工方法。低温形变热处理仅适用于珠光体转变区和贝氏体转变区之间（400～550℃）有很长孕育期的某些合金钢。低温形变热处理在钢件的塑性和韧性不降低或降低不多的情况下，可显著提高钢件的强度、疲劳极限、抗磨损能力和抗回火能力。

低温形变热处理可用于结构钢、弹簧钢、轴承钢、高速工具钢和模具钢的热处理。经该工艺处理后的结构钢强度和韧性显著提高，弹簧钢的疲劳极限、轴承钢的强度和塑性、高速工具钢的切削性能和模具钢的抗回火能力均能得到显著提升。

低温形变热处理的优点如下。

① 低温形变热处理后，亚晶细化，位错密度大大提高，从而使马氏体得到有效强化。

② 低温形变热处理使奥氏体晶粒细化，进而细化马氏体。

③ 对于含有强碳化物形成元素的钢件，奥氏体在亚稳区形变时，碳化物弥散析出，进一步提高钢件处理后的强度。

④ 奥氏体内合金碳化物的析出使奥氏体内碳及合金元素量减少，提高钢件的 M_s 线，大大减少淬火孪晶马氏体的数量，钢件具有良好的塑性和韧性。

形变热处理工艺具有很大的局限性。由于形变热处理增加了变形工序，设备和工艺条件均受到限制，因此它不适合形状复杂和较大的钢件。此外，进行形变热处理后，钢件的切削加工性能和焊接性能也受到一定影响。

扩展阅读

高弹性性能的金属材料研究进展

从太空和深海勘探到智能机器人，各种各样的高性能工程应用都需要金属部件，这些金属部件必须能够在很大的温度范围内具有一定的可逆变形性。由于金属中原子键的固有限制，屈服强度和弹性模量控制的弹性应变极限很少超过1.5%。相比之下，许多基于应力诱导马氏体相变的合金（如镍钛基、铁基和铜基形状记忆合金）可以实现高达10%的可恢复弹性应变，即超弹性。

2020年，北京科技大学新金属材料国家重点实验室王沿东教授团队成功制备出宽温域下具有零滞后超高弹性应变的NiCoFeGa单晶纤维，它具有高达15.2%零滞后弹性形变，最高超弹应力达1.5GPa，断裂强度及延伸率分别超过1.6GPa和16%，而且在123～423K其超临界弹性基本不受温度影响。相关论文以题为 *Unprecedented non-hysteretic superelasticity of*[001]*-oriented NiCoFeGa single crystals* 发表在国际顶级期刊 *Nature Materials*。

习 题

一、判断题

1. 低碳钢和过共析钢不宜采用完全退火。(　　)

2. 不完全退火主要用于过共析钢获得球状珠光体组织，以消除内应力、降低硬度、改善切削加工性。(　　)

3. 钢的淬透性是钢在淬火后得到马氏体组织的最大硬度。(　　)

4. 淬火是将钢件加热至 A_{c3} 或 A_{ccm} 以上 30～50℃，保温一定时间后，从炉中取出在空气中冷却的热处理工艺。(　　)

5. 通过正火、退火的重结晶可以消除过热组织。(　　)

6. 钢中应尽可能减少残余奥氏体的含量。(　　)

7. 由于加热工艺不当（加热温度过高或保温时间过长等）而引起奥氏体晶界熔化的现象称为过烧。(　　)

8. 要求表面硬度高、心部韧性好的钢件应采用表面强化处理。(　　)

9. 完全退火的主要目的在于降低硬度，消除内应力，提高塑性。(　　)

二、简答题

1. 完全退火、球化退火和去应力退火在加热温度、组织和应用上有何不同?

2. 亚共析钢、共析钢和过共析钢的淬火加热温度应如何选择? 淬火加热温度超过 A_{ccm} 会产生什么后果?

3. 正火和退火的主要区别是什么? 在实际生产过程中应如何选择正火与退火?

4. 淬火的目的是什么? 常用淬火的方法主要有哪几种? 试比较常用淬火方法的优缺点。

5. 回火的目的是什么? 钢件淬火后为什么要及时回火?

6. 试阐述淬火后在不同温度下进行回火所发生的四种转变，并说明每种转变的产物是什么。

三、问答题

1. 用 T10 钢制造形状简单的车刀，其热处理工艺路线为：下料→锻造→热处理①→粗加工→热处理②→精加工。试回答：

(1) 热处理①和热处理②的具体工艺名称是什么? 其主要作用分别是什么?

(2) 确定热处理①和热处理②的具体工艺参数，并指出最终获得的显微组织是什么。

2. 车床主轴要求轴颈部位的硬度为 56～58HRC，其余部分为 20～24HRC，其工艺路线为：锻造→正火→机械加工→轴颈表面淬火及低温回火→磨削。请指出：

(1) 主轴可以选用什么材料?

(2) 说明正火、表面淬火及低温回火的目的和具体的热处理工艺参数。

(3) 轴颈表面处的组织和其余部分的组织各是什么?

第5章 工业用钢

本章教学要求

1. 通过合金元素对钢组织性能的影响学习，学生能够阐述常见合金元素在钢中的作用。

2. 通过碳钢和合金钢的学习，学生能够列举常见碳钢或合金钢，并能判断不同牌号钢中碳和合金元素的含量。

3. 通过合金结构钢和合金工具钢的学习，学生能够列举常见的合金结构钢和合金工具钢。

引言

习近平总书记在党的二十大报告中指出，“科学社会主义在二十一世纪的中国焕发出新的蓬勃生机，中国式现代化为人类实现现代化提供了新的选择”。在人类发明炼铁后不久，人类就学会了炼钢。中国是世界上最早生产钢的国家之一。1976 年，考古工作者在湖南省长沙市杨家山 65 号春秋晚期的墓葬中发掘出一把铜格“铁剑”，通过金相检验，结果证明是钢制的，这是迄今为止我们见到的中国最早的钢制实物。由于钢的物理性能、化学性能、机械性能优于最初的生铁，因此很快就被广泛应用。然而，由于技术条件的限制，人们对钢的应用一直受到钢的产量的限制，直到 18 世纪工业革命后，钢的应用才得到了突飞猛进的发展。

随着科技与社会的不断发展，钢的制备技术不断提高，社会需求也不断增加。钢铁材料已成为国计民生的重要基础原材料，在国家基础性建设中发挥着不可替代的作用。

严格来说，钢是含碳量在 0.0218%～2.11%的铁碳合金。钢的主要元素除铁和碳外，还包括硅、锰、硫、磷等。通常情况下，可以将钢分为碳钢和合金钢。碳钢冶炼成本低，加工性能好，通过调整含碳量和采用不同的热处理工艺可以获得满足一般工程构件和机械零件服役条件的性能，因此碳钢广泛应用于工业中。一般来说，碳钢的含碳量越高，硬度和强度也越大，但塑性降低。为了提高钢的力学性能、物理性能、化学性能和工艺性能，冶炼过程中加入一种或多种合金元素而获得的钢称为合金钢。根据添加元素的不同，通过适当的成形加工及热处理工艺，合金钢可以获得高强度、高韧性、耐磨、耐热、耐腐蚀等性能。

西汉铁剑

汉朝陈琳的《武军赋》中提到：铠则东胡阙巩，百炼精刚。意思是铁经过反复锤炼才成为坚韧的钢，比喻人们经过长期艰苦的锻炼会变得非常坚强。在生产过程中，一般冷变形、热变形、合金化及热处理可以改变钢的组织，从而获得所需要的性能。

5.1 钢的分类和牌号

5.1.1 钢的分类

钢的种类比较多，可以根据钢的化学成分、用途、显微组织、冶金质量等级、脱氧程度等对钢进行不同的分类。

1. 按化学成分分类

钢的分类

按化学成分的不同，钢可分为碳钢和合金钢两大类。根据含碳量的不同，碳钢可分为低碳钢（碳的质量分数≤0.25%）、中碳钢（0.25%<碳的质量分数≤0.60%）和高碳钢（碳的质量分数>0.60%）。根据合金元素含量的不同，合金钢可分为低合金钢（合金元素总的质量分数≤5%）、中合金钢（5%<合金元素总的质量分数≤10%）和高合金钢（合金元素总的质量分数>10%）。另外，根据钢中所含主要合金元素种类的不同，钢可分为锰钢、铬钢、铬镍钢、硼钢等。化学成分不同，钢材的组织和性能会有明显的差别，相应的用途也不同。

2. 按用途分类

按用途的不同，钢可分为结构钢、工具钢及特殊性能钢。其中，结构钢又可分为工程用钢和机器用钢。工程用钢主要用于制造各种工程结构，如桥梁、船舶、车辆、压力容器等；机器用钢包括渗碳钢、调质钢、弹簧钢、滚动轴承钢等，主要用于制造各种机器零件，如轴、齿轮、各种联结件等。工具钢主要用于制造各种加工工具。依据工具钢的不同用途，又可将工具钢分为刃具钢、模具钢和量具钢。特殊性能钢是具有某种特殊物理性能或化学性能的钢，包括不锈钢、耐热钢、耐磨钢、电工钢等。

3. 按显微组织分类

按平衡组织或退火状态组织的不同，钢可分为亚共析钢、共析钢、过共析钢和莱氏体

钢铁是怎么炼成的

钢。按正火组织的不同，钢可分为珠光体钢、贝氏体钢、马氏体钢和奥氏体钢。按加热和冷却时有无相变和室温下显微组织的不同，钢可分为铁素体钢、奥氏体钢和双相钢。

4. 按冶金质量等级分类

钢的冶炼过程会带入硫、磷等有害的杂质元素。按冶金质量等级的不同，钢可分为普通钢、优质钢、高级优质钢和特级优质钢。各冶金质量等级钢中的硫、磷含量及残余元素含量见表 5-1。

表 5-1　各冶金质量等级钢中的硫、磷含量及残余元素含量

钢的类别	化学成分（质量分数）/(%)，不大于					
	S	P	Cu	Cr	Ni	Mo
普通钢	0.045	0.050	—	—	—	—
优质钢	0.030	0.030	0.30	0.30	0.30	0.10
高级优质钢	0.020	0.020	0.25	0.30	0.30	0.10
特级优质钢	0.010	0.020	0.25	0.30	0.30	0.10

5. 按脱氧程度分类

按脱氧程度的不同，钢可分为镇静钢、半镇静钢和沸腾钢。镇静钢是指完全脱氧的钢，即氧的质量分数不超过 0.01%。镇静钢成分均匀、组织致密、偏析小、质量均匀，具有较好的力学性能。优质钢和合金钢一般都是镇静钢。半镇静钢为脱氧较完全的钢，脱氧程度介于沸腾钢和镇静钢之间，浇注时有沸腾现象，但沸腾程度比沸腾钢弱。沸腾钢是指在炼钢过程中未能很好地脱氧的钢。炼钢过程中一氧化碳气体逸出钢锭，使之呈沸腾状，故得名沸腾钢。沸腾钢中的孔洞多，结构疏松，成分上存在偏析，因此其力学性能和工艺性能都比镇静钢差，主要用于制造用量较大的冷冲压零件。

除上述分类方法外，钢还有一些其他分类方法（如按冶炼方法等），这里不再赘述。在实际生产中，钢厂为其产品命名时，通常将化学成分、用途、冶金质量等级这三种分类方法结合起来，如优质碳素结构钢、合金工具钢等。

5.1.2 钢的牌号

碳素钢

我国钢材根据碳的质量分数、合金元素的种类和含量及冶金质量等级进行编号，一般采用汉语拼音字母、化学元素符号和阿拉伯数字相结合的方法来表示。汉语拼音字母用来表示钢的名称、用途、特性和工艺方法，一般选取汉字中汉语拼音的第一个字母，汉语拼音字母原则上只取一个，一般不超过两个。钢牌号中的化学元素采用国际化学元素符号表示，如 S、P、Si 等，稀土元素用“RE”表示。常用钢的牌号表示见表 5-2。

表 5-2 常用钢的牌号表示

名称	牌号表示			名称	牌号表示		
	汉字	采用字母	位置		汉字	采用字母	位置
碳素结构钢	屈	Q	头	锅炉和压力容器用钢	容	R	尾
低合金高强度结构钢	屈	Q	头	锅炉用钢（管）	锅	G	尾
碳素工具钢	碳	T	头	桥梁用钢	桥	Q	尾
塑料模具钢	塑模	SM	头	耐候钢	耐候	NH	尾
滚动轴承钢	滚	G	头	矿用钢	矿	K	尾
易切削钢	易	Y	头	沸腾钢	沸	F	尾
铸钢	—	ZG	头	镇静钢	镇	Z	尾
汽车大梁用钢	梁	L	头	半镇静钢	半	b	尾
焊接用钢	焊	H	头				

1. 碳钢牌号

（1）碳素结构钢。

常见碳素结构钢的牌号用“Q+三位数字+字母（A、B、C、D）+字母（F、b、Z、TZ）”表示。其中，字母“Q”为屈服点的汉语拼音首字母，三位数字表示屈服点的数值（单位为 MPa），A、B、C、D 表示质量等级，F、b、Z、TZ 表示脱氧方式。质量等级中，A 级钢含硫、磷量最高，D 级钢含硫、磷量最低，即 A、B、C、D 表示钢的质量等级依次提高。碳素结构钢的牌号中，表示镇静钢的符号“Z”和表示特殊镇静钢的符号“TZ”可以省略。例如，Q235-Ab，表示屈服点为 235MPa，质量等级为 A 的半镇静钢。

（2）优质碳素结构钢。

优质碳素结构钢的钢号用“两位数字”表示，这两位数字表示该钢平均碳质量分数的万分数。例如，“20”表示平均碳质量分数为 0.20%（即万分之二十）的优质碳素结构钢。若为高级优质碳素钢，则在两位数字后面加上字母“A”。若钢中锰的质量分数较高（为 0.7%～1.2%），则在这类钢号后面附加符号“Mn”，如 15Mn、45Mn 等。沸腾钢和半镇静钢在牌号尾部加上“F”和“b”。

（3）碳素工具钢。

碳素工具钢的碳质量分数为 0.65%～1.35%，钢号由“T+数字”组成，其中，“T”为“碳”的汉语拼音首字母。数字表示平均碳质量分数的千分数。例如，T9 表示平均碳质量分数为 0.9%（即千分之九）的碳素工具钢。碳素工具钢均为优质钢，若含硫、磷量更低，则为高级优质钢，并在钢号后标注“A”。例如，T12A 表示平均碳质量分数为 1.2%的高级优质碳素工具钢。

2. 合金钢牌号

（1）合金结构钢。

合金结构钢牌号用“两位数字＋元素符号＋数字”三部分组成。牌号的前两位数字表示该钢平均碳质量分数的万分数，数字后面依次用化学元素符号注明合金中含有的合金元素，其后的数字表示该合金元素的平均含量的百分数。平均合金质量分数小于1.5％时，只需写出元素符号。例如，20Cr表示平均碳质量分数为0.18％～0.24％，Cr的平均质量分数为0.70％～1.00％的合金结构钢。

合金结构钢按用途可分为低合金高强度结构钢、渗碳钢、易切削钢、调度钢、弹簧钢、滚动轴承钢。其中，低合金高强度结构钢是在普通碳素结构钢的基础上加入少量的合金元素而获得的，又称普通低合金结构钢。低合金高强度结构钢的牌号和碳素结构钢相似，由“Q＋三位数字＋字母（A、B、C、D、E）”组成。例如，Q295－A表示屈服点为295MPa，质量等级为A的低合金高强度结构钢。根据需要，低合金高强度结构钢的牌号也可以用两位数字和添加的合金元素符号组成，其中两位数字表示平均碳质量分数的万分数，如16Mn。

（2）合金工具钢。

合金工具钢牌号与合金结构钢相似，用“一位数字（或无数字）＋元素符号＋数字”表示，其中一位数字表示平均碳质量分数的千分数。当平均碳质量分数大于或等于1％、平均合金质量分数小于1.5％时，不用标出。例如，5CrMnMo表示平均碳质量分数为0.5％（即千分之五），主要合金元素Cr、Mn、Mo的平均质量分数均在1.5％以下的合金工具钢。

合金工具钢中的高速工具钢的平均碳质量分数小于1.0％，但一般不标出。

3. 特殊性能钢

不锈钢和耐热钢的牌号与碳质量分数小于1.0％的合金工具钢相似，由表示碳质量分数的最佳控制值的万分数或十万分数与其后合金元素质量分数的百分数组成。只规定碳含量上限者，当碳含量上限不大于0.10％时，以其上限的3/4表示碳含量；当碳含量上限大于0.10％时，以其上限的4/5表示碳含量。例如，当碳含量上限为0.08％时，碳含量以06表示；当碳含量上限为0.20％时，碳含量以16表示；当碳含量上限为0.15％时，碳含量以12表示。对超低碳不锈钢（即碳含量不大于0.030％），用三位阿拉伯数字表示碳含量最佳控制值（以十万分之几计）。例如，当碳含量上限为0.030％时，碳含量以022表示；当碳含量上限为0.020％时，碳含量以015表示。规定上、下限者，以平均碳含量×100表示。例如，当碳含量为0.16％～0.25％时，碳含量以20表示。

4. 专用钢牌号

除上述钢种外，还有一些专用钢，这类钢的牌号前面带有汉语拼音首字母，表示该钢的用途，但不标明其平均碳质量分数。例如，高碳铬滚动轴承钢的牌号由“GCr＋数字”组成，其中G为滚动轴承钢的汉语拼音首字母，数字表示合金元素Cr的平均质量分数的千分数。此外，在这类钢中也会添加其他合金元素，这些合金元素的元素符号也要在牌号中标出。例如，GCr15、GCr15SiMn 表示该类钢中 Cr 的平均质量分数为 1.5%。

5.2 合金元素在钢中的作用

在碳钢中经常加入的合金元素有 Si、Mn、Cr、Mo、W、Ti 等，某些情况下 P、N、S 等也可起到合金元素的作用。合金元素在钢中通常有以下四种存在形式。

(1) 固溶于铁素体、奥氏体和马氏体中形成固溶体，以溶质的形式存在。

(2) 形成强化相（如溶入渗碳体形成合金渗碳体）或形成特殊碳化物或金属间化合物等。

(3) 形成非金属夹杂物，如 O、N、S 形成氧化物、氮化物、硫化物。

(4) 以游离态存在，如 Cu 既不溶于铁，也不形成化合物，而是在钢中以游离态存在。在高碳钢中，碳有时也以游高态（石墨）存在。

由此可见，合金元素在钢中的存在形式主要取决于其本质，也就是其与铁和碳的相互作用。

5.2.1 合金元素对钢中基本相的影响

1. 合金铁素体

几乎所有的合金元素都会或多或少地溶入铁素体中，形成合金铁素体。在溶入铁素体后，合金元素会由于它与铁素体晶格类型和原子半径的差异导致铁素体晶格畸变，从而产生固溶强化效应，使铁素体的强度和硬度得到提高。但是，如果合金元素的质量分数超过了一定值，铁素体的塑性和冲击韧性就会出现下降的趋势。图 5-1 所示为溶于铁素体中的合金元素对铁素体硬度和冲击韧性的影响。从图中可以看出，当铁素体中 Si、Mn、Mo、V 等元素的质量分数增加时，铁素体的硬度会显著提高。但是，当 Si 质量分数大于 0.6%、Mn 质量分数大于 1.5%时，铁素体的冲击韧性显著降低。

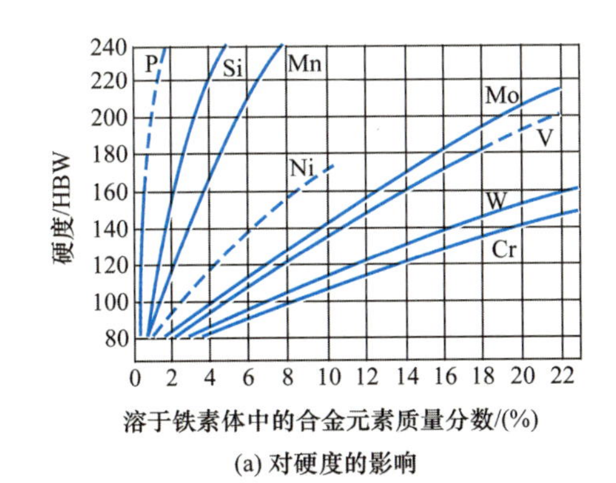

(a) 对硬度的影响

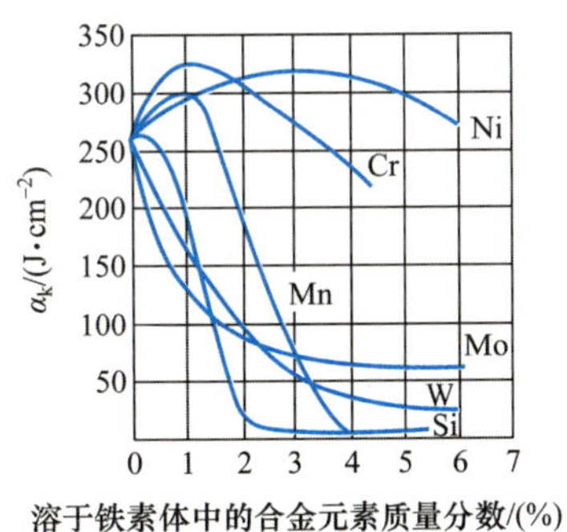

(b) 对冲击韧性的影响

图 5-1 溶于铁素体中的合金元素对铁素体硬度和冲击韧性的影响

2. 合金碳化物

很多合金元素可以和钢中的碳形成碳化物，这些元素按它们与碳的亲和力由弱到强的排列顺序为 Fe、Mn、Cr、Mo、W、V、Ni、Zr、Ti 等，这类元素称为碳化物形成元素；相反，Ni、Co、Cu、Si、Al、N、B 等元素不易形成碳化物，称为非碳化物形成元素。

（1）合金渗碳体。

当合金元素溶入渗碳体（置换铁原子）中时，形成的化合物称为合金渗碳体。合金渗碳体具有与渗碳体相同的复杂晶格结构，其中铁与合金元素的比例是可变的，但它们二者的总量与碳的比例是固定不变的。合金渗碳体比渗碳体更加稳定，硬度也更高，因此它是一般低合金钢中碳化物的主要存在形式。这类碳化物，如 $(Fe, Mn)_3C$、$(Fe, Cr)_3C$ 等，具有较低的熔点、硬度和较差的稳定性。

（2）特殊碳化物。

特殊碳化物是由中强或强碳化物形成元素构成的碳化物，它们与渗碳体晶格完全不同。这类碳化物可以形成具有复杂晶格的碳化物，如 $Cr_{23}C_6$、Cr_7C_3、Fe_3W_3C 等。特殊碳化物具有较高的熔点、硬度和较好的稳定性，此外，它们也可以形成具有简单晶格的间隙相碳化物，如 WC、Mo_2C、VC、TiC 等。总的来说，特殊碳化物的熔点、硬度都比较高，稳定性也都比较好。稳定性越好的碳化物越难溶于奥氏体，也越难聚集长大。

5.2.2 合金元素对铁碳相图的影响

根据添加合金元素的不同，其对铁碳相图的影响主要有两种情况。

1. 扩大奥氏体区的范围

如果在钢中加入 Ni、Co、Mn 等元素，铁碳相图中的 *GS* 线就会向左下方移动，*S* 点和 *E* 点向左下方移动，A_3、A_1 线下降，从而奥氏体区扩大。另外，合金元素的质量分数越高，它对奥氏体区的影响也就越显著。图 5-2 所示为 Mn 元素对奥氏体区的影响。

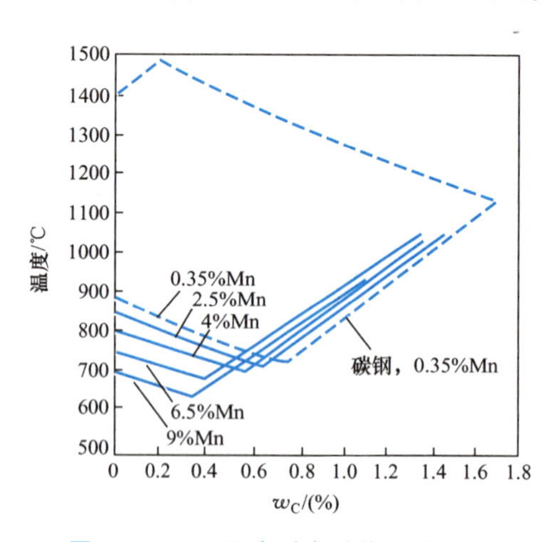

图 5-2 Mn 元素对奥氏体区的影响

如果钢中含有大量扩大奥氏体区的元素（如高质量分数的 Mn 或 Ni），铁碳相图中的奥氏体区就会一直延伸到室温，从而在室温下的平衡组织是稳定的单相奥氏体，这种钢即为奥氏体钢。例如，Si 质量分数为 13%的 Mn13 耐磨钢和 Ni 质量分数为 9%的 12Cr18Ni9 不锈钢都属于奥氏体钢。同时，由于铁碳相图中的 S 点和 E 点向左下方移动，合金钢中共析体的碳质量分数不再是 0.77%，而是小于 0.77%。因此，加入合金元素后，原来的亚共析钢变成了共析钢和过共析钢。由于共晶点的成分降低，因此在碳质量分数较低时，也能获得莱氏体组织。例如，W 质量分数为 18%的高速工具钢，即使其碳质量分数只有 0.70%～0.80%，在其铸态组织中也会出现莱氏体，这种钢即为莱氏体钢。

2. 缩小奥氏体区的范围

如果在钢中加入 Cr、W、Mo、V、Ti、Si 等元素，铁碳相图中的 GS 线就会向左上方移动，S 点和 E 点向左上方移动，A_3、A_1 线上升，从而奥氏体区缩小。图 5-3 所示为 Cr 元素对奥氏体区的影响。

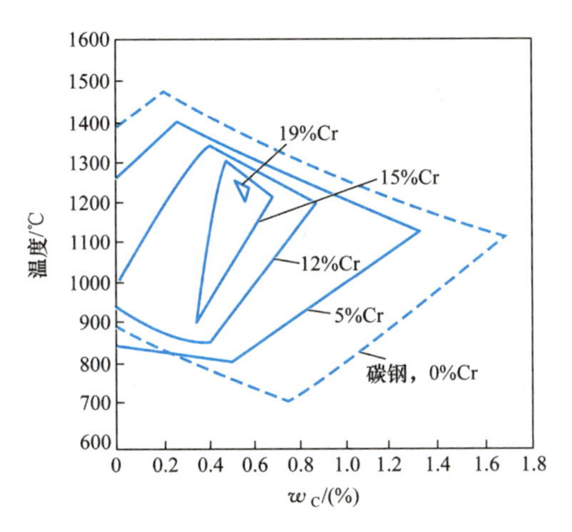

图 5-3　Cr 元素对奥氏体区的影响

如果钢中含有大量缩小奥氏体区的元素，如高质量分数的铬，它可能会使铁碳相图中的奥氏体区完全消失，从而在室温下的平衡组织为单相的铁素体，该钢即为铁素体钢。例如，含铬量 17%～28%的 Cr17、Cr25、Cr28 不锈钢均属于铁素体钢。

5.2.3 合金元素对钢热处理的影响

1. 合金元素对钢奥氏体化转变的影响

合金钢热处理时加热的目的通常包括两方面：一方面是获得成分均匀的奥氏体，使尽可能多的合金元素溶于奥氏体中，以便发挥合金元素提高钢的淬透性的作用，因此必须将合金钢加热到更高的温度并保温更长的时间；另一方面是获得细小晶粒的组织，因为奥氏体的晶粒尺寸决定了冷却转变产物的实际晶粒尺寸。

几乎所有的合金元素（除锰外）都能阻碍钢在加热时奥氏体晶粒的长大，从而达到细化晶粒的目的。特别是强碳化物形成元素，它们形成的碳化物（如 VC、TiC、NbC）难溶于奥氏体，均以弥散质点的形式分布于奥氏体晶界上，阻碍奥氏体晶粒的长大。V、Ti、

合金元素

Nb 等强碳化物形成元素也是细化晶粒的主要合金元素。因此，除锰钢外，合金钢在奥氏体化的过程中可以适当的提高加热温度，使更多的合金元素溶于奥氏体中，这样也更有利于淬火后获得细小的马氏体组织。

2. 合金元素对回火转变稳定性的影响

淬火钢在回火过程中抵抗硬度下降的能力称为回火稳定性。回火是利用固态下马氏体原子的扩散完成的。当合金元素溶入马氏体中时，它们会减慢原子扩散的速度。因此，在回火过程中，合金元素使淬火钢的组织分解和转变减缓，回火的抗力增加，同时回火稳定性提高。

好的回火稳定性使钢在较高温度下仍能保持高的硬度与好的耐磨性。某些含有较多 W、Mo、V、Cr、Ti 等元素的合金钢，在 500～600℃高温回火时，会析出弥散度高、颗粒细小的特殊碳化物，这些碳化物使合金钢的硬度显著升高，此过程称为二次硬化。

5.3 结 构 钢

结构钢大多数在服役过程中长期承受静载荷作用，没有相对的运动，因此在力学性能方面需要较大的弹性模量、较高的刚度和强度及较小的缺口敏感性。结构钢一般采用热轧或者正火状态的各种型钢，经过冷成形后通过焊接、铆接等连接方式制成相应的结构件。

5.3.1 普通碳素结构钢

普通碳素结构钢的碳质量分数一般为 0.06%～0.38%，其杂质和非金属夹杂物较多，因此强度和硬度较低。但是，由于普通碳素结构钢易于冶炼，价格低廉，可以满足要求不高的机械零件和一般的工程结构件的性能需求，因此其应用较为广泛。普通碳素结构钢通常被轧制成钢板或者各种型材（圆钢、方钢、角钢、槽钢等）使用。

普通碳素结构钢加工成形后一般不需要进行热处理，可在热轧状态下直接使用；但由于其组织中 S、P 元素和非金属夹杂物含量比优质碳素结构钢多，因此在相同含碳量和热处理工艺下，其塑性和韧性相对较低。普通碳素结构钢的牌号、质量等级、化学成分及力学性能见表 5－3。

表 5－3 普通碳素结构钢的牌号、质量等级、化学成分及力学性能

牌号	质量等级	化学成分（质量分数）/(%)，不大于					力学性能		
		C	Si	Mn	P	S	R_{eH}/(N/mm²) 厚度（或直径）≤16mm	R_m/(N/mm²)	A/(%) 厚度（或直径）≤40mm
Q195	—	0.12	0.30	0.50	0.035	0.040	195	315～430	33
Q215	A	0.15	0.35	1.20	0.045	0.050	215	335～410	31
	B					0.045			

续表

牌号	质量等级	化学成分（质量分数）/(%)，不大于					力学性能		
		C	Si	Mn	P	S	R_{eH}/(N/mm²) 厚度（或直径） ≤16mm	R_m/(N/mm²)	A/(%) 厚度（或直径） ≤40mm
Q235	A	0.22	0.35	1.40	0.045	0.050	235	370～500	26
	B	0.20				0.045			
	C	≤0.17			0.040	0.040			
	D				0.035	0.035			
Q275	A	0.24	0.35	1.50	0.045	0.050	275	410～540	22
	B	0.21			0.045	0.045			
	C	0.22			0.040	0.040			
	D	0.20			0.035	0.035			

Q195、Q215和Q235的焊接性能好，塑性和韧性好，易于进行冷加工，并具有一定的强度，因此常用于制造受力不大的零件，如焊接件、冲压件及桥梁建设等金属结构件，还可用于制造螺钉、螺母、垫圈等零件。

无缝钢管制作全过程

Q255和Q275具有较高的强度，塑性和韧性较好，可进行焊接，并且可用于制造承受中等载荷的零件，如连杆、齿轮、小轴等。

5.3.2 优质碳素结构钢

优质碳素结构钢中的有害元素S、P含量受到严格的控制，非金属夹杂物极少，因此具有较好的塑性和韧性。优质碳素结构钢主要用于制造重要的机械零件，并需要进行热处理以提高其力学性能。常用优质碳素结构钢的牌号、化学成分及力学性能见表5-4。

表5-4 常用优质碳素结构钢的牌号、化学成分及力学性能

牌号	化学成分(质量分数)/(%)			力学性能			
	C	Si	Mn	抗拉强度 R_m/MPa	下屈服强度 R_{eL}/MPa	断后伸长率 A/(%)	断面收缩率 Z/(%)
08	0.05～0.11	0.17～0.37	0.35～0.65	325	195	33	60
10	0.07～0.13	0.17～0.37	0.35～0.65	335	205	31	55
15	0.12～0.18	0.17～0.37	0.35～0.65	375	225	27	55
20	0.17～0.23	0.17～0.37	0.35～0.65	410	245	25	55
25	0.22～0.29	0.17～0.37	0.50～0.80	450	275	23	50
30	0.27～0.34	0.17～0.37	0.50～0.80	490	295	21	50
35	0.32～0.39	0.17～0.37	0.50～0.80	530	315	20	45

续表

牌号	化学成分(质量分数)/(%)			力学性能			
	C	Si	Mn	抗拉强度 R_m/MPa	下屈服强度 R_{eL}/MPa	断后伸长率 A/(%)	断面收缩率 Z/(%)
40	0.37～0.44	0.17～0.37	0.50～0.80	570	335	19	45
45	0.42～0.50	0.17～0.37	0.50～0.80	600	355	16	40
50	0.47～0.55	0.17～0.37	0.50～0.80	630	375	14	40
55	0.52～0.60	0.17～0.37	0.50～0.80	645	380	13	35
60	0.57～0.65	0.17～0.37	0.50～0.80	675	400	12	35
65	0.62～0.70	0.17～0.37	0.50～0.80	695	410	10	30
70	0.67～0.75	0.17～0.37	0.50～0.80	715	420	9	30
75	0.72～0.80	0.17～0.37	0.50～0.80	1080	880	7	30
80	0.77～0.85	0.17～0.37	0.50～0.80	1080	930	6	30
85	0.82～0.90	0.17～0.37	0.50～0.80	1130	980	6	30

08 和 10 的强度和硬度较低，塑性和韧性好，因此具有良好的冲压、拉深及焊接性能；但它们的淬透性和淬硬性差，不宜切削加工，因此主要用于制造冷冲压零件。这些钢可用于制造各种仪表板、机器罩、汽车车身、管子、垫片等。

15 和 20 具有良好的冷冲压性和焊接性能，因此常用来制造受力不大、韧性要求较高的中、小型结构件，如螺钉、螺母、杠杆、轴套等。如果这些钢经过渗碳及随后的热处理，则可用于制造凸轮、齿轮、摩擦片等。

35、40、45 和 50 综合力学性能好，但它们的淬透性差，水淬后易产生裂纹，这些钢生产的小型件宜采用调质处理，大型件宜采用正火处理。这些钢生产的工件经调质处理后，综合力学性能良好，因此可用来制造齿轮、连杆、轴类零件等。当这些钢制成的零件需要好的耐磨性时，可以对其进行表面淬火和低温回火处理。

60 和 70 经过适当的热处理后，常用于制造弹簧、弹簧垫圈、钢丝绳及轧辊等。

5.3.3 低合金高强度结构钢

低合金高强度结构钢是在普通碳素结构钢的基础上加入少量的合金元素而获得的工程结构用钢，其中碳的质量分数低于 0.2%，合金元素总的质量分数低于 3%，以 Mn 为主要添加元素。低合金高强度结构钢中 Si、Mn 的主要作用是强化铁素体；Ti、V、Nb 等的主要作用是细化晶粒和弥散强化；少量的 Cu 和 P 的作用是提高对大气的抗腐蚀能力；少量的稀土元素的作用是脱硫除气，进一步改善钢的力学性能。

低合金高强度结构钢具有明显高于含碳量相同的碳钢的强度，并且具有较好的韧性、塑性和焊接性，以及良好的耐蚀性。这类钢通常在热轧或者正火状态下使用，不需要进行专门的热处理，使用时的组织为铁素体和珠光体。低合金高强度结构钢广泛用于桥梁、船舶、高压容器、输油输气管道等。常用低合金高强度结构钢的牌号、质量等级、化学成分及力学性能见表5-5。

表5-5 常用低合金高强度结构钢的牌号、质量等级、化学成分及力学性能

<table>
<tr><th rowspan="4">牌号</th><th rowspan="4">质量等级</th><th colspan="6">化学成分(质量分数)/(%)</th><th colspan="2">力学性能</th></tr>
<tr><th colspan="2">C≤</th><th rowspan="3">Si≤</th><th rowspan="3">Mn≤</th><th rowspan="3">P≤</th><th rowspan="3">S≤</th><th rowspan="3">R_{eH}/MPa
公称厚度或直径≤16mm</th><th rowspan="3">R_m/MPa
公称厚度或直径≤100mm</th></tr>
<tr><th colspan="2">以下公称厚度或直径/mm</th></tr>
<tr><th>≤40</th><th>>40</th></tr>
<tr><td rowspan="3">Q355</td><td>B</td><td colspan="2">0.24</td><td rowspan="3">0.55</td><td rowspan="3">1.60</td><td>0.035</td><td>0.035</td><td rowspan="3">355</td><td rowspan="3">470～630</td></tr>
<tr><td>C</td><td>0.20</td><td>0.22</td><td>0.030</td><td>0.030</td></tr>
<tr><td>D</td><td>0.20</td><td>0.22</td><td>0.025</td><td>0.025</td></tr>
<tr><td rowspan="3">Q390</td><td>B</td><td colspan="2" rowspan="3">0.20</td><td rowspan="3">0.55</td><td rowspan="3">1.70</td><td>0.035</td><td>0.035</td><td rowspan="3">390</td><td rowspan="3">490～650</td></tr>
<tr><td>C</td><td>0.030</td><td>0.030</td></tr>
<tr><td>D</td><td>0.025</td><td>0.025</td></tr>
<tr><td rowspan="2">Q420</td><td>B</td><td colspan="2" rowspan="2">0.20</td><td rowspan="2">0.55</td><td rowspan="2">1.70</td><td>0.035</td><td>0.035</td><td rowspan="2">420</td><td rowspan="2">520～680</td></tr>
<tr><td>C</td><td>0.030</td><td>0.030</td></tr>
<tr><td>Q460</td><td>C</td><td colspan="2">0.20</td><td>0.55</td><td>1.80</td><td>0.030</td><td>0.030</td><td>460</td><td>550～720</td></tr>
</table>

5.3.4 渗碳钢

渗碳钢是指用于制造各种渗碳零件的钢种，如传导齿轮、凸轮、活动销轴等各种表面耐磨件。在服役过程中，这些零件表面承受强烈摩擦和磨损，零件本身要承受较大的冲击载荷。为了提高这些零件的性能，通常需要对其进行热处理，使表面具有高硬度和接触疲劳强度，同时保证心部具有足够的强度和冲击韧性。

齿轮的热处理工艺

渗碳钢可分为碳素渗碳钢和合金渗碳钢两种。碳素渗碳钢的平均碳质量分数为0.10%～0.20%，而合金渗碳钢的平均碳质量分数为0.10%～0.25%。由于碳素渗碳钢的淬透性差，经过热处理后心部很难得到有效强化，因此只适用于截面较小的零件。合金渗碳钢中加入了提高其淬透性的元素，如Mn、Cr、Ni、B等，并辅助添加少量的Ti、V、W、Mo等强碳化物形成元素，从而阻碍奥氏体晶粒的生长。此外，形成的碳化物还可以提高渗碳层的硬度和耐磨性。

合金渗碳钢的热处理工艺一般由渗碳、淬火和低温回火构成。热处理后，合金渗碳钢的表面渗碳层的组织为合金渗碳体、回火马氏体和少量残余奥氏体组织，硬度为60～62HRC。心部组织与钢的淬透性及零件截面尺寸有关，完全淬透时为低碳回火马氏体，硬度为40～48HRC；多数情况下是屈氏体、回火马氏体和少量铁素体，硬度为25～

40HRC。合金渗碳钢可以根据其淬透性分为以下三类。

（1）低淬透性合金渗碳钢。其淬透性较差，心部强度较低，强度在 800MPa 以下。常见牌号有 15、20、15Cr、20Mn、20MnV 等。这类钢主要用于制造心部强度要求不高的小型件，如套筒、链条、活塞销等。

（2）中强度渗碳钢。其淬透性较好，过热敏感性较小，渗碳过渡层比较均匀，具有良好的机械性能和工艺性能，强度为 800～1200MPa。常见牌号有 20Cr、20CrMnTi、20MnVB 等。这类钢常用于制造较为重要的零部件，如汽车、拖拉机的齿轮等。

（3）高强度渗碳钢。其含有较多的 Cr、Ni 等元素，淬透性很好，并且具有很好的韧性和低温冲击韧性，强度在 1200MPa 以上。常见牌号有 20Cr2Ni4、18Cr2Ni4W 等。这类钢主要用于制造较大的重负荷件，如航空发动机齿轮、轴及坦克齿轮等。

常用合金渗碳钢的牌号、推荐的热处理制度及力学性能见表 5-6。

表 5-6　常用合金渗碳钢的牌号、推荐的热处理制度及力学性能

牌号	试样尺寸/mm	推荐的热处理制度						力学性能			
		正火	淬火			回火		R_m/MPa	R_{eL}/MPa	A/(%)	Z/(%)
		加热温度/℃	加热温度/℃		冷却剂	加热温度/℃	冷却剂	≥			
			第 1 次淬火	第 2 次淬火							
15	25	930	—	—		—		325	195	33	60
20	25	910	—	—		—		410	245	25	55
20Mn	25	910	—	—		—		450	275	24	50
20MnV	15	—	880	—	水、油	200	水、空气	785	590	10	40
15Cr	15	—	880	770～820	水、油	180	油、空气	685	490	12	45
20Cr	15	—	880	780～820	水、油	200	水、空气	835	540	10	40
20MnVB	15	—	860	—	油	200	水、空气	1080	885	10	45
20Cr2Ni4	15	—	880	780	油	200		1180	1080	10	45
18Cr2Ni4W	15	—	950	850	空气	200	水、空气	1180	835	10	45

5.3.5 调质钢

调质钢是指经过调质处理（淬火和高温回火）后的碳素结构钢和合金结构钢。调质钢大多承受多种工作载荷，受力情况比较复杂，要求具有高的强度和良好的塑性、韧性，即具备较好的综合机械性能。合金调质钢通常还要求有良好的淬透性，但不同的零件受力情况不同，对其淬透性的要求也不尽相同。调质钢广泛用于制造汽车、拖拉机、机床和其他机器的各种重要零件，如机床齿轮、主轴，汽车发动机曲轴、连杆、螺栓等。

调质钢的碳质量分数一般为0.25%～0.50%。如果含碳量过低，则会不易淬硬，回火后也无法达到所需的强度；如果含碳量过高，则会造成热处理后钢的韧性不足。为了提高调质钢的淬透性，调质钢中通常会加入一些合金元素，如Cr、Mn、Ni、Si等。这些合金元素不仅能提高钢的淬透性，还能形成合金铁素体，提高钢的强度。为了防止第二类回火脆性的出现，调质钢中还需加入Mo（0.15%～0.30%）和W（0.8%～1.2%）元素。常用调质钢的牌号、推荐的热处理制度及力学性能见表5－7。

表5－7 常用调质钢的牌号、推荐的热处理制度及力学性能

牌号	试样尺寸/mm	推荐的热处理制度					力学性能			
		淬火			回火		R_m/MPa	R_{eL}/MPa	A/(%)	Z/(%)
		加热温度/℃		冷却剂	加热温度/℃	冷却剂	≥			
		第1次淬火	第2次淬火							
40Cr	25	850	—	油	520	水、油	980	785	9	45
40MnB	25	850	—	油	500	水、油	980	785	10	45
35CrMo	25	850	—	油	550	水、油	980	835	12	45
40CrNi	25	820	—	油	500	水、油	980	785	10	45
40CrMnMo	25	850	—	油	600	水、油	980	785	10	45
40CrNiMo	25	850	—	油	600	水、油	980	835	12	55

根据调质钢的淬透性，可将其分为以下三类。

浅谈合金结构钢40Cr

（1）低淬透性调质钢。这类钢的油淬临界直径为30～40mm，典型钢种有45、40Cr、40MnB等，多用于制造汽车、拖拉机的连杆、螺栓、传动轴及机床主轴等。其中，40MnB为代用钢，性能与40Cr相近，其淬透性、回火稳定性、切削加工性稍差。

（2）中淬透性调质钢。这类钢的油淬临界直径为40～60mm，典型钢种有35CrMo、40CrMn等，多用于制造较大尺寸件，如曲轴、齿轮、连杆等。

（3）高淬透性调质钢。这类钢的油淬临界直径为60～100mm。高淬透性调质钢大多含有Cr、Ni等元素，为了防止回火脆性，还会在钢中加入Mo元素，典型钢种有40CrNiMo等，多用于制造大截面、重载荷的重要零件，如航空发动机轴等。

5.3.6 弹簧钢

弹簧钢是一种用于制造各种弹簧和弹性元件的钢。在各种机器设备中，弹簧主要用来吸收冲击能量，缓和机械的振动和冲击，如在汽车上使用的弹簧。此外，弹簧钢还可储存能量，使其他机件完成事先规定的动作，以保证机器和仪表正常工作，如气阀弹簧、高压油泵上的柱塞簧、喷嘴簧等。

根据弹簧钢的工作条件，其应具备的性能主要有高的弹性极限、屈强比和疲劳强度，

弹簧钢是什么样的材料

弹簧的制造全过程

四种常见的弹簧钢

以及足够的塑性和冲击韧性；在高温、易蚀条件下工作时，还应具有好的耐热性和耐蚀性。此外，弹簧钢还应具有较好的淬透性，不易脱碳和过热，容易绕卷成形等特点。

高的屈强比要求弹簧钢中碳质量分数比调质钢高，碳素弹簧钢中碳质量分数一般为 0.60%～0.90%，而合金弹簧钢中碳质量分数一般为 0.45%～0.75%。如果含碳量过高，弹簧钢的塑性和冲击韧性会降低，疲劳强度也会下降。碳素弹簧钢（如 65、75 等）的淬透性比较差，所以当用来制造截面尺寸较大且承受重载荷的弹簧时，一般使用合金弹簧钢。在合金弹簧钢中加入 Si 和 Mn 元素可以提高其淬透性，同时提高弹性极限。具有重要用途的弹簧钢还需要加入 Cr、V、W 等元素，以提高钢的淬透性，同时改善钢的高温强度和冲击韧性。此外，冶金质量对疲劳强度有很大的影响，所以弹簧钢均为优质钢或高级优质钢。

弹簧钢按加工方法和热处理工艺可分为热成形弹簧钢和冷成形弹簧钢两类。

（1）热成形弹簧钢。热成形弹簧钢一般用来制作直径大于 10mm 的较大型弹簧。热成形弹簧采用热轧钢丝或钢板制成，然后淬火和中温回火（450～550℃），从而获得回火屈氏体组织，使其具有较高的屈服强度和弹性极限，并具有一定的塑性和冲击韧性。热处理后的弹簧通常还要经过喷丸处理进行表面强化，以增强表面的残余内应力，提高其疲劳强度。

（2）冷成形弹簧钢。小尺寸弹簧一般用冷拔弹簧钢丝（片）冷绕成形。由于冷成形过程会产生加工硬化，冷成形弹簧的屈服强度和弹性极限都很高，因此，冷成形后需进行一次 200～300℃的去应力回火使弹簧定形。

常用弹簧钢的牌号、热处理制度及力学性能见表 5-8。

表 5-8　常用弹簧钢的牌号、热处理制度及力学性能

牌号	热处理制度			力学性能，不小于			
	淬火温度/℃	淬火介质	回火温度/℃	R_m/MPa≥	R_{eL}/MPa	A/(%)	Z/(%)
65	840	油	500	980	785	—	35
65Mn	830	油	540	980	785	—	30
60Si2Mn	870	油	440	1570	1375	—	20
55CrMn	840	油	485	1225	1080	9.0	20
60CrMnB	840	油	490	1225	1080	9.0	20
56Si2Mn2Cr	860	油	450	1500	1350	6.0	25
55SiCrV	860	油	400	1650	1600	5.0	35
60Si2MnCrV	860	油	400	1700	1650	5.0	30
52CrMnMoV	860	油	450	1450	1300	6.0	35

5.3.7 滚动轴承钢

滚动轴承钢是一种专用结构钢，主要用于制造滚动轴承的滚动体（如滚珠、滚柱、滚针等）和内外套圈。它具有高而均匀的硬度、高的弹性极限及接触疲劳强度、好的耐磨性、足够的韧性和淬透性。

滚动轴承钢是应用最广的高碳铬钢之一。其碳质量分数为0.95%～1.10%，这保证了滚动轴承钢有高的硬度和好的耐磨性。其铬质量分数为0.40%～1.65%，这提高了滚动轴承钢的淬透性，同时形成合金渗碳体，使碳化物非常细小、均匀，大大提高了耐磨性和接触疲劳强度；此外，铬的加入还提高了其耐蚀性。

有趣的轴承加工工艺

对于大型轴承，可以在滚动轴承钢中加入Si、Mn、Mo等元素，以进一步提高其淬透性和强度。Si可以显著提高回火稳定性。为了节约Cr，加入Mo、V可以得到无铬轴承钢，如GSiMnMoV、GSiMnMoVRe等，其性能与GCr15相近。无铬轴承钢加入V元素是为了形成VC，从而保证耐磨性并细化基体晶粒。

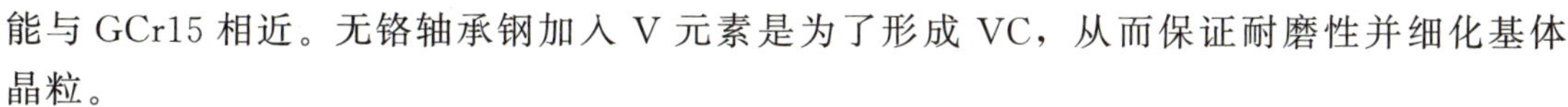

滚动轴承钢的热处理工艺主要包括球化退火、淬火和低温回火。球化退火的目的是获得球状珠光体组织，降低硬度，以便切削加工，为后续的淬火做好组织准备。淬火和低温回火的目的是获得极细的回火马氏体和细小均匀分布的碳化物组织，从而提高硬度和耐磨性。淬火的温度要求十分严格，温度过高易产生过热，使晶粒尺寸过大，韧性和疲劳强度下降，并且易变形和开裂；温度过低则奥氏体中溶解的铬、碳不够，淬火后硬度不足。常用滚动轴承钢的牌号及化学成分见表5-9。

轴承滚珠加工过程

表5-9 常用滚动轴承钢的牌号及化学成分

牌号	化学成分(质量分数)/(%)				
	C	Si	Mn	Cr	Mo
G8Cr15	0.75～0.85	0.15～0.35	0.20～0.40	1.30～1.65	≤0.10
GCr15	0.95～1.05	0.15～0.35	0.25～0.45	1.40～1.65	≤0.10
GCr15SiMn	0.95～1.05	0.45～0.75	0.95～1.25	1.40～1.65	≤0.10
GCr15SiMo	0.95～1.05	0.65～0.85	0.20～0.40	1.40～1.70	0.30～0.40
GCr18Mo	0.95～1.05	0.20～0.40	0.25～0.40	1.65～1.95	0.15～0.25

5.4 工具钢

工具钢是一种用于制造切削刀具、量具、模具和耐磨工具的钢。这些工具通常都在局部较大压力和磨损条件下工作，所以要求工具钢必须具有较高的硬度、好的耐磨性和适当的韧性，并且在高温下也能保持一定的硬度和强度。根据化学成分（质量分数）的不同，工具钢可以分为碳素工具钢和合金工具钢。

5.4.1 碳素工具钢

碳素工具钢的碳质量分数为0.65%～1.35%，它是优质碳素钢或S、P含量较低的高级优质碳素钢。碳素工具钢通常采用球化退火做预备热处理、淬火加低温回火做最终热处理。球化退火可以得到铁素体基体加粒状渗碳体，其目的是降低硬度以便切削加工；淬火加低温回火可以得到回火马氏体加粒状渗碳体及少量的残余奥氏体，其目的是使硬度可以达到60～65HRC。

碳素工具钢成本低，耐磨性和加工性好，但热硬性及淬透性差，因此主要用于制造截面较小、形状简单的各种低速切削刀具、量具和模具。T7、T8等硬度较高、韧性较高的碳素工具钢可用于制造冲头、凿子、锤子等工具；T9、T10、T11等硬度高、韧性适中的碳素工具钢可用于制造钻头、刨刀、丝锥、手锯条等刃具及冷作模具等；T12、T13等硬度很高、韧性较差的碳素工具钢可用于制作锉刀、刮刀等刃具和量规、样套等量具。常用碳素工具钢的牌号、化学成分、退火交货状态硬度及试样淬火硬度见表5-10。

表5-10 常用碳素工具钢的牌号、化学成分、退火交货状态硬度及试样淬火硬度

牌号	化学成分(质量分数)/(%)			退火交货状态硬度/HBW，不大于	试样淬火硬度		
	C	Si	Mn		淬火温度/℃	冷却剂	洛氏硬度/HRC，不小于
T7	0.65～0.74	≤0.35	≤0.40	187	800～820	水	62
T8	0.75～0.84	≤0.35	≤0.40	187	780～800	水	62
T8Mn	0.80～0.90	≤0.35	0.40～0.60	187	780～800	水	62
T9	0.85～0.94	≤0.35	≤0.40	192	760～780	水	62
T10	0.95～1.04	≤0.35	≤0.40	197	760～780	水	62
T11	1.05～1.14	≤0.35	≤0.40	207	760～780	水	62
T12	1.15～1.24	≤0.35	≤0.40	207	760～780	水	62
T13	1.25～1.35	≤0.35	≤0.40	217	760～780	水	62

5.4.2 合金工具钢

合金工具钢是在碳素工具钢的基础上加入适量合金元素得到的，这些合金元素的主要作用是提高合金工具钢的淬透性和耐磨性。

1. 合金刃具钢

合金刃具钢主要用于制造切削各种金属或者非金属的刃具，如车刀、铣刀、钻头、丝锥和板牙等。在切削过程中，刀刃与工件表面金属间的相互作用会导致切削产生变形和断裂，并将金属从工件整体上剥离下来。刀刃本身要承受弯曲、扭转、剪切、冲击、振动等

负荷，还要承受工件和切削过程中的强烈摩擦，这些摩擦会产生大量的切削热，使刃部温度升至500～600℃。由于刃具钢要在这样的工作条件下使用，因此要求它需要具有高硬度、好耐磨性及热硬性、一定的塑性和韧性。

(1) 低合金刃具钢。

低合金刃具钢中合金元素的加入量较少，因此对其热硬性要求也不太高，一般工作温度不宜超过300℃。这种钢主要用于制造切削速度较低、截面大、结构复杂的机械加工刃具。在这类钢中，碳质量分数通常控制在0.8%～1.1%，以保证这类钢具有较高的硬度和好的耐磨性。通常情况下，低合金刃具钢中的合金元素总质量分数小于5%，主要添加的合金元素有Cr、Mn、Si、W、V等。Cr、Mn、Si主要是为了提高钢的淬透性，而Si还能提高钢的回火稳定性；W、V能提高钢的硬度和耐磨性，并能在加热过程中防止过热，保持细小的晶粒。

低合金刃具钢的预备热处理为球化退火，最终热处理为淬火和低温回火。热处理后的组织由回火马氏体、合金碳化物和少量残余奥氏体组成。低合金刃具钢由于中加入了合金元素，其淬透性提高，因此可以采用油淬火来进行热处理，从而减少淬火时的变形。常用低合金刃具钢的牌号、化学成分、退火交货状态硬度及试样淬火硬度见表5-11。

表5-11 常用低合金刃具钢的牌号、化学成分、退火交货状态硬度及试样淬火硬度

牌号	化学成分(质量分数)/(%)					退火交货状态硬度/HBW	试样淬火硬度		
	C	Si	Mn	Cr	W		淬火温度/℃	冷却剂	洛氏硬度/HRC，不小于
9SiCr	0.85～0.95	1.20～1.60	0.30～0.60	0.95～1.25	—	197～241	820～860	油	62
8MnSi	0.75～0.85	0.30～0.60	0.80～1.10	—	—	≤229	800～820	油	60
Cr06	1.30～1.45	≤0.40	≤0.40	0.50～0.70	—	187～241	780～810	水	64
Cr2	0.95～1.10	≤0.40	≤0.40	1.30～1.65	—	179～229	830～860	油	62
9Cr2	0.80～0.95	≤0.40	≤0.40	1.30～1.70	—	179～217	820～850	油	62
W	1.05～1.25	≤0.40	≤0.40	0.10～0.30	0.80～1.20	187～229	800～830	水	62

(2) 高速钢。

高速钢是一种具有好的热硬性、高的耐磨性和足够强度的高合金工具钢，也称高速工具钢或锋钢，俗称白钢。高速钢在高速切削条件下，即使刀具刃部温度达到600℃，也能保持很高的硬度，常用来制造切削速度较高的刀具和形状复杂、载荷较大的成形刀具，如车刀、铣刀、钻头等。

高速钢的碳质量分数为0.70%～1.60%，并添加大量的碳化物形成元素，如W、Cr、

Mo、V 等。碳质量分数较高既可以保证与合金元素形成足够数量的碳化物，又能有一定数量的碳溶于奥氏体中，以保证马氏体的高硬度。W、Mo 元素的添加能提高马氏体的回火稳定性，提高高速钢的热硬性；Cr 元素能够提高其淬透性；V 与 C 能够形成稳定性和硬度都很高的 VC，可以提高硬度和耐磨性，同时能阻止奥氏体晶粒长大，达到细化晶粒的目的。

高速钢应用领域与性能加工介绍

高速钢的典型钢种有 W18Cr4V 和 W6Mo5Cr4V2。W18Cr4V 的热硬性较好，在热处理时脱碳和过热倾向较小。W6Mo5Cr4V2 的耐磨性、热塑性和韧性较好，适用于高速切削的高合金工具钢；其热硬性较好，即使在工作温度达 500～600℃时，硬度仍可保持在 60HRC 以上。

在高速钢的铸态组织中会存在鱼骨状粗大的共晶碳化物，如图 5-4 所示。这些共晶碳化物会使钢的强度和韧性降低，但是相当稳定，因此无法通过热处理将其消除。为了解决这个问题，只能通过锻造将其击碎，使其分布均匀。

图5-4彩图

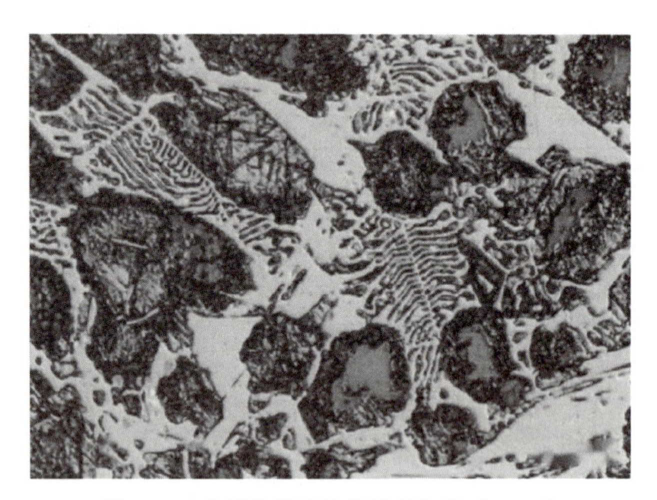

图 5-4　鱼骨状粗大的共晶碳化物（×800）

高速钢的常规加工工艺路线为

下料→锻造→球化退火→机械加工→淬火和高温回火→喷砂→磨削加工→成品

每步工艺的主要目的如下。

① 锻造。锻造可以击碎莱氏体中的合金碳化物（脆性很大、大块且呈鱼骨状），使其成为弥散体，这一过程通常要反复镦拔 3～5 次。在锻造后，应缓慢冷却以避免开裂。由于高速钢的液相线与固相线距离很近，因此加热温度不宜太高。对于高速钢来说，锻造既能改善材料的组织结构，也能使材料成形。

② 球化退火。球化退火可以降低高速钢的硬度，方便切削加工。在球化退火过程中，碳化物会形成均匀分布的颗粒状，为最终热处理做好组织准备。球化退火后可以得到索氏体和细小的粒状碳化物的组织。

③ 淬火。高速钢淬火温度一般在 1200℃以上，可以使 W、Mo、Cr、V 等合金元素形成的碳化物溶于奥氏体中，提高其淬透性并保证回火后获得很好的热硬性。但是，高速钢中的合金元素较多，使其导热性差，传热效率低。因此，高速钢淬火通常要经过 1～2 次分

级预热，如在中温盐炉中预热（800～840℃），或在高温盐炉中加热（1260～1280℃）。淬火采用油冷或者空冷，淬火后的组织包括马氏体、粒状渗碳体和20%～30%的残余奥氏体。

④ 高温回火。高温回火是淬火后的高速钢必须经过的工序，目的是减少淬火后其中大量存在的残余奥氏体，稳定组织，产生二次硬化，提高硬度。回火的温度范围为550～570℃，一般需要进行2～3次回火。每次回火后，残余奥氏体的量都会降低，经过3次回火后，残余奥氏体的量仅有1%～2%。回火后的高速钢的组织由回火马氏体、细粒状碳化物和少量的残余奥氏体组成，硬度可以达到66～67HRC。

2. 模具钢

模具钢是指用于制造各种冷、热模具的钢种，可分为冷作模具钢和热作模具钢。

(1) 冷作模具钢。

冷作模具钢主要用于制造各种冷冲、冷镦、冷挤压和冷拉丝等工艺的模具，其工作温度通常不超过200～300℃。在使用过程中，冷作模具钢需承受很大的压力、弯曲力、冲击载荷和摩擦，其主要的失效形式是变形和磨损。为了满足性能要求，冷作模具钢应具有高硬度（58～62HRC）、好耐磨性、足够的韧性和疲劳强度，以及良好的工艺性（包括淬透性和切削加工性）。

模具钢的分类

冷作模具钢具有碳质量分数高（1.0%～2.0%）的特点，属于过共析钢，这样可以保证其高硬度和好耐磨性。此外，在冷作模具钢中加入Cr、Mo、W、V等合金元素可以形成难熔碳化物，从而提高其耐磨性。尤其是Cr与C形成的碳化物可以极大地提高其耐磨性，并且能够显著提高其淬透性。

冷作模具钢的使用性能要求及分类

小型冷作模具钢适用于制造尺寸小、形状简单、载荷不大的模具，常用的钢种有9Mn2V、T10A、CrWMn、Cr6WV等。这类钢价格便宜，加工性能好，能够满足模具的工作要求，但其淬透性差，耐磨性相对较差。大型冷作模具钢则主要用于制造载荷大、尺寸大、形状复杂的模具，常用的钢种有Cr12、Cr12MoV等。这类钢淬透性好，热处理变形很小，并且耐磨性较好。

冷作模具钢的热处理与低合金刃具钢的类似。对于高碳高铬冷作模具钢，其常用的热处理工艺有以下两种。

① 一次硬化法。一次硬化法是在较高温度（950～1000℃）下进行淬火，然后在较低温度（150～180℃）下进行回火的热处理工艺。它可使高碳高铬冷作模具钢的硬度达到61～64HRC，并具有较好的耐磨性和韧性，多适用于制造重载模具。

② 二次硬化法。二次硬化法是在较高温度（1100～1150℃）下进行淬火，然后在510～520℃的温度下进行多次回火（一般为3次），从而产生二次硬化的热处理工艺。它可使高碳高铬冷作模具钢的硬度达到60～62HRC，并具有较好的耐热性和耐磨性（但韧性较差），多适用于制造在400～450℃温度下工作的模具。

(2) 热作模具钢。

热作模具钢主要用于制造各种热锻模、热压模、热挤压模和热压铸模等。在工作时，其型腔表面温度可达600℃以上。热作模具钢工作时常承受很大的冲击载荷、强烈的摩擦、

热作模具钢的分类

剧烈的冷热循环，因此会引起不均匀的热应变和热应力及高温氧化，容易出现崩裂、塌陷、磨损、龟裂等失效形式。因此，热作模具钢需具有良好热硬性及高温耐磨性，高抗氧化性、热强性和热疲劳性。由于热作模具钢通常较大，因此热作模具钢还需具有较好的淬透性和良好的导热性。

热作模具钢的碳质量分数一般为 0.3%～0.6%，这样可以保证其强度、韧性、硬度（35～52HRC）和热疲劳性。同时，为了提高热作模具钢的淬透性，需要在其中加入较多的 Cr、Ni、Mn、Si 等元素。其中，Cr 是提高其淬透性的主要元素，它和 Ni 可以提高热作模具钢的回火稳定性；Ni 可以强化铁素体，增加热作模具钢的韧性，同时和 Cr、Mo 一起提高钢的淬透性和热疲劳性。Mo、W、V 等能够产生二次硬化，增强热作模具钢的硬度和耐磨性，而 Mo 还能防止第二类回火脆性的发生。

热锻模具钢一般有 5CrMnMo 和 5CrNiMo。前者多用于制造韧性要求高、热硬性要求不高的热锻模具，后者多用于制造大型热锻模具。热锻模具钢的热处理工艺和调质钢相似，在淬火后进行高温（550℃左右）回火，以获得回火索氏体或回火屈氏体组织。

热压铸模具钢通常有 3Cr2W8V 和 4Cr5MoVSi。热压铸模具钢在淬火后通常以略高于二次硬化峰值的温度（600℃左右）进行回火，热处理后的组织为回火马氏体、粒状碳化物和少量的残余奥氏体。与高速钢类似，为了保证热作模具钢具有足够好的热硬性，需要进行多次回火。

常用模具钢的牌号、化学成分、退火交货状态硬度及试样淬火硬度见表 5－12。

表 5－12　常用模具钢的牌号、化学成分、退火交货状态硬度及试样淬火硬度

类别	牌号	主要化学成分(质量分数)/(%)								退火交货状态硬度/HBW	试样淬火硬度		
		C	Si	Mn	Cr	W	Mo	Ni	V		淬火温度/℃	冷却剂	洛氏硬度/HRC，不小于
冷作模具钢	9Mn2V	0.85～0.95	≤0.40	1.70～2.00	—	—	—	—	0.10～0.25	≤229	780～810	油	62
	Cr12	2.00～2.30	≤0.40	≤0.40	11.50～13.00	—	—	—	—	219～269	950～1000	油	60
	Cr12MoV	1.45～1.70	≤0.40	≤0.40	11.00～12.50	—	0.40～0.60	—	0.15～0.30	207～255	950～1000	油	58
热作模具钢	5CrNiMo	0.50～0.60	≤0.40	0.50～0.80	0.50～0.80	—	0.15～0.30	1.40～1.80	—	197～241	830～860	油	—
	5CrMnMo	0.50～0.60	0.25～0.60	1.20～1.60	0.60～0.90	—	0.15～0.30	—	—	197～241	820～850	油	—
	3Cr2W8V	0.30～0.40	≤0.40	≤0.40	2.20～2.70	7.50～9.00	—	—	0.20～0.50	≤255	1075～1125	油	—

3. 量具钢

量具钢是一种用于制造测量工具（如游标卡尺、千分尺、量规）的钢。在使用过程中，由于要求测量精度高，因此量具钢需具有高硬度、好耐磨性和良好的尺寸稳定性，这样才能避免磨损或尺寸不稳定对测量精度的影响。在特殊环境下，量具钢还需具有抗腐蚀性。

量具钢的碳质量分数通常为0.9%～1.5%，并且会加入提高其淬透性的合金元素，如Cr、W、Mn等。尺寸小、形状简单、测量精度较低的量具通常采用高碳钢制造；复杂的精密量具通常采用低合金刃具钢制造；精度要求高的量具通常采用CrMn、CrWMn、GCr15等制造。其中，CrWMn具有较好的淬透性和较小的淬火变形，主要用于制造高精度且形状复杂的量规和块规；GCr15具有较好的耐磨性和尺寸稳定性，多用于制造高精度块规、螺旋塞头、千分尺；9Cr18、40Cr13主要制造用于在腐蚀介质中使用的量具。

量具钢的热处理工艺的关键在于减少变形和改善尺寸稳定性。因此，在淬火和低温回火时要采取相应措施来改善组织的稳定性。为了保证硬度，应尽量降低淬火温度，以减少残余奥氏体的量。通常在淬火后立即进行−70～−80℃的冷却处理，使残余奥氏体尽可能地转变为马氏体，然后进行低温回火。测量精度要求高的量具在淬火、冷却处理和低温回火后，还需在低温下（120～130℃）进行几小时至几十小时的时效处理，使马氏体正方度降低、残余奥氏体稳定并消除残余内应力。图5－5所示为采用CrWMn制造测量精度高的块规的热处理工艺曲线。

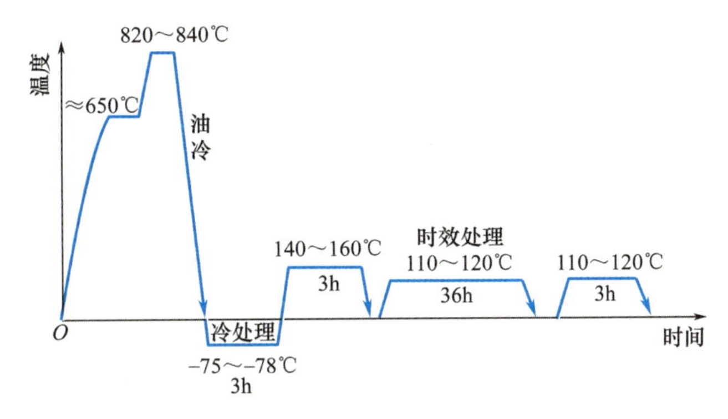

图5－5 采用CrWMn制造测量精度高的块规的热处理工艺曲线

5.5 特殊性能钢

特殊性能钢是一种在特殊工作条件或腐蚀、高温等工作环境下具有特殊物理性能和化学性能的钢。在机械设计和制造中，常用的特殊性能钢有不锈钢、耐热钢和耐磨钢。

5.5.1 不锈钢

不锈钢是指在腐蚀介质中具有耐蚀性的钢。它广泛应用于石油、化工、原子能、宇航、海洋开发、航空航天及日常生活中，如化工装置中的各种管道、阀门和泵体、热裂解设备零件、医疗手术器械、防锈刃具和量具等。

不锈钢的耐蚀性要求越高，碳质量分数应越低。大多数不锈钢的碳质量分数为0.1%～0.2%。对碳质量分数要求较高（0.85%～0.95%）的不锈钢应相应地提高铬质量分数。不锈钢中加入的合金元素主要有Cr、Ni、Mo、Cu、Mn、Ti、Nb等。

Cr可以提高钢基体的电极电位，铬质量分数对铁铬合金钢电极电位的影响如图5-6所示。随着铬质量分数的增加，铁铬合金钢的电极电位急剧升高。铬在氧化性介质（如水蒸气、大气、海水、氧化性酸等）中极易钝化，生成致密的Cr_2O_3氧化膜，使不锈钢的耐蚀性大大提高。

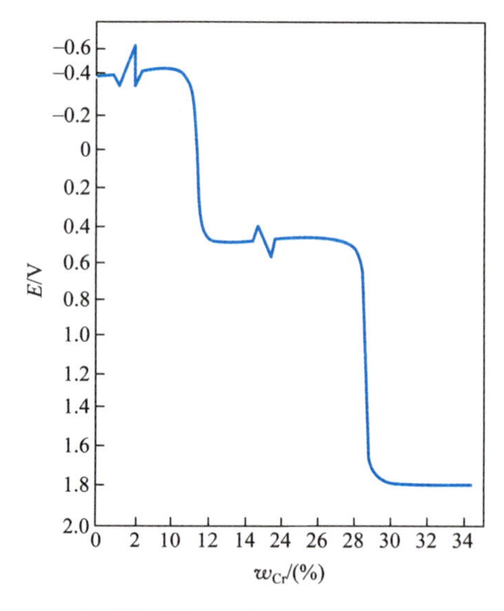

图5-6 铬质量分数对铁铬合金钢电极电位的影响

Ni可以扩大奥氏体区，形成单相奥氏体组织，从而显著提高不锈钢的耐蚀性；或形成奥氏体加铁素体组织，通过热处理提高不锈钢的强度。同时，Ni也可以提高基体的电极电位。

Mo、Cu可以提高不锈钢在非氧化性酸中的耐蚀性，而Cr在非氧化性酸（如盐酸、稀硫酸和碱溶液等）中的钝化能力差。

Ti、Nb可以防止奥氏体不锈钢发生晶界腐蚀，它们能优先与碳形成稳定的碳化物，使Cr保留在基体中，避免晶界贫铬，从而减轻不锈钢的晶界腐蚀倾向。

Mn、N可以部分替代Ni，从而获得奥氏体组织，并能提高铬不锈钢在有机酸中的耐蚀性。

不锈钢按正火状态的组织可分为马氏体不锈钢、铁素体不锈钢、奥氏体不锈钢。常用不锈钢的牌号、化学成分、热处理类型及力学性能见表5-13。

表5-13 常用不锈钢的牌号、化学成分、热处理类型及力学性能

类别	新牌号	旧牌号	化学成分(质量分数)/(%)									热处理类型	力学性能				
													$R_{p0.2}$/(N/mm²)	R_m/(N/mm²)	A/(%)	Z/(%)	HBW
			C	Si	Mn	P	S	Ni	Cr	Mo	N		不小于				不大于
奥氏体型不锈钢	12Cr18Ni9	1Cr18Ni9	0.15	1.00	2.00	0.045	0.030	8.00~10.00	17.00~19.00	—	0.10	固溶处理	205	520	40	60	187
	022Cr17Ni12Mo2N	00Cr17Ni13Mo2N	0.030	1.00	2.00	0.045	0.030	10.00~13.00	16.00~18.00	2.00~3.00	0.10~0.16		245	550	40	50	217
奥氏体—铁素体型不锈钢	022Cr22Ni5Mo3N	—	0.030	1.00	2.00	0.030	0.020	4.50~6.50	21.00~23.00	2.50~3.50	0.08~0.20	固溶处理	450	620	25	—	290
铁素体型不锈钢	022Cr12	00Cr12	0.030	1.00	1.00	0.040	0.030	0.60	11.00~13.50	—	—	退火处理	195	360	22	60	183
	10Cr17	1Cr17	0.12	1.00	1.00	0.040	0.030	0.60	16.00~18.00	—	—		205	450	22	50	183
马氏体型不锈钢	12Cr12	1Cr12	0.15	0.50	1.00	0.040	0.030	0.60	11.50~13.00	—	—	淬火回火	390	590	25	55	200
	06Cr13	0Cr13	0.08	1.00	1.00	0.040	0.030	0.60	11.50~13.50	—	—		345	490	24	60	183
沉淀硬化型不锈钢	07Cr17Ni7Al	0Cr17Ni7Al	0.09	1.00	1.00	0.040	0.030	6.5~7.75	16.00~18.00	—	—	固溶处理(510℃时效)	1030	1230	4	10	≥388

(1) 马氏体不锈钢。

常见马氏体不锈钢有12Cr13、20Cr13、30Cr13、40Cr13等，由于它们的铬质量分数大于12%，因此它们都具有足够的耐蚀性。但是，由于只使用铬进行合金化，因此它们只能在氧化性介质中耐腐蚀，在非氧化性介质中无法达到良好的钝化效果，从而导致耐蚀性很差。碳质量分数较低的12Cr13、20Cr13耐蚀性较好，并且具有较好的机械性能，一般采用调质处理，用于制作叶片、水压机阀、结构架、螺栓、螺母等。30Cr13、40Cr13由于碳质量分数增加，其强度和耐磨性提高，但耐蚀性变差。马氏体不锈钢常用于制作具有

较高硬度和较好耐磨性的医疗工具、量具、滚珠轴承等。

(2) 铁素体不锈钢。

常见铁素体不锈钢有 10Cr17、10Cr17 等，这类钢的铬质量分数为 17%～30%，碳质量分数小于 0.15%，为单相铁素体组织。当加热到 1100℃时，这类钢的组织并没有明显变化，因此不能通过热处理的方法强化。这类钢通常在退火或正火状态下使用，这是由于其具有较低的强度和良好的塑性，可通过形变强化来提高强度。铁素体不锈钢具有良好的抗大气腐蚀性、耐酸性及较好的抗高温氧化性，耐蚀性比马氏体不锈钢更好。铁素体不锈钢常用于制作耐蚀性要求很高而强度要求不高的构件，如化工设备、容器和管道等。

(3) 奥氏体不锈钢。

常见奥氏体不锈钢有 12Cr18Ni9、022Cr17Ni12Mo2N 等，这类不锈钢的碳质量分数很低（约 0.1%），具有很好的耐蚀性，是工业中应用最为广泛的不锈钢。奥氏体不锈钢经过热处理后呈单相奥氏体组织，具有很好的耐蚀性及较好的塑性、韧性和焊接性能。为了防止晶间腐蚀，这类钢常常加入 Ti 或 Nb。通常使用形变强化来提高强度，其形变强化能力比铁素体不锈钢的要强。可采用固溶处理或稳定化处理进一步提高奥氏体不锈钢的耐蚀性。这类钢主要用于制造化工设备零件、输送管道、抗磁仪表、医疗器械等。

5.5.2 耐热钢

耐热钢是一种在高温条件下具有抗氧化性、足够的高温强度及良好耐热性的钢。耐热钢常用于制造加热炉、锅炉、燃气轮机等高温装置中的零部件。由于在高温下使用，耐热钢需要在高温下具有良好的抗蠕变性、抗断裂性、抗氧化性、抗高温氧化性及高温强度，同时需要具有必要的韧性和优良的加工性能。耐热钢通常可分为抗氧化钢和热强钢两大类。

(1) 抗氧化钢。

抗氧化钢也称不起皮钢，是一种在高温下具有较好抗氧化性和一定强度的钢。该类钢中主要加入 Cr、Si、Al 等元素制成，在高温下表面能迅速氧化并形成一层致密、高熔点、稳定的氧化物覆盖在金属表面，隔离外界环境，使钢不继续氧化。抗氧化性的强弱取决于金属氧化膜的结构和性能。

抗氧化钢多用于制造长期在高温下工作但强度要求不高的零件，如加热炉底板、燃气轮机燃烧室、锅炉吊挂等。抗氧化钢主要是在铬钢、铬镍钢、铬锰钢的基础上加入 Si、Al 制成的。大多数抗氧化钢是低碳钢，如 1Cr13Si3、20Cr25Ni20、3Cr18Ni25Si2 等，随着碳质量分数的增加，钢的抗氧化性降低。

(2) 热强钢。

热强钢是一种在高温下具有一定抗氧化能力、较高强度和良好组织稳定性的钢。它通常通过添加 Cr、Mo、W、V、Ti 等合金元素制成，这些合金元素会形成细小弥散的碳化物，起到弥散强化的作用，从而提高钢的常温和高温强度。根据正火状态的组织，热强钢可分为珠光体耐热钢、铁素体耐热钢、奥氏体耐热钢、马氏体耐热钢。

① 珠光体耐热钢。珠光体耐热钢的碳质量分数低，合金元素一般不超过 5%。它的使用温度为 450～600℃，常用钢种有 15CrMo、12Cr1MoV 等。珠光体耐热钢在使用状态下的组织为珠光体和铁素体，广泛用于制造工作温度在 600℃以下的耐热部件，如锅炉、化

工压力容器、气阀等。

② 铁素体耐热钢。铁素体耐热钢中含有较多的 Cr、Al、Si 等元素，这些元素能够提高其抗氧化性。Cr 能够显著扩大铁素体区，并通过退火得到铁素体组织，在高温下仍能保持单相铁素体组织，使铁素体耐热钢具有良好的抗氧化性和耐高温气体腐蚀性。然而，铁素体耐热钢的高温强度低，室温下脆性较大，因此其一般用于制造承受载荷较低但有较好抗氧化性要求的部件，如油喷嘴、炉用部件、燃烧室等。常用钢种有 06Cr13Al、10Cr17、16Cr25N 等。

③ 奥氏体耐热钢。奥氏体耐热钢中含有较多的奥氏体稳定化元素，如 Ni、Mn、N 等，经固溶处理后，其组织为奥氏体。奥氏体耐热钢的化学稳定性和热强性都比铁素体耐热钢和马氏体耐热钢更好，冷塑性变形性能和焊接性能也很好。它的使用温度通常为 600～900℃，因此，奥氏体耐热钢常用于制造一些比较重要的零件，如燃气轮机轮盘和叶片、排气阀、炉用部件等。常用钢种有 1Cr18Ni9Ti、22Cr21Ni12N、16Cr23Ni13、45Cr14Ni14W2Mo 等。

④ 马氏体耐热钢。马氏体耐热钢中通常含有大量的 Cr，因此具有较好的抗氧化性、热强性和淬透性。它的使用温度通常为 580～650℃，因此，马氏体耐热钢常用于制造工作温度在 600℃以下且受力较大的零件，如汽轮机叶片、内燃机进气阀、转子、轮盘及紧固件等。常用钢种有 12Cr13、20Cr13、42Cr9Si2、14Cr11MoV 等。

5.5.3 耐磨钢

耐磨钢主要是指在冲击载荷作用下发生硬化作用的高锰钢，主要用于制造工作中承受严重磨损和强烈冲击的零件，如车辆履带、挖掘机铲斗、破碎机颚板和铁轨分道叉等。对耐磨钢的主要性能要求是具有很好的耐磨性和韧性。

耐磨钢的碳质量分数通常为 1%～1.45%，较高的碳质量分数有助于提高耐磨钢的耐磨性和强度。但是，如果碳质量分数过高，淬火后其韧性会降低，并且在高温下容易析出碳化物。因此，耐磨钢的碳质量分数通常不会超过 1.4%。此外，耐磨钢中锰的质量分数为 11%～14%，锰有助于扩大奥氏体区，并与碳元素配合以保证室温下的组织为单相均匀的奥氏体，从而获得良好的韧性。耐磨钢通常还含有一定量的硫，硫可以改善钢水的流动性，并起到固溶强化作用；但如果硫的质量分数过高，可能会导致晶界中出现碳化物，因此耐磨钢的硫质量分数通常为 0.3%～0.8%。

低温耐磨钢

常用耐磨钢的钢种有 ZG120Mn7Mo1、ZG120Mn13Cr2、ZG120Mn13W1、ZG120Mn 13Ni3 等。由于耐磨钢很难进行机械加工，因此基本上只能在铸态下使用。常用耐磨钢的牌号及化学成分见表 5-14。

表 5-14 常用耐磨钢的牌号及化学成分

牌号	化学成分(质量分数)/(%)								
	C	Si	Mn	P	S	Cr	Mo	Ni	W
ZG120Mn7Mo1	1.05～1.35	0.3～0.9	6～8	≤0.060	≤0.040	—	0.9～1.2	—	—

续表

牌号	化学成分(质量分数)/(%)								
	C	Si	Mn	P	S	Cr	Mo	Ni	W
ZG120Mn13Cr2	1.05～1.35	0.3～0.9	11～14	≤0.060	≤0.040	1.5～2.5	—	—	—
ZG120Mn13W1	1.05～1.35	0.3～0.9	11～14	≤0.060	≤0.040	—	—	—	0.9～1.2
ZG120Mn13Ni3	1.05～1.35	0.3～0.9	11～14	≤0.060	≤0.040	—	—	3～4	—

耐磨钢的铸件含有沿晶界析出的碳化物，它的硬度很高，脆性很大，耐磨性差，不能直接使用。当钢中组织全部转变为奥氏体组织时，钢的韧性和耐磨性最好。为了使耐磨钢的组织全部转变为奥氏体组织，通常进行水韧处理。该方法是将耐磨钢加热到1000～1100℃，保温一定时间，使其中的碳化物全部溶于奥氏体中，然后在水中快速冷却，从而在室温下获得均匀单一的奥氏体组织。经过水韧处理后，耐磨钢的硬度很低（180～200HB），但韧性很高；如果受到剧烈冲击或者较大压力，它表面的奥氏体组织会迅速产生加工硬化，并沿滑移面形成马氏体及碳化物，使表面硬度提高（450～550HB），表面耐磨性增强，而心部仍保持好的韧性。此外，当耐磨钢的表面磨损后，新露出的表面在受到冲击载荷作用时还能获得新的硬化层。

习　题

一、判断题

1. 耐热性、导电性、导热性和铁磁性均属于工艺性能。(　　)

2. 按冶炼浇注时使用的脱氧剂与脱氧程度，碳钢可分为镇静钢和沸腾钢。(　　)

3. T10钢的碳质量分数为10%。(　　)

4. 金属材料越软越易切削加工。(　　)

5. 硫是钢中的有益元素，它能使钢的脆性下降。(　　)

6. 一般情况下，晶粒越细小，金属材料的强度和硬度越高，塑性和冲击韧性越好。(　　)

7. 喷丸处理能提高齿轮表层的压力，使表层材料强化，提高疲劳强度。(　　)

8. 合金钢按用途可分为合金结构钢、合金工具钢和特殊性能钢三大类。(　　)

9. GCrl5SiMn钢的铬质量分数为15%。(　　)

二、简答题

1. 合金元素可以提高钢的淬透性的原因是什么？常用的提高钢的淬透性的元素有哪些？

2. 试分析碳和合金元素在高速钢中的作用，以及高速钢热处理工艺的特点。

3. 试比较热作模具钢和合金调质钢的合金化及热处理工艺特点，并分析合金元素作用的异同。

三、问答题

1. 汽车、拖拉机的变速器齿轮和后桥齿轮多用渗碳钢制造，而机床变速箱齿轮多用中碳钢合金来制造，试分析其原因。

2. 某厂原用45MnSiV生产直径为8mm的高强度钢筋，要求$R_m>1450$MPa，$R_{p0.2}>1200$MPa，$A>5\%$，其热处理工艺是920℃油淬，470℃回火。因该钢种缺货，库存有25MnSi钢，请考虑是否可以用其代替，若能代替，那么热处理制度该如何调整？

3. 用9SiCr钢制成圆板牙，其工艺路线为：锻造→球化退火→机械加工→淬火→低温回火→磨平面→开槽开口。试分析：

（1）球化退火、淬火及低温回火的目的。

（2）球化退火、淬火和回火的大致工艺。

第6章
铸　　铁

1. 通过对铸铁石墨化的基本原理学习，学生能够用自己的语言描述铸铁石墨化的基本原理。

2. 通过对影响石墨化的主要因素学习，学生能够用自己的语言描述加热温度和保温时间对铸铁石墨化的影响。

3. 通过对常见铸铁的学习，学生能够准确说出常见灰铸铁、球墨铸铁、蠕墨铸铁和可锻铸铁的牌号，并说明牌号意义。

金属的使用标志着人类文明进入了一个新的阶段。在世界古代文明中，不论在哪一个地方，都最先进入铜器时代，然后是铁器时代，中国也不例外。

广泛使用铜器的周朝，从中期开始便出现了铁制的生产工具。在对殷朝遗迹的早期发掘中，发现两三件青铜利器的某部分是用铁制成的，这种铁是用罕见的陨铁加工而成。由此可以判断，当时尚未有从铁矿石中精炼铁的技术。记录中国使用铁的最早文献《左传·昭公二十九年》记载：遂赋鲁国一鼓铁，以铸刑鼎。“鼓”一词有两种解释：一种认为“鼓”是容量单位，另一种认为“鼓”是风箱炉。中国学者杨宽赞同后一种解释，认为公元前六世纪末中国就已经采用风箱炉熔炼铁的技术。这意味着在公元前六世纪末中国就已经有了铸铁，在铸铁前当然也就有了锻铁技术。因此，在公元前七世纪，中国就开始有了精炼铁。根据这种解释，《左传·昭公二十九年》中的记载可以理解为：于是作为赋役，让晋国交出用风箱炉熔炼的铁，用来铸造刑鼎（铸有法令条文的鼎）。

在铁碳相图中，含碳量大于2.11%的合金称为铸铁。与钢相比，铸铁的力学性能（如抗拉强度、塑性、韧性等）均较差，但铸铁具有很好的耐磨性、优异的消振性及较低的缺口敏感性。铸铁的成本低廉，铸造性能好，并且具有优良的切削加工性能。图6－1

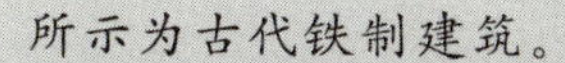

所示为古代铁制建筑。

（a）中国沧州铁狮子

（b）中国当阳铁塔

（c）印度德里铁柱

图 6-1　古代铁制建筑

6.1 铸铁概述

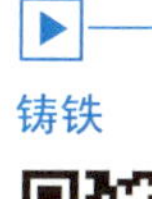

铸铁

在冶金和机械工程领域，铁矿石通过高炉冶炼获得生铁。生铁中含硅量低的称为炼钢生铁，含硅量较高的称为铸造生铁。铸铁是将铸造生铁（包括部分炼钢生铁）在炉中重新熔化，并加入铁合金、废钢和回炉铁来调整成分得到的，它是一种含碳量大于 2.11% 的铁碳合金。通常铸铁的含碳量为 2.5%～4.0%，并含有较多的 Si、Mn、S、P 等元素。它与铸造生铁的区别在于铸铁是经过二次加工的，大部分都加工成铸铁件。铸铁件具有良好的铸造性，可以制成复杂的零件，还具有良好的切削加工性。此外，它具有良好的耐磨性、消振性，以及价格低廉等特点。

根据铸铁断口的颜色，铸铁可分为以下三类。

铸铁的分类

（1）白口铸铁。白口铸铁的断口呈银白色，这是因为大多数碳都以渗碳体的形式存在于铸铁中，只有少数碳会溶解在铁素体中。白口铸铁主要用作炼钢原料和生产可锻铸铁的毛坯。

（2）灰铸铁。灰铸铁的断口呈暗灰色，这是因为碳全部或大部分以石墨的形式存在于铸铁中。

（3）麻口铸铁。麻口铸铁的断口呈灰白相间的麻点，这是因为一部分碳以石墨的形式存在，而另一部分以自由渗碳体的形式存在。麻口铸铁具有较大的硬脆性，在工业中应用较少。

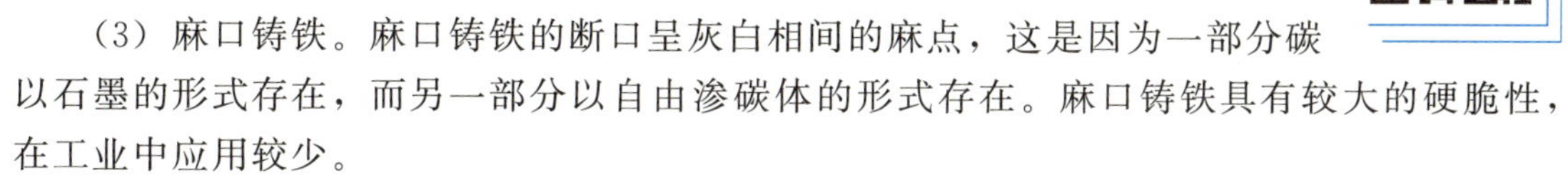

根据铸铁中石墨形态的不同，铸铁可分为以下四类。

（1）灰铸铁。灰铸铁组织中的石墨呈片状存在。其机械性能较低，但生产工艺简单，价格低廉，在工业上应用非常广泛。

（2）可锻铸铁。可锻铸铁中的石墨呈团絮状存在，它是由一定成分的白口铸铁经过高温长时间退火后获得的。其机械性能（特别是韧性和塑性）比灰铸铁高；但生产工艺较长，成本较高，只用来制造一些重要的小型铸件。

（3）球墨铸铁。球墨铸铁中的石墨呈球状存在，它是在铁水浇注前经过球化处理后获得的。其机械性能不仅比灰铸铁和可锻铸铁高，而且生产工艺比可锻铸铁简单，可以通过热处理来进一步提高其机械性能，所以在生产中的应用日益广泛。

（4）蠕墨铸铁。蠕墨铸铁中的石墨呈蠕虫状，是一种过渡形态的灰铸铁。蠕墨铸铁的铸造性能、减振性、导热性和切削加工性等均优于球墨铸铁，与灰铸铁相近。

需要注意的是：可锻铸铁并不能锻造，任何铸铁都不能进行锻造。

根据碳在铸铁中存在形式的不同，铸铁的类别、组织特征、断口特征及化学成分见表 6－1。

表 6－1　铸铁的类别、组织特征、断口特征及化学成分

类别		组织特征	断口特征	化学成分
工程结构铸铁	灰铸铁	片状石墨	灰口	含 C、Si、Mn、P、S 等合金元素
	可锻铸铁	絮状石墨	生坯：白色 退火：灰口	C、Si 含量低
工程结构铸铁	球墨铸铁	球状石墨	灰口 银白色断口	含 C、Si、Mn、P、S 等合金元素； 外加 Mg、Re 等合金元素
	蠕墨铸铁	蠕虫状石墨	灰口	含 C、Si、Mn、P、S 等合金元素； 外加 Mg、Re 等合金元素
特殊铸铁	耐热铸铁	片状、球状石墨	灰口	含 Si、Al、Cr 等合金元素
	抗磨铸铁	碳化物	白口	含 C、Si、Mn、P、S 等合金元素； 外加抗磨合金元素
	耐蚀铸铁	片状、球状石墨	灰口	Ni、Cr 含量高

6.2　铸铁石墨化原理及影响因素

6.2.1　铁碳双重相图

铁碳合金中的碳能以石墨或渗碳体两种独立形式存在。其中，渗碳体是亚稳定相，而石墨是稳定相。因此，铁碳合金的结晶过程是按铁碳双重相图进行的。在铁碳双重相图（图 6－2）中，G 表示石墨，Fe_3C 表示渗碳体。对于相同成分的铁碳合金，结晶时和结晶后的固态转变过程是向渗碳体转变还是向石墨转变取决于相变的热力学和动力学条件。

图 6－3 所示为铁碳双重相图中部分相变的自由能变化曲线。

由图可见：

当 $T>1154$℃时，$F_L<F_{\gamma+G}<F_{\gamma+Fe_3C}$；

当 $T=1154\sim1148$℃时，$F_{\gamma+G}<F_L<F_{\gamma+Fe_3C}$，只能发生 $L_{C(4.26)}\rightarrow\gamma_{E(2.08)}+G$ 共晶转变；

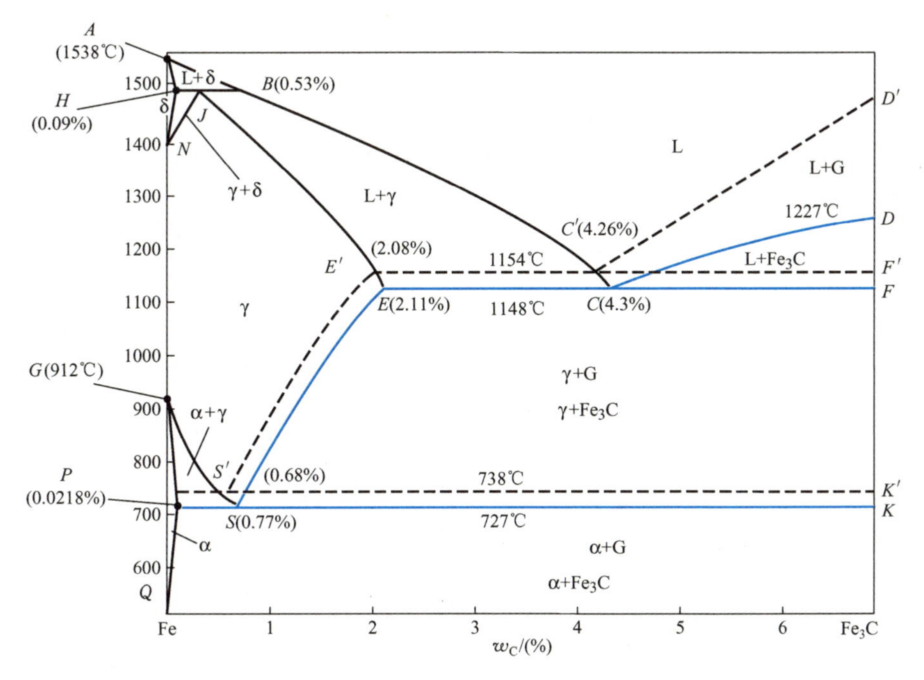

图 6－2　铁碳双重相图

当 $T<1148$℃时，$(F_L-F_{\gamma+G})>(F_{\gamma+Fe_3C}-F_L)$。

因此当铸铁共晶液体结晶时，从热力学条件来看，固态转变过程向石墨转变。

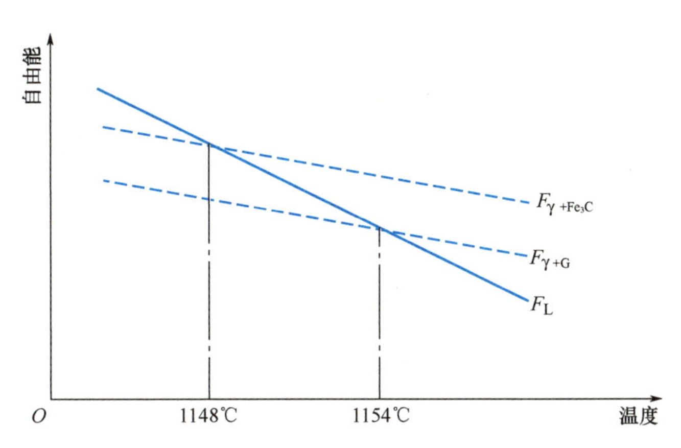

图 6－3　铁碳双重相图中部分相变的自由能变化曲线

从相变动力学角度来看，要使石墨长大，不仅要使碳原子扩散并集中，还要使铁原子从石墨生长前沿逆向扩散。若是渗碳体长大，则只需使碳原子扩散，铁原子局部移动即可。所以，从动力学条件来看，固态转变过程向渗碳体转变。

为了使石墨化转变成功进行，需要人为地改变热力学和动力学条件。也就是说，为了使（奥氏体加石墨）共晶成分从液相铁水中结晶出来，必须使液相的温度不低于 1148℃。只有在这样的条件下，原子的扩散条件才足够充分，铁水中的浓度起伏才得以实现，才能使动力学条件较差的（奥氏体加石墨）共晶成分获得充足的时间形核并长大。相反，如果冷却速度较快，过冷度较大，就会从液相和奥氏体中析出渗碳体。

6.2.2 铸铁的石墨化过程

在铸铁中，石墨的形成过程称为石墨化过程，石墨化过程是铸铁组织形成的基本过程。因此，了解石墨化过程的条件与影响因素对掌握铸铁材料的组织与性能是十分重要的。

根据铁碳双重相图，铸铁的石墨化过程可分为以下三个阶段。

第一阶段是液相亚共晶结晶阶段，包括从过共晶成分的液相中直接结晶出一次石墨，从共晶成分的液相中结晶出奥氏体加石墨，以及由一次渗碳体和共晶渗碳体在高温退火时分解形成石墨。

第二阶段是共晶转变和过共析转变之间的阶段，包括从奥氏体中直接析出二次石墨，以及二次渗碳体在此温度区间分解形成石墨。

第三阶段是共析转变阶段，包括共析转变时形成共析石墨，以及共析渗碳体退火时分解形成石墨。

以灰铸铁的石墨化过程为例。共晶灰铸铁的石墨化过程为

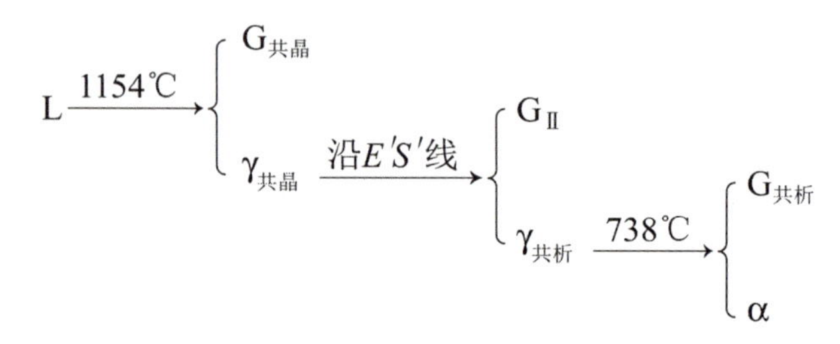

亚共晶灰铸铁的石墨化过程为

$$L\longrightarrow\begin{cases}\gamma_{\text{先}}\\ L\xrightarrow{1154^\circ\text{C}}\begin{cases}G_{\text{共晶}}\\ \gamma_{\text{共晶}}\xrightarrow{\text{沿}E'S'\text{线}}\begin{cases}G_{\mathrm{II}}\\ \gamma_{\text{共析}}\xrightarrow{738^\circ\text{C}}\begin{cases}G_{\text{共析}}\\ \alpha\end{cases}\end{cases}\end{cases}\end{cases}$$

过共晶灰铸铁的石墨化过程为

$$L\longrightarrow\begin{cases}G_{\mathrm{I}}\\ L\xrightarrow{1154^\circ\text{C}}\begin{cases}G_{\text{共晶}}\\ \gamma_{\text{共晶}}\xrightarrow{\text{沿}E'S'\text{线}}\begin{cases}G_{\mathrm{II}}\\ \gamma_{\text{共析}}\xrightarrow{738^\circ\text{C}}\begin{cases}G_{\text{共析}}\\ \alpha\end{cases}\end{cases}\end{cases}\end{cases}$$

6.2.3 影响铸铁石墨化过程的因素

铸铁的组织取决于石墨化过程进行的程度，因此获得所需组织的关键在于控制石墨化

过程进行的程度。铸铁的化学成分、铸铁结晶的冷却速度、铁水的过热和静置等多种因素都会影响石墨化过程和铸铁的组织，这里主要介绍前两种影响因素。

1. 铸铁的化学成分

铸铁中常见元素有碳、硅、硫、磷、锰等，它们对铸铁的影响如下。

(1) 碳。碳是铸铁中的基本成分，它是强烈促进石墨化过程的元素。石墨的形成源于碳，含碳量越高越有利于碳原子的扩散，因此铸铁中必须含有足够的碳。但是，过高的含碳量会导致石墨粗化，数量增多，降低铸铁的力学性能。

(2) 硅。硅是铸铁中常见的基本成分，其含量一般为0.8%～3.5%。硅的加入会改变Fe-G相图，具体表现为：随着含硅量的增加，共晶点和共析点的含碳量会下降；共晶转变和共析转变在一定温度范围内进行；硅可以提高共晶温度和共析温度，尤其是对共析温度的提高会更多，每增加1%的含硅量，共析温度约提高20℃；硅对促进铸铁石墨化过程的作用相当于碳的1/3。

(3) 硫。硫在铸铁中是强烈阻碍石墨化过程的元素，它还会促使铸铁的白口化，降低铁水的流动性，降低铸造性。在铸铁中，硫会形成FeS，分布在晶界处，使铸铁变脆，因此，一般应将含硫量控制在0.15%以下。

(4) 磷。磷是促进石墨化过程的元素。当含磷量大于0.2%时，会在铸铁中生成Fe_3P。Fe_3P形成磷共晶时，铸铁变得硬而脆。如果Fe_3P形成连续的网状结构，就会明显降低铸铁的强度和硬度。但是，如果Fe_3P呈孤立的、细小的、均匀分布的结构，则不会降低铸铁的强度，而且会明显提高铸铁的耐磨性，因此，这种组织通常应用于耐磨铸铁中。一般情况下，灰铸铁中的含磷量不超过0.2%。

(5) 锰。锰是阻碍石墨化过程的元素。锰与硫会形成MnS，能够削弱硫的有害作用。此外，锰的存在还会增强铁碳原子间的结合力，降低碳原子的扩散速度，这对第二阶段石墨化的影响尤为明显。此外，锰还有稳定珠光体的作用。

实际上，各元素对铸铁的石墨化过程的影响极为复杂。它们的影响取决于各元素本身的含量及它们是否与其他元素发生作用。例如，Zr、B、Cr、Ti、Mg等元素都会阻碍铸铁的石墨化过程，但如果它们的含量极低（如$w_B<0.01\%$、$w_{Cr}<0.01\%$、$w_{Ti}<0.08\%$），它们就会表现出促进石墨化过程的作用。铸铁中常见元素的存在形式及作用见表6-2。

表6-2　铸铁中常见元素的存在形式及作用

常见元素	存在形式	作用
Si	固溶于基体	可完全溶于奥氏体或铁素体中
Ni、Mn、Co		可完全溶于奥氏体中
S、P		在奥氏体中溶解度极低
Al		可进入固溶体，对石墨化过程有利
V、Zr、Ti、Nb	形成碳化物	形成强碳化物
Cr、Mo、W		形成中碳化物，如$(FeCr)_3C$、$(FeW)_6C$等
Mn		形成弱碳化物，溶于奥氏体及碳化物，形成$(Fe_2Mn)_3C$
Al		少量的Al可形成Fe_3AlC_3，大量的Al可形成Al_4C_3

续表

常见元素	存在形式	作用
S	形成化合物	形成 MnS、MgS、FeS 等
Ti、Ca、V、Mg		形成硫化物、氧化物和氮化物
P		形成 Fe_3P 共晶
Cu、Pb	纯金属相	超过溶解度后，以微粒形式存在

2. 铸铁结晶的冷却速度

一般来说，铸铁结晶的冷却速度越慢就越有利于按 Fe－G 稳定系相图进行结晶与转变，也越有利于石墨化过程充分进行；而铸铁结晶的冷却速度越快，就越有利于按 $Fe-Fe_3C$ 亚稳定系相图进行结晶与转变，也越有利于获得白口铸铁。特别是在共析阶段的石墨化过程，由于温度较低，冷却速度加快，原子扩散变得困难，因此通常情况下共析阶段的石墨化过程难以充分进行。

铸铁结晶的冷却速度是一个复杂的因素，它与浇注温度、材料的导热性及铸件的壁厚等因素有关。在一定温度范围内，提高铁水的过热温度和高温静置时间会导致铸铁中的石墨基体组织的细化，从而提高铸铁的强度。但是，如果过热度进一步提高，铸铁的成核能力就会下降，石墨形态变差，甚至出现自由渗碳体，从而导致铸铁的强度下降。因此，铸铁的石墨化过程存在一个临界温度。临界温度的高低主要取决于铁水的化学成分和铸铁结晶的冷却速度。通常认为灰铸铁的临界温度为1500～1550℃，因此出铁的温度较高。

6.3 灰铸铁

灰铸铁是铸铁的一种。灰铸铁主要含有铁、碳、硅、锰、硫、磷等元素，它的产量占所有铸铁的80%以上，是应用极广的铸铁。灰铸铁中的碳以片状石墨的形式存在于铸铁中，这种形式的石墨有效承载面积小，石墨尖端容易产生应力集中，因此灰铸铁的强度、塑性和韧度都低于其他铸铁。但是，灰铸铁具有良好的可铸性、切削加工性和良好的耐磨性，因此常用于制造机架、箱体等机械零件。

6.3.1 灰铸铁的化学成分、组织及性能

1. 灰铸铁的化学成分

灰铸铁的化学成分大致为：$w_C=2.6\sim3.6\%$、$w_{Si}=1.2\sim3.0\%$、$w_{Mn}=0.4\sim1.2\%$、$w_S\leqslant0.15\%$、$w_P\leqslant0.3\%$。

2. 灰铸铁的组织

灰铸铁组织的特点是石墨以片状的形式分布在金属的基体组织上。根据金属基体组织的不同，灰铸铁可分为三种类型：铁素体灰铸铁、铁素体加珠光体灰铸铁和珠光体灰铸

铁，如图 6－4 所示。

为何家用车的刹车盘使用灰铸铁制作

（1）铁素体灰铸铁。

铁素体灰铸铁组织的特点是在铁素体的金属基体上分布着粗大的片状石墨。铁素体灰铸铁的强度和硬度最低，因此很少用于制造机械零件，但它易加工，铸造性好，可以用于制造一些要求不高的铸件或薄件。

（2）铁素体加珠光体灰铸铁。

铁素体加珠光体灰铸铁组织的特点是在由珠光体和铁素体组成的金属基体上分布着片状石墨，片状石墨较粗大，数量也较多。因此，铁素体加珠光体灰铸铁的强度和硬度较差，但它在铸造时很容易控制，切削加工性较好，用途广泛。

（3）珠光体灰铸铁。

珠光体灰铸铁的组织特点是在珠光体的基体上分布着细小而均匀的片状石墨。它的强度和硬度最高，主要用于制造重要的机械零件。

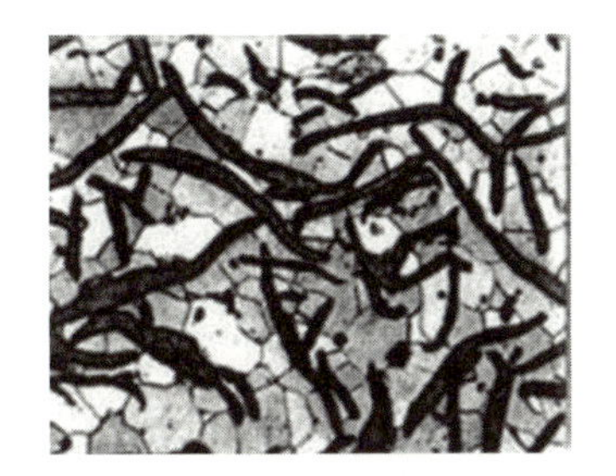

（a）铁素体灰铸铁

（b）铁素体加珠光体灰铸铁

（c）珠光体灰铸铁

图 6－4　灰铸铁的类型

3. 灰铸铁的性能

（1）机械性能。

灰铸铁的组织特征是在钢的基体上分布着片状石墨，石墨的密度为铸铁的 1/3，体积占铸铁的 7%～10%。石墨的抗拉强度小于 20MPa，塑性接近于 0，硬度为 3HBS。这些特性是决定灰铸铁机械性能的主要因素。

由于片状石墨会对金属基体产生严重的割裂作用，减小基体受力的有效面积，使铸件金属基体的作用不能充分发挥，因此灰铸铁金属基体强度的利用率一般不超过 30%～50%。这表现为灰铸铁的抗拉强度比碳钢低得多，R_m 为 120～250MPa，塑性和韧性较差，几乎没有断后伸长（$A \approx 0$），即灰铸铁为脆性材料。因此，灰铸铁常被看作具有大量微小裂纹或孔洞的碳钢。然而，石墨对基体的割裂作用和造成的应力集中对压应力的有害影响较小，所以灰铸铁的抗压强度较高。石墨数量越多、越粗大、分布越不均匀，基体的割裂作用就越严重，机械性能就越差。综上所述，灰铸铁的机械性能视组织中的石墨而定，即其机械性能取决于铸铁的石墨化程度。

（2）工艺性能。

因为灰铸铁很脆，所以不能进行锻造和冲压加工，在焊接时容易产生裂纹并出现白口组织，使切削加工变得困难，故其焊接性较差。但是，由于灰铸铁接近于共晶成分，铸造时流动性好，加上石墨的膨胀可使收缩减小，因此其铸造性较好。另外，由于石墨具有割裂基体连续性的作用，铸件的切削屑易脆断成碎片，因此灰铸铁具有良好的切削加工性能。

（3）减振性。

灰铸铁中的石墨能对振动起到缓冲作用，阻止晶粒间振动能的传递，并将振动能转变为热能，所以灰铸铁具有很好的减振性。粗大的片状石墨的减振能力比球状石墨的强，因此对于承受振动较大的零件，在强度允许的情况下应优先选择具有片状石墨的灰铸铁。

（4）耐磨性。

石墨对灰铸铁的耐磨性有很大的影响，主要表现在储油与润滑两方面。在灰铸铁的摩擦面上，石墨形成大量的显微凹坑，以起到储油的作用，保持油膜的连续性。此外，石墨本身也是良好的润滑剂，脱落在摩擦面上也能起润滑作用。因此，灰铸铁具有良好的耐磨性。

（5）缺口敏感性。

石墨在灰铸铁中形成大量的小切口，以减少对外来切口（孔洞、断面的急剧过渡、非金属夹杂等）的敏感性。因此，表面加工质量不高对铸铁疲劳强度的不利影响要比对钢小得多。

由于灰铸铁具有这些性能，因此它被广泛用于制造承受压力且需要良好消振性的床身、机架、箱体、壳体及经受摩擦的导轨、缸体、活塞环等零件。

6.3.2 灰铸铁中常见的石墨类型

灰铸铁中石墨的数量、形态、长度和分布对灰铸铁的力学性能有着明显的影响。根据GB/T 7216—2023《灰铸铁金相检验》，灰铸铁的石墨分布形状可分为以下六种类型，如图6－5所示。

1. A型石墨

A型石墨是在较高共晶度（碳饱和度或碳当量）和较低过冷度条件下形成的常见均匀分布的亚共晶灰铸铁石墨组织。它对金属具有较低的割裂作用，同时因为珠光体含量较高，因此A型石墨的铸铁具有较高的强度和较好的耐磨性。通常，A型石墨在石墨总量中占90%以上。

2. B型石墨

B型石墨常见于共晶温度较高（接近共晶点）且过冷度较大的灰铸铁中。在这种条件下，开始形成的细小石墨由于过冷度较大而共晶生长较快，呈现出辐射状，随后由于结晶潜热的释放使生长变慢而呈条状，最终形成的石墨具有近似菊花的形状。其心部石墨细小且密集，这样会导致铁素体的产生，对灰铸铁的性能不利。通常，灰铸铁中只允许有少量B型石墨存在。

3. C型石墨

C型石墨是过共晶灰铸铁的典型石墨。它是在液态下生成的厚大的初析石墨，彼此相

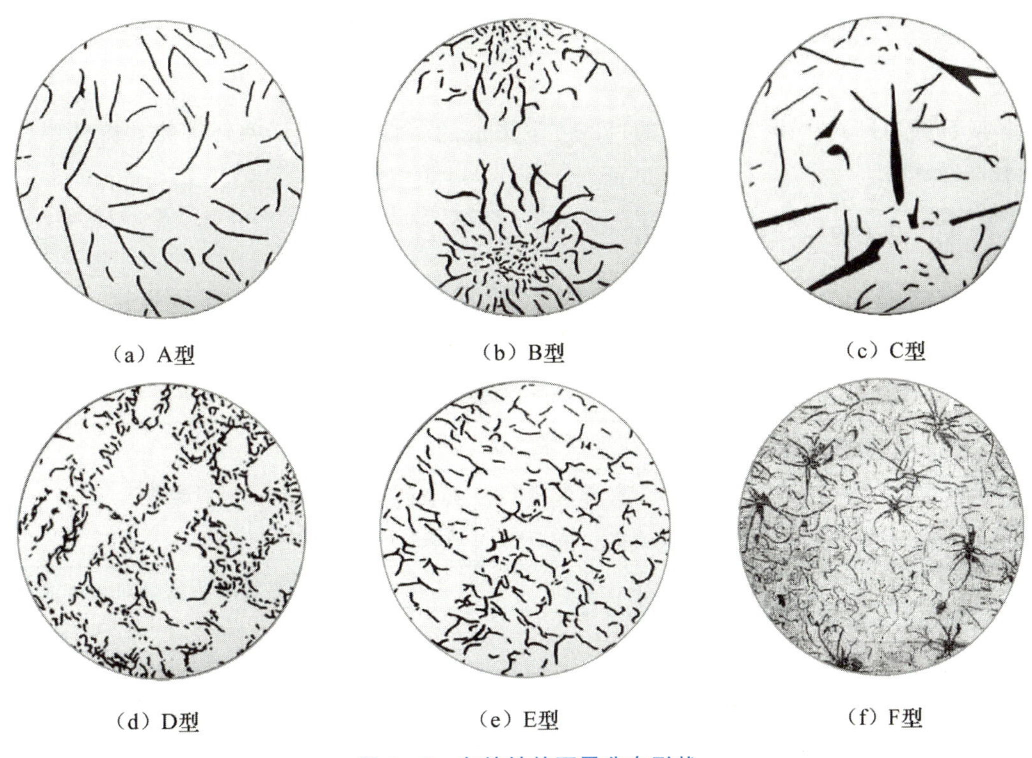

(a) A型　(b) B型　(c) C型

(d) D型　(e) E型　(f) F型

图 6－5　灰铸铁的石墨分布形状

互连接或相距极近，周围通常为铁素体，因此灰铸铁的性能会大幅降低。由于灰铸铁都是亚共晶的，因此不允许在任何级别的灰铸铁中出现 C 型石墨（除活塞环和某些制动鼓盘外）。但是，有时候在冲天炉中使用低牌号生铁且熔炼温度不高时，也会出现类似于 C 型石墨的粗大石墨。

4. D 型石墨

D 型石墨大多出现在共晶度较低和（或）过冷度较大的铸铁组织中，如铸件薄断面或高强度铸件较薄的组织。D 型石墨是由于铁液过冷度较大而产生的，因此也称过冷石墨。D 型石墨常伴有过冷铁素体，它们的分布不均匀（呈枝晶点状），对灰铸铁的性能不利。通常允许在铸件较薄的部位存在不超过 5%的 D 型石墨。在生产高牌号铸件时，常常选择低的碳当量（将铸铁中各种合金元素对共晶点实际碳量的影响折算成碳的增减）来保证获得奥氏体枝晶和 D 型石墨，从而提高铸件的强度。

5. E 型石墨

E 型石墨同样是一种过冷石墨。它是在过冷度比产生 D 型石墨更大时形成的，因此其分布更不均匀，方向性也更明显，对灰铸铁的性能也更不利。在生产高强度灰铸铁时，尤其是薄断面处（如 5ram 以下）很难避免产生过冷组织，这是由灰铸铁的特性决定的。一方面过冷组织会降低灰铸铁的性能，另一方面由于冷却速度快，共晶团细化，从而使其硬度和强度提高。因此，对于不要求耐磨性的部位（如缸体和曲轴箱），可以允许有 E 型石墨存在，因为从硬度和强度的角度来看，薄断面处的强度并不一定会下降。

6. F 型石墨

F 型石墨是过共晶铸铁在极大的过冷度下形成的。它常见于活塞环等特殊铸件中，具有较好的减摩性。

6.3.3 灰铸铁的牌号及应用

灰铸铁的牌号中“HT”表示“灰铁”，后面的数字表示最小抗拉强度（单位是 MPa）。灰铸铁的牌号、力学性能及用途举例见表 6-3。

表 6-3 灰铸铁的牌号、力学性能及用途举例

牌号	壁厚/mm		力学性能			用途举例
	>	≤	最小抗拉强度/MPa		铸件抗拉强度/MPa	
			单铸试棒	试块		
HT100	5	40	100	—	—	承受低载荷的铸件，如盖罩、手轮等
HT150	5	10	150	—	155	承受中等载荷的铸件，如带轮、法兰、轴承圈等
	10	20		—	130	
	20	40		120	110	
	40	80		110	95	
	80	150		100	80	
	150	300		90	—	
HT200	5	10	200	—	205	承受中等载荷的重要铸件，如齿轮、齿条、飞轮、机床床身等
	10	20		—	180	
	20	40		170	155	
	40	80		150	130	
	80	150		140	115	
	150	300		130	—	
HT250	5	10	250	—	250	承受载荷较大、要求较高的重要铸件，如齿轮、齿条、飞轮、衬套、联轴器、凸轮等
	10	20		—	225	
	20	40		210	195	
	40	80		190	170	
	80	150		170	155	
	150	300		160	—	

续表

牌号	壁厚/mm		力学性能			用途举例
	>	≤	最小抗拉强度/MPa		铸件抗拉强度/MPa	
			单铸试棒	试块		
HT300	10	20	300	—	270	承受高载荷、耐磨损和高气密性的重要铸件，如凸轮、活塞环、液压件、重型机床等
	20	40		250	240	
	40	80		220	210	
	80	150		210	195	
	150	300		190	—	
HT350	10	20	350	—	315	
	20	40		290	280	
	40	80		260	250	
	80	150		230	225	
	150	300		210	—	

6.3.4 灰铸铁的热处理

灰铸铁的热处理不能改变石墨的形态和分布，因此对提高灰铸铁整体机械性能的作用不大。然而，灰铸铁的热处理在生产中仍有一定的作用，主要用于消除铸件内应力、改善切削加工性、提高表面耐磨性等。

1. 去应力退火

在铸件冷却过程中，不同部分的收缩和组织转变速度的不同，会导致铸件内部产生不同程度的应力，可能导致铸件翘曲变形和开裂。为了保证尺寸稳定性，避免变形和开裂，一些形状复杂且尺寸稳定性要求较高的重要铸件（如机床床身和柴油机气缸等）需要进行去应力退火，一般的规范是：加热到500～550℃，保温一定时间后，随炉冷却至220～150℃后出炉空冷。

2. 高温退火

在铸件冷却时，表层及截面较薄的部分冷却速度快，容易形成白口组织，并且硬度较高，难以进行切削加工。为了使自由渗碳体分解，降低硬度，改善切削加工性，首先要将铸件加热至850～950℃，保温2～5h，然后随炉冷却至600℃，最后将铸件从炉中取出并空冷。最终，铸件的组织为铁素体或铁素体加珠光体。

3. 表面淬火

一些大型铸件（如机床导轨的表面、缸体内壁等）需要提高硬度和耐磨性，可以对其进行表面淬火处理。表面淬火处理包括高频加热表面淬火，火焰加热表面淬火和激光表面淬火等。经过表面淬火处理后，表面组织为马氏体加片状石墨，硬度可达 50～55HRC。

6.4 可锻铸铁

可锻铸铁也称韧性铸铁，是古代生铁铸件中一种重要的品种。它是在较高温度下，将白口铸铁经过长时间退火（900℃、3～5 天）获得的。经过处理后，脆硬的自由渗碳体分解，析出絮状石墨，使原本硬而脆的生铁变为韧性较好的制品。如果铸件表面脱碳但心部仍为白口铸铁，则为韧化处理不完全的韧性铸铁。

6.4.1 可锻铸铁的化学成分、组织及性能

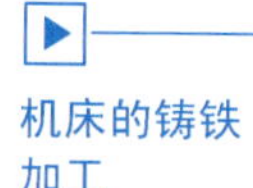
机床的铸铁加工

1. 可锻铸铁的化学成分

可锻铸铁的化学成分大致如下：$w_C=2.4\sim2.7\%$、$w_{Si}=1.4\%\sim1.8\%$、$w_{Mn}=0.5\%\sim0.7\%$、$w_P\leqslant0.08\%$、$w_S\leqslant0.06\%$。过高的碳当量易形成片状石墨，过低的碳当量则会使退火时石墨化困难。

2. 可锻铸铁的组织

可锻铸铁的生产流程是首先铸造出白口铸铁铸件，然后对其进行高温、长时间退火处理，使渗碳体分解为铁原子和碳原子。碳原子通过扩散聚集到一起，形成团絮状石墨。由于这个生产流程需要较长的时间，因此可锻铸铁的生产周期较长，成本也较高。

可锻铸铁的组织与第二阶段石墨化退火的程度和方式有关。如果在第一阶段石墨化充分完成（组织为奥氏体加团絮状石墨），在共析温度附近保温较长时间，使第二阶段石墨化也充分完成，就会得到铁素体加团絮状石墨的组织。由于表层脱碳，心部的石墨多于表层，断口心部呈灰黑色，而表层呈灰白色，因此称为黑心可锻铸铁，其显微组织如图 6-6 所示。如果在共析转变区冷却得较快，导致第二阶段石墨化未能完成，使奥氏体转变为珠光体，就会得到珠光体加团絮状石墨的组织，故称为珠光体可锻铸铁，其显微组织如图 6-7 所示。

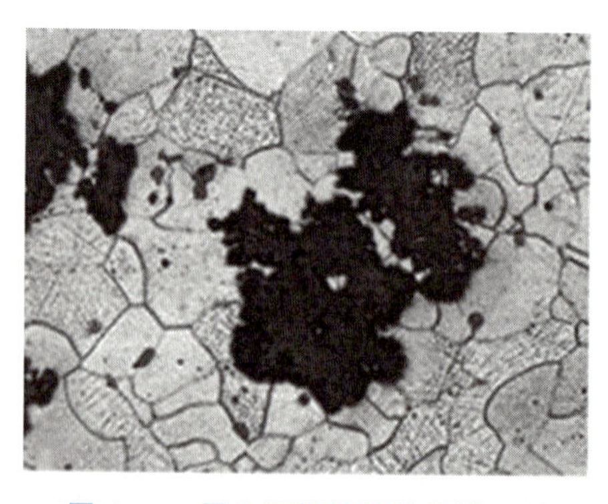

图 6-6　黑心可锻铸铁的显微组织

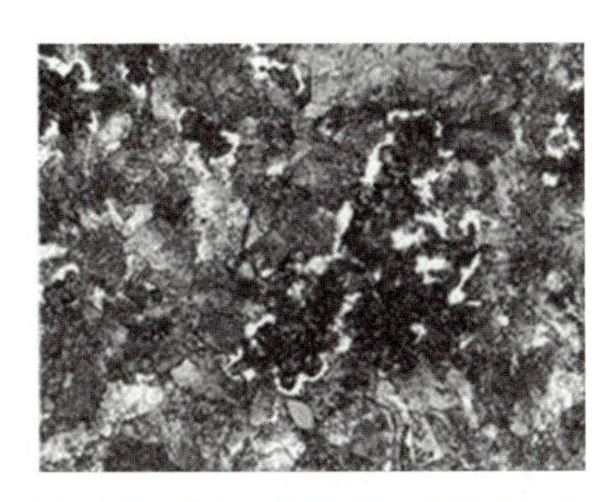

图 6-7　珠光体可锻铸铁的显微组织

由于可锻铸铁中的石墨呈团絮状，可以大大减轻对基体的割裂作用，并且应力集中也明显降低，因此可锻铸铁的强度和塑性都有显著提高，接近于铸钢。可锻铸铁不再是脆性材料，但仍然不可锻造。

3. 可锻铸铁的性能

由于可锻铸铁中的团絮状石墨对基体的割裂程度及引起的应力集中小，因此其强度、塑性和韧性均比灰铸铁高，接近于铸钢；但不能锻造，其强度利用率可达基体的 40%～70%。为缩短石墨化退火周期，细化晶粒，提高力学性能，可在铸造时进行孕育处理。常用的孕育剂有硼、铝和铋。

6.4.2 可锻铸铁的牌号及应用

可锻铸铁的牌号中“KT”表示“可铁”，“H”代表“黑心”，是铁素体（基体），“Z”代表珠光体（基体），后面的数字表示最小抗拉强度（单位为 MPa）和最低断后伸长率。可锻铸铁的牌号、力学性能及用途举例见表 6-4。

表 6-4　可锻铸铁的牌号、力学性能及用途举例

牌号	力学性能				试样直径/mm	用途举例
	R_m/MPa	$R_{p0.2}$/MPa	A/(%)	硬度/HBW		
KTH300-06	300	186	6	≤150	12 或 15	弯头、三通、管道等
KTH330-08	330	/	8			犁刀、扳手、印花机盘头等
KTH350-10	350	200	10			汽车前后轮壳、差速器壳、电机壳、制动器支架等
KTH370-12	370	226	12			
KTZ450-06	450	270	6	150～200		曲轴、连杆、齿轮、万向接头、棘轮、扳手、传动链条、活塞环等
KTZ550-04	550	340	4	180～230		
KTZ650-02	650	430	2	210～260		
KTZ700-02	700	530	2	240～290		

可锻铸铁常用于生产制造形状复杂、能承受冲击和振动载荷的零件，如汽车、拖拉机

的后桥外壳及管接头、低压阀门等。使用铸钢生产这些零件时，铸造性不好，工艺上存在困难；使用灰铸铁时，又存在性能不能满足要求的问题。

与球墨铸铁相比，可锻铸铁具有成本低、质量稳定、铁水处理简单和容易组织流水线生产等优点。特别是对于薄壁件，使用球墨铸铁易生成白口组织，需要进行高温退火，而使用可锻铸铁则更适宜。

扩展阅读

铸铁的起源

目前，人类通过考古发现的世界上最早的韧性铸铁件是洛阳出土的战国时期的铁铲。战国中期后，韧性铸铁已在燕、赵、魏、楚等国广泛应用，如湖北省的大冶铜绿山出土的战国晚期铁斧和河北省易县燕下都44号墓出土的战国晚期铁器、六角锄等都具有韧性铸铁的组织。在河南省巩义市铁生沟的“河三”遗址、郑州古荥的“河一”遗址及渑池、南阳等汉代冶铸遗址出土的大批铁器中，也发现了韧性铸铁的农具和工具。汉代对韧性铸铁的使用更加广泛，如在南阳瓦房庄遗址出土的铁农具中，经检验12件中有9件是韧性铸铁。在铁生沟出土的铁器中，韧性铸铁的农具和工具占检验铁器总数的20.5%。河北满城汉墓出土的铁铲和铁镢等都是由可锻化热处理得到的白心韧性铸铁制成的。汉代的韧性铸铁件质量相当稳定，其退火后的石墨大多呈典型的团絮状，而且分布均匀。一般来说，要求较好的耐冲击性和较高强度的斧、凿、锛等手工工具会选用基体含碳量较高的韧性铸铁；要求较好韧性和耐磨性的铲、锄等农具则会选用基体含碳量较低的韧性铸铁。在渑池汉魏窖藏中发现的犁铧等器物也是由韧性铸铁制成的，这也表明在汉代韧性铸铁得到了广泛的应用。直到唐代，在出土的器物中仍能偶尔发现韧性铸铁的农具，但以后再无发现。欧洲对韧性铸铁的使用最早发现于1722年出版的著作中，而中国发明和使用韧性铸铁的时间比欧洲早了两千多年。

1722年，法国人雷奥米尔（Reaumur）发明了一种通常称为“欧洲法”的白心可锻铸铁生产方法。1826年美国人塞斯博登（SethBoyden）通过偶然的热处理使白口铸铁中的Fe_3C分解并析出团絮状石墨和金属基体（铁素体或珠光体），这种方法通常称为“美国法”，是黑心可锻铸铁生产方法。

可锻铸铁是一种高强韧铸铁，由白口铸铁经石墨化退火处理得到。它具有较好的强度、塑性和冲击韧性，可以部分取代碳钢。与灰铸铁相比，可锻铸铁有较好的强度和塑性，特别是低温冲击韧性较好，耐磨性和减振性也优于普通碳钢。由于可锻铸铁具有一定的塑性和冲击韧性，因此人们常常称它为玛钢、马铁、展性铸铁或韧性铸铁。

6.5 球墨铸铁

中国是生产球墨铸铁历史最悠久的国家之一。中国在战国中晚期就掌握了球墨铸铁技术，早于西方两千多年。到20世纪20年代，对球墨铸铁中碳、硅等主要化学成分及其他合金元素的影响、熔化方法、孕育效果等方面的研究都有了进展，它的综合性能接近于钢，已迅速发展为仅次于灰铸铁的、应用十分广泛的铸铁材料，也成功地用于铸造一些受力复杂、强度、韧性、耐磨性要求较高的零件。

6.5.1 球墨铸铁的化学成分、组织及性能

1. 球墨铸铁的化学成分

球墨铸铁的化学成分大致为：$w_C = 3.6\% \sim 3.9\%$、$w_{Si} = 2.0\% \sim 2.8\%$、Mn、P、S 的总含量不超过 3.0%，以及适量的稀土、镁等球化元素。其中，碳和硅的含量略高于灰铸铁，这是因为铸造工艺中添加的球化剂是强烈阻碍石墨化的元素，所示适当提高碳和硅的含量可以保证球墨化。锰也是阻碍石墨化的元素，为了防止球化处理后铁水白口化，要控制其含量。硫不仅强烈阻碍石墨化，还会和镁一起形成 MgS，降低球化效果，因此其含量不能高于 0.07%。

球墨铸铁井盖制造过程

2. 球墨铸铁的组织

球墨铸铁的显微组织如图 6-8 所示。球墨铸铁的组织由基体和球状石墨组成，铸态下的基体组织可分为铁素体、铁素体加珠光体和珠光体三种。球状石墨是液态铁水经球化处理得到的。加入铁水中使石墨结晶成球形的物质称为球化剂。常用的球化剂有镁、稀土和稀土镁。镁是阻碍石墨化的元素，为了避免铁水白口化，并使石墨变得细小且分布均匀，在球化处理的同时必须进行孕育处理。常用的孕育剂有硅铁合金和硅钙合金。

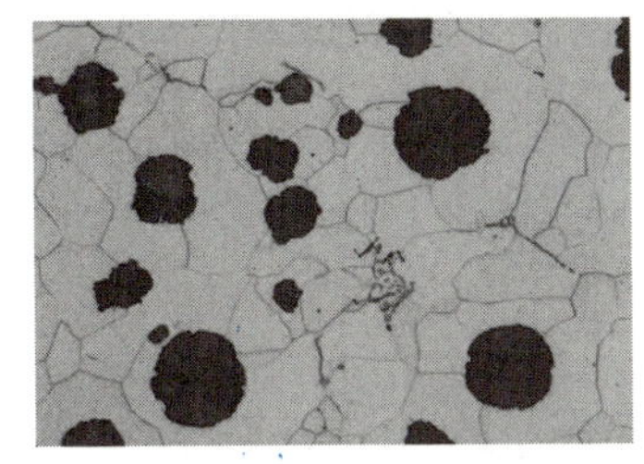

（a）铁素体球墨铸铁

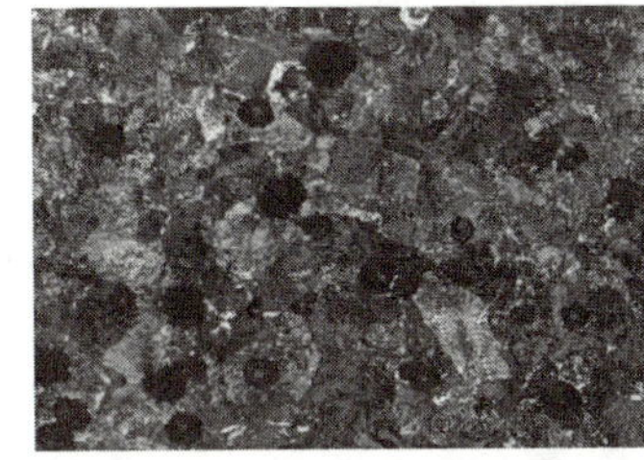

（b）铁元体加珠光体球墨铸铁

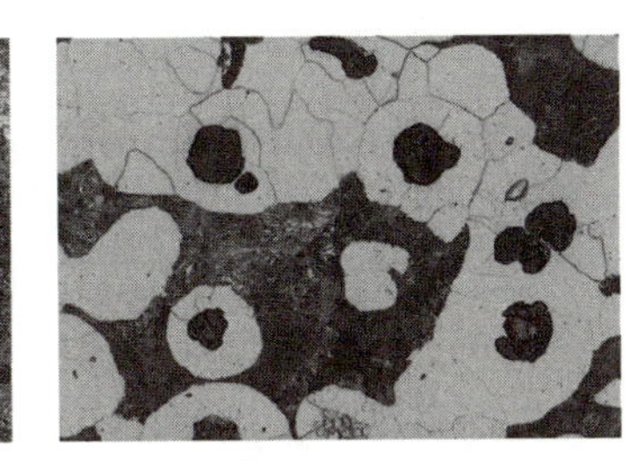

（c）珠光体球墨铸铁

图 6-8　球墨铸铁的显微组织

3. 球墨铸铁的性能

不同基体的球墨铸铁性能差别很大。由于球状石墨圆整程度高，对基体的割裂作用和产生的应力集中小，基体强度利用率可达 70%～90%，接近于碳钢，并且塑性和冲击韧性比灰铸铁和可锻铸铁都好。

球墨铸铁加工

珠光体球墨铸铁的抗拉强度比铁素体球墨铸铁高 50%以上，而铁素体球墨铸铁的断后伸长率为珠光体球墨铸铁的 3～5 倍。球墨铸铁的特点是屈强比高，一般为 0.7～0.8，而钢一般只有 0.3～0.5。

球墨铸铁还具有较好的对称弯曲疲劳强度。球墨铸铁和 45 钢的对称弯曲

疲劳强度见表 6－5。由此可以看出，球墨铸铁可以用来代替钢制造某些重要零件，如曲轴、连杆、凸轮轴等。

表 6－5　球墨铸铁和 45 钢的对称弯曲疲劳强度

材料	对称弯曲疲劳强度/MPa（屈强比）			
	光滑试样	光滑带孔试样	带台肩试样	带孔、带台肩试样
珠光体球墨铸铁	255（100%）	205（80%）	175（68%）	155（61%）
45 钢	305（100%）	225（74%）	195（64%）	155（51%）

6.5.2　球墨铸铁中常见的石墨类型

根据 GB/T 9441—2021《球墨铸铁金相检验》，球化等级可分为六级，如图 6－9 所示。石墨球尺寸对力学性能有很大影响。减小石墨球径、增加石墨球在单位面积的个数可以明显提高球墨铸铁的强度、塑性和冲击韧性。

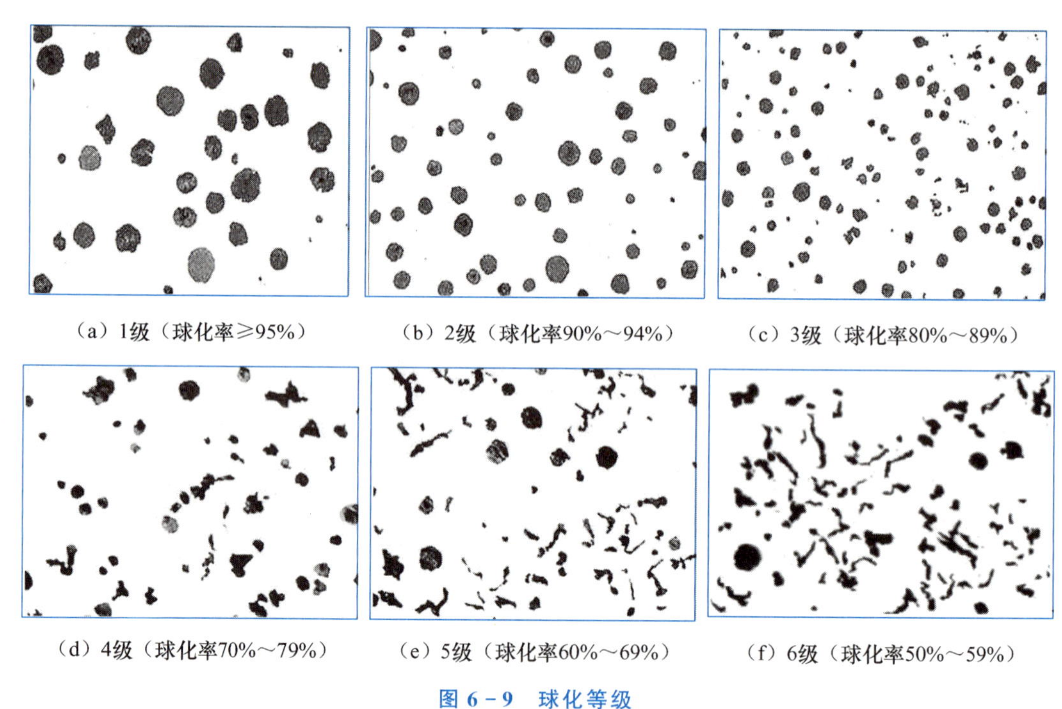

（a）1级（球化率≥95%）　（b）2级（球化率90%～94%）　（c）3级（球化率80%～89%）

（d）4级（球化率70%～79%）　（e）5级（球化率60%～69%）　（f）6级（球化率50%～59%）

图 6－9　球化等级

6.5.3　球墨铸铁的牌号及应用

球墨铸铁广泛应用于汽车、机车、机床、矿山机械、动力机械、工程机械、冶金机械、机械工具和管道等领域。它可以代替部分碳钢制造受力复杂，强度、冲击韧性和耐磨性要求较高的零件。在机械制造业中，珠光体球墨铸铁常用于制造拖拉机或柴油机的曲轴、连杆、凸轮轴、各种齿轮，机床的主轴、蜗杆、蜗轮，轧钢机的轧辊、大齿轮和大型水压机的工作缸、缸套、活塞等。铁素体球墨铸铁常用于制造受压阀门、机器底座、汽车后轮壳等。

球墨铸铁的牌号中“QT”表示“球铁”，后面的数字表示最小抗拉强度（单位是MPa）和最低断后伸长率。球墨铸铁的牌号、铸件壁厚、力学性能及用途举例见表6-6。

表6-6 球墨铸铁的牌号、铸件壁厚、力学性能及用途举例

牌号	铸件壁厚 t/mm	力学性能			用途举例
		$R_{p0.2}$/MPa	R_m/MPa	A/(%)	
QT400-18	t≤30	250	400	18	汽车、拖拉机的底盘零件； 16-64气动阀门的阀体、阀盖
	30<t≤60	250	390	15	
	60<t≤200	240	370	12	
QT400-15	t≤30	250	400	15	
	30<t≤60	250	390	14	
	60<t≤200	250	370	11	
QT450-10	t≤30	310	450	10	
	30<t≤60	供需双方商定			
	60<t≤200				
QT500-7	t≤30	320	500	7	机油泵齿轮
	30<t≤60	300	450	7	
	60<t≤200	290	420	5	
QT600-3	t≤30	370	600	3	柴油机、汽油机曲轴； 磨床、铣床、车床的主轴； 空气压缩机、冷冻机的缸体、缸套
	30<t≤60	360	600	2	
	60<t≤200	340	550	1	
QT700-2	t≤30	420	700	2	
	30<t≤60	400	700	2	
	60<t≤200	380	650	1	
QT800-2	t≤30	480	800	2	
	30<t≤60	供需双方商定			
	60<t≤200				
QT900-2	t≤30	600	900	2	汽车、拖拉机的传动齿轮
	30<t≤60	供需双方商定			
	60<t≤200				

6.5.4 球墨铸铁的热处理

热处理是铸铁达到各种牌号和性能的关键，由于热处理不改变石墨团的形态结构，因此球墨铸铁的热处理原理与钢相同。球墨铸铁的热处理工艺如下。

（1）退火。球磨铸铁的退火可分为消除内应力退火、低温退火和高温退火三种。消除内应力退火需保持原始组织结构，将铸铁加热到500～600℃，然后进行缓慢冷却以消除内应力。低温退火是为了获得具有铁素体基体的球墨铸铁，需要将铸铁加热到720～760℃，使珠光体中的Fe_3C分解。高温退火是用于铸态中存在自由渗碳体时，为了获得铁素体基体，在这种情况下，需要将铸铁加热到900～950℃，然后保温一定时间，使渗碳体分解，再冷却至720～780℃进行二次保温，发生共析转变时形成铁素体和石墨。

（2）正火。球墨铸铁的正火可分为低温正火和高温正火两种。低温正火的温度为840～860℃，在这个温度下将铸铁部分奥氏体化后出炉空冷，可获得珠光体加铁素体基体，铸铁具有较好的塑性和冲击韧性，但强度略低于高温正火。高温正火的温度为880～920℃，在这个温度下将铸铁完全奥氏体化后出炉空冷，可获得珠光体组织，铸铁具有较高的强度、硬度和较好的耐磨性。球墨铸铁无论是采用低温正火还是高温正火，正火后都需要在550～600℃的温度下进行一次消除内应力退火。

（3）调质。调质的目的是使铸铁获得回火索氏体基体。具体操作是：将铸铁加热至860～900℃，保温一定时间后在油中淬火，然后加热至550～600℃回火2～4h即可。

（4）等温淬火。等温淬火用于获得高强度、良好的塑性和冲击韧性的球墨铸铁。具体操作是：将铸铁加热到奥氏体区温度（840～900℃），保温一定时间后在300℃左右的等温盐溶液中冷却，并进行二次保温，使基体在此温度下转变为下贝氏体加球状石墨。

经过等温淬火处理后，球墨铸铁的强度可达1200～1450MPa，冲击韧性为300～360kJ/m^2，硬度为38～51HRC。但是，等温淬火的冷却能力有限，因此一般只能用于处理截面不大的零件，如受力复杂的齿轮、曲轴、凸轮轴等。

6.6 蠕墨铸铁

1947年，英国人H. 莫罗（H. Morrogh）在研究用铈处理球墨铸铁的过程中发现了蠕虫状石墨，这是一种具有片状和球状石墨之间的过渡形态的灰铸铁，后来命名为蠕墨铸铁。1966年，山东省机械设计研究院发表了关于稀土高强度灰铸铁的论文，这标志着我国蠕墨铸铁生产技术研制成功。蠕墨铸铁的力学性能介于灰铸铁和球墨铸铁之间，其铸造性能、减振性和导热性都优于球墨铸铁，与灰铸铁相近。由于蠕墨铸铁具有球墨铸铁和灰铸铁的性能，因此它具有独特的用途，在钢锭模、汽车发动机、排气管、玻璃模具、柴油机缸盖、制动零件等方面的应用都取得了良好的效果。特别是我国第二汽车厂的蠕墨铸铁排气管流水线的投产标志着我国蠕墨铸铁生产已达到较高水平。

1. 蠕墨铸铁的化学成分

蠕墨铸铁的化学成分与球墨铸铁相似，大致为：$w_C=3.5\%\sim3.9\%$、$w_{Si}=2.2\%\sim2.8\%$、$w_S<0.1\%$、$w_P<0.1\%$。

2. 蠕墨铸铁的组织

蠕墨铸铁是通过向具有特定成分的铁水中加入适量的蠕化剂炼成的，方法与球墨铸铁基本相同。目前，主要使用镁钛合金、稀土镁钛合金或稀土镁钙合金等作为蠕化剂。

蠕墨铸铁的石墨形态介于片状和球状之间。在光学显微镜下观察［图 6－10（a)］，蠕墨铸铁中的石墨短而厚，其端部较为圆润，形同蠕虫，因此称为蠕墨铸铁。在扫描电镜下观察［图 6－10（b)］，蠕状石墨的端部具有螺旋生长的特征，类似于球状石墨；但在石墨的枝干部分具有叠层状结构，类似于片状石墨，它的紧密程度也介于片状和球状之间。

（a）在光学显微镜下观察

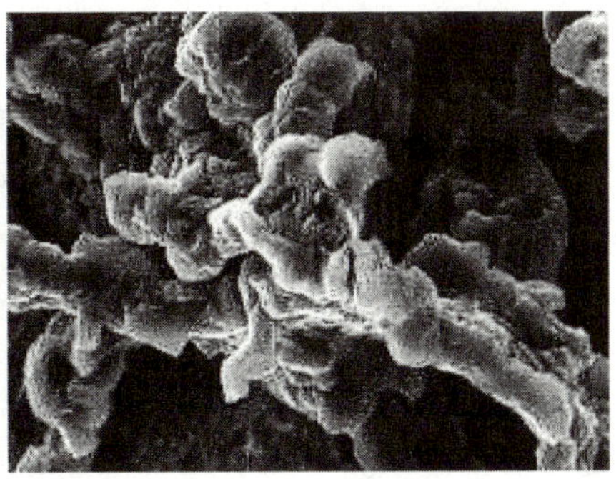

（b）在扫描电镜下观察

图 6－10　蠕墨铸铁的显微组织

3. 蠕墨铸铁的性能

蠕墨铸铁的力学性能介于灰铸铁和球墨铸铁之间，其抗拉强度、疲劳强度、断后伸长率等性能优于灰铸铁，接近球墨铸铁。其最突出的优点是在铸造合金中屈强比（72%～82%）最高。蠕墨铸铁具有良好的导热性和抗高温氧化性。它的切削加工性优于球墨铸铁，铸造性能接近于灰铸铁，缩孔、缩松倾向小于球墨铸铁，铸造工艺也较简单。

4. 蠕墨铸铁的牌号和应用

蠕墨铸铁的牌号中“RuT”表示“蠕铁”，其后的数字表示最小抗拉强度（单位是 MPa)。蠕墨铸铁的牌号、力学性能及主要基体组织见表 6－7。

表 6－7　蠕墨铸铁的牌号、力学性能及主要基体组织

牌号	力学性能				主要基体组织
	R_m/MPa	$R_{p0.2}$/MPa	A/(%)	硬度值范围/HBW	
RuT300	300	210	2.0	140～210	铁素体
RuT350	350	245	1.5	160～220	铁素体＋珠光体
RuT400	400	280	1.0	180～240	铁素体＋珠光体
RuT450	450	315	1.0	200～250	珠光体
RuT500	500	350	0.5	220～260	珠光体

蠕墨铸铁已成功应用于制造高层建筑中的高压热交换器，以及内燃机气缸和缸盖、气缸套，钢锭模，液压阀，汽车排气管等。其中，汽车排气管的使用寿命提高了4～5倍。

6.7 特殊性能铸铁

随着工业的发展，工业生产对铸铁的性能提出了更高的要求，铸铁不仅需要有更好的力学性能，还要具备一些特殊的性能，如耐磨性、耐热性、耐蚀性等。

6.7.1 耐磨铸铁

耐磨铸铁可分为减摩铸铁和抗磨铸铁两种。减摩铸铁适用于有润滑、受黏着磨损条件下的工作环境，如机床导轨及发动机缸套、活塞环、轴承等。抗磨铸铁适用于干摩擦的磨料磨损条件下的工作环境，如轧辊、犁铧、磨球等。

1. 减摩铸铁

减摩铸铁是在有润滑、受黏着磨损的条件下工作的耐磨铸铁，其组织为软基体上嵌有硬的强化相。软基体可在磨损后形成沟槽，贮藏润滑油，在工作时形成油膜，硬的强化相则可承受摩擦。通常，珠光体灰铸铁可满足这一要求。其中，铁素体为软基体，渗碳体为硬的强化相，片状石墨具有润滑作用，脱落后的凹坑也可储油。为了进一步提高珠光体灰铸铁的耐磨性，通常将含磷量提高到0.4%～0.6%，得到高磷铸铁。高磷铸铁可与珠光体或铁素体形成高硬度的共晶组织，显著提高铸铁的耐磨性。为了改善普通高磷铸铁的强度和冲击韧性，通常会加入Cr、Mo、W、Cu、Ti、V等合金元素，形成高磷合金铸铁。这类铸铁具有良好的润滑性及抗咬合、抗擦伤的能力，可广泛应用于制造要求具有高耐磨性的机床导轨、活塞环、气缸套、滑动轴承和凸轮轴等。

2. 抗磨铸铁

抗磨铸铁是一种在无润滑的干摩擦和磨粒磨损条件下工作的耐磨铸铁。这类铸铁不仅承受严重的磨损，而且承受较大的冲击载荷。获得高而均匀的硬度是提高其耐磨性的关键。白口铸铁属于抗磨铸铁，但它脆性较大，不能承受冲击载荷。因此，为了提高白口铸铁的耐磨性，可以加入适量的Cr、Mo、Cu、V等合金元素，形成合金白口铸铁；也可以加入Cr、Ni、B等合金元素提高淬透性，形成马氏体合金白口铸铁。此外，还可以将铁液注入金属模中，形成激冷铸铁，获得组织为马氏体、碳化物和球状石墨的中锰合金抗磨球墨铸铁，这种铸铁具有良好的耐磨性和一定的冲击韧性。

抗磨白口铸铁主要有以镍铬为主要合金元素的抗磨白口铸铁和以铬为主要合金元素的抗磨白口铸铁两种。抗磨白口铸铁的牌号及化学成分见表6-8。抗磨白口铸铁的硬度见表6-9。

表6-8 抗磨白口铸铁的牌号及化学成分

牌号	化学成分（质量分数）/(%)								
	C	Si	Mn	Cr	Mo	Ni	Cu	S	P
BTMNi4Cr2-DT	2.4～3.0	≤0.8	≤2.0	1.5～3.0	≤1.0	3.3～5.0	—	≤0.10	≤0.10
BTMNi4Cr2-GT	3.0～3.6	≤0.8	≤2.0	1.5～3.0	≤1.0	3.3～5.0	—	≤0.10	≤0.10
BTMCr9Ni5	2.5～3.6	1.5～2.2	≤2.0	8.0～10.0	≤1.0	4.5～7.0	—	≤0.06	≤0.06
BTMCr2	2.1～3.6	≤1.5	≤2.0	1.0～3.0	—	—	—	≤0.10	≤0.10
BTMCr8	2.1～3.6	1.5～2.2	≤2.0	7.0～10.0	≤3.0	≤1.0	≤1.2	≤0.06	≤0.06
BTMCr12-DT	1.1～2.0	≤1.5	≤2.0	11.0～14.0	≤3.0	≤2.5	≤1.2	≤0.06	≤0.06
BTMCr12-GT	2.0～3.6	≤1.5	≤2.0	11.0～14.0	≤3.0	≤2.5	≤1.2	≤0.06	≤0.06
BTMCr15	2.0～3.6	≤1.2	≤2.0	14.0～18.0	≤3.0	≤2.5	≤1.2	≤0.06	≤0.06
BTMCr20	2.0～3.3	≤1.2	≤2.0	18.0～23.0	≤3.0	≤2.5	≤1.2	≤0.06	≤0.06
BTMCr26	2.0～3.3	≤1.2	≤2.0	23.0～30.0	≤3.0	≤2.5	≤1.2	≤0.06	≤0.06

注：1. 牌号中，“DT”和“GT”分别代表“低碳”和“高碳”，表示该牌号钢含碳量的高低。

2. 允许加入微量V、Ti、B和Re等元素。

表6-9 抗磨白口铸铁的硬度

牌号	表面硬度					
	铸态或铸态去应力处理		硬化态或硬化态去应力处理		软化退火态	
	HRC	HBW	HRC	HBW	HRC	HBW
BTMNi4Cr2-DT	≥53	≥550	≥56	≥600	—	—
BTMNi4Cr2-GT	≥53	≥550	≥56	≥600	—	—
BTMCr9Ni5	≥50	≥500	≥56	≥600	—	—
BTMCr2	≥45	≥435	—	—	—	—
BTMCr8	≥46	≥450	≥56	≥600	≤41	≤400
BTMCr12-DT	—	—	≥50	≥500	≤41	≤400
BTMCr12-GT	≥46	≥450	≥58	≥650	≤41	≤400
BTMCr15	≥46	≥450	≥58	≥650	≤41	≤400
BTMCr20	≥46	≥450	≥58	≥650	≤41	≤400
BTMCr26	≥46	≥450	≥58	≥650	≤41	≤400

注：1. 洛氏硬度值（HRC）和布氏硬度值（HBW）之间没有精确的对应值，因此这两种硬度应独立使用。

2. 铸件断面深度40%处的硬度应不低于表面硬度值的92%。

6.7.2 耐热铸铁

耐热铸铁是一种在高温下使用的铸铁，因其具有良好的抗氧化性、抗生长性和抗热疲劳性而被广泛应用。生长是指由于氧化性气体沿石墨片的边界和裂纹渗入铸铁内部，导致氧化，以及由于分解造成的石墨化导致铸件体积膨胀。

通过向铸铁中加入硅、铝、铬等合金元素，可以在铸件表面形成一层致密的二氧化硅、氧化铝、氧化铬等氧化膜，显著提高铸件在高温下的抗氧化性。此外，这些合金元素还能使铸铁的基体变为单相铁素体。硅和铝可提高相变点，使铸件在工作温度下不会发生固态相变，从而减少由于固态相变产生的体积变化和显微裂纹。铬能形成稳定的碳化物，提高铸铁的热稳定性。常用的耐热铸铁有中硅铸铁、高铬铸铁、镍铬硅铸铁等，主要用于制造加热炉附件，如炉底板、送链构件、换热器等。

6.7.3 耐蚀铸铁

耐蚀铸铁是一种能够防止或延缓某种腐蚀介质腐蚀的特殊铸铁。要提高铸铁的耐蚀性，主要方法是加入合金元素，使铸铁具有有利的组织并形成良好的保护膜。铸铁最佳的基体组织是致密、均匀的单相组织。中等大小且不相互连贯的石墨能够提高铸铁的耐蚀性。石墨的形状也很重要，一般以球状或团絮状的石墨为佳。

铸铁中加入铬、钼、铜、镍、硅等合金元素能提高铸铁基体的电极电位，同时使铸铁表面形成一层致密完整且牢固的保护膜。这些合金元素还可以改善铸铁组织中石墨的形状、尺寸和分布，进而减少原电池的数量，降低电动势，提高铸铁的耐蚀性。耐蚀铸铁主要用于化工行业，如制造阀门、管道、泵、容器等。

习　题

一、判断题

1. 在铁碳合金中，碳可能以渗碳体和石墨两种形式存在。(　　)

2. 孕育处理是有意地向液态金属中加入某些变质剂，以细化晶粒和改善组织，达到提高材料性能的目的。(　　)

3. 可锻铸铁可以通过锻造的方式强化。(　　)

4. HT100 表示灰铸铁，其最小抗拉强度为 100MPa。(　　)

5. 蠕墨铸铁通常用于制造柴油机曲轴，减速箱齿轮及轧钢机轧辊。(　　)

6. KTZ450－06 表示珠光体基体的可锻铸铁，其最小屈服强度为 450MPa，最低断后伸长率为 6%。(　　)

7. 可锻铸铁有铁素体和珠光体两种基体。(　　)

8. 石墨为稳定相，具有特殊的简单六方结构。(　　)

9. 锰是促进石墨化的元素。(　　)

二、简答题

1. 影响铸铁石墨化的因素有哪些？请简述铸铁的石墨化过程。

2. 球墨铸铁是如何获得的？球墨铸铁有哪些性能特征？

3. 试说明下列牌号表示的意义：

HT150、QT400－17、KT330－8、KTZ700－2、RuT380。

4. 可锻铸铁是如何获得的？可锻铸铁具有哪些特征？可锻铸铁件在生产中为什么已逐渐被球墨铸铁件所代替？

5. 蠕墨铸铁是如何获得的？蠕墨铸铁具有哪些性能特征？

三、问答题

在铸铁的石墨化过程中，如果第一阶段和第二阶段完全石墨化，而第三阶段分别为完全石墨化、部分石墨化或未石墨化，那么它们分别能够获得哪种基本组织的铸铁？

第7章 有色金属及其合金

1. 通过铝及铝合金的学习，学生能够用自己的语言描述铝合金的分类，并能列举不同变形铝合金和铸造铝合金的应用领域。

2. 通过铜及铜合金的学习，学生能够用自己的语言描述铜合金的分类，并能列举常用铜合金的应用领域。

3. 通过钛及钛合金的学习，学生能够用自己的语言描述钛合金的分类，并能列举常用钛合金的应用领域。

铜是人类最早发现和使用的有色金属。在我国距今四千多年前的夏朝就已经开始使用红铜，即锻锤出来的天然铜。1957 年和 1959 年，在对甘肃省武威市皇娘娘台遗址的两次发掘中，均出土铜器近 20 件，经分析发现，铜器中含铜量高达 99.63%～99.87%，均为纯铜。纯铜尽管在古代可开采的矿藏相对稀少，但不难从它的矿石中提取。13 世纪，瑞典一铜矿就用烘烤→水洗→流铁→分离的工艺来提炼铜，这种工艺要先烘烤硫化矿石，再用水分离出其形成的硫酸铜，分离出来的硫酸铜流淌过铁屑表面时，铜会发生沉淀，形成的薄层很容易分离，分离后就可获得纯度比较高的铜。

我国最早提取铜的方法是利用天然铜的化合物进行湿法炼铜。这种方法不仅是湿法技术的起源，也是世界化学史上的一项重要发明。西汉时期的《淮南万毕术》记载：曾青得铁则化为铜，这种方法可用现代化学式表示为 $CuSO_4+Fe=FeSO_4+Cu$。另外，1933 年，在河南省安阳市殷墟发掘中发现了重达 18.8kg 的孔雀石、直径在 1 寸（约 3.33cm）以上的木炭块、陶制炼铜用的将军盔及重 21.8kg 的煤渣，这说明我国古人在三千多年前已经掌握了从铜矿中提取铜的方法，即将一些鲜绿色的孔雀石 [$CuCO_3 \cdot Cu(OH)_2$]

和深蓝色的石青 [$2CuCO_3 \cdot Cu(OH)_2$] 等矿石在空气中燃烧，得到铜的氧化物，再用碳还原，便可得到金属铜。

由于当时炼铜制成的物件太软，易弯曲，并且很快变钝，因此人们便把锡掺到铜里，制成铜锡合金——青铜，这样其硬度就得到了很大程度地提升。由于青铜器件熔炼和制作都较铜容易得多，并且青铜坚硬、易熔、易于铸造成形、在空气中稳定，因此在古代得到了很好的应用。我国历史上的青铜时代就是因青铜被广泛应用而来的。图 7-1 所示为古代铜饰品。图 7-2 所示为古代青铜器。

图 7-1 古代铜饰品

图 7-2 古代青铜器

7.1 有色金属概述

一般金属材料是指金属元素或以金属元素为主构成的具有金属特性的材料的统称，包括纯金属、合金、金属间化合物和特种金属等。需要注意的是：金属氧化物并不属于金属材料，如 Al_2O_3、Fe_2O_3、Cu_2O 等。金属材料通常具有高强度、优良的塑性和冲击韧性、很好的耐热性和耐寒性等，是工业和现代科学技术中较为重要的材料。金属材料可分为两大类：黑色金属和有色金属。

黑色金属是工业上对铁、铬和锰的统称，包括这三种金属的合金。黑色金属的分类对于工业来说非常重要，因为铁、铬和锰是冶炼钢铁的主要原料，而钢铁在国民经济中占有极其重要的地位，是衡量国家实力的重要标志。黑色金属的产量约占世界金属总产量的 95%。

有色金属是指除铁、铬和锰外的金属，也称非铁金属。根据其性质、用途、产量及在地壳中的储量状况，可将有色金属分为五类：相对密度小于 3.5 的称为轻金属，如镁、铝、铍等；相对密度大于 3.5 的称为重金属，如铅、锡、锌等；在地壳中含量较少、分布稀疏或难以从原料中提取的称为稀有金属，如钛、钒、钼等；金、银和铂族金属（钌、铑、钯、锇、铱、铂）称为贵金属，贵金属大多数拥有美丽的色泽，具有较强的化学稳定性，一般条件下不易与其他化学物质发生化学反应；性质介于金属和非金属之间的硼、硅、砷、锑、碲等元素称为准金属或半金属，它们的外表呈现出金属的特性，但在化学性质上表现出金属和非金属两种性质。有色金属是国民经济发展的基础材料，航空航天、汽车、机械制造、电力、通信、建筑、家电等绝大部分行业都以有色金属为生产基础。随着现代化工、农业和科学技术的突飞猛进，有色金属在人类发展中的地位越来越重要。有色金属不仅是世界上重要的战略物资和生产资料，还是人类生活中不可缺少的关键材料。有色金属的种类很多，本节只对机械工业中常用的铝及铝合金、铜及铜合金、钛及钛合金和轴承合金进行介绍。

扩展阅读

“名不副实”的金属

不是黑色的黑色金属：纯铁和铬是银白色的，而锰是银灰色的。由于钢铁表面通常覆盖一层黑色的 Fe_3O_4，而锰及铬主要用于冶炼黑色的合金钢，因此它们被“错误”分类为黑色金属。

没有颜色的有色金属：大部分有色金属都是银白色的块状固体，研磨成粉末后呈黑色，只有少数有色金属具有特殊的颜色。

“不再稀有”的稀有金属：稀有金属的名称具有相对性，随着人们对稀有金属的广泛研究、新的产源和提炼方法的发现，以及它们应用范围的扩大，稀有金属和其他金属的界限将逐渐消失，如有的稀有金属在地壳中的含量比铜、汞、镉等金属还要多。

7.2 铝及铝合金

7.2.1 工业纯铝

铝是地壳中含量最多的元素，约占地壳总质量的 8%。纯铝具有面心立方结构，无同素异构转变，无铁磁性，具有银白色金属光泽，熔点为 660.4℃。纯铝具有以下独特性能和优点。

铝及铝合金

（1）密度小。纯铝的密度约为铁的 1/3，只有 2.72g/cm^3，常用于制造各种轻质结构材料。

（2）可强化。纯铝的强度不高，但通过冷加工可使其强度提高一倍以上，但塑性会随之显著下降。

（3）耐腐蚀。纯铝表面易生成一层致密且牢固的 Al_2O_3 保护膜，只有在卤素离子或碱离子的激烈作用下才会遭到破坏。因此纯铝具有很好的耐大气（包括工业性大气和海洋性大气）腐蚀和水腐蚀的能力。

（4）导电性、导热性好。纯铝的导电性、导热性仅次于银、铜和金。室温时，电工铝的等体积电导率可达 62%IACS，若按单位质量导电能力计算，其导电能力为铜的两倍。

（5）反射性强。纯铝的抛光表面对白光的反射率达 80%以上，铝的纯度越高，反射率越高。铝对红外线、紫外线、电磁波、热辐射等都有良好的反射性。

（6）耐核辐射。纯铝对高能中子来说，具有与其他金属相同程度的中子吸收截面，而对低能中子来说，其吸收截面小，仅次于铍、镁、锆等金属。铝耐核辐射的原因是铝对照射生成的感应放射能衰减很快。

纯铝具有一系列优良的工艺性能，它容易铸造、切削，并且可以通过压力加工制成各种规格的半成品。此外，纯铝还具有很好的焊接性能。

7.2.2 铝合金

由于工业纯铝的强度低，因此通常不用于制造结构材料。通过添加 Cu、Mn、Si、Mg、Zn 等主要合金元素来制造铝合金，同时加入 Cr、Ni、Ti、Zr 等辅助元素使其既具有高强度又保持纯铝的优良特性。

1. 铝合金的分类

根据铝合金的化学成分和加工方法，可将其分为变形铝合金和铸造铝合金，如图 7-3 所示。成分位于 D 点左侧的合金，在室温或加热到固溶线以上时，可以获得单相固溶体，具有良好的塑性变形能力，可承受各类压力加工，称为变形铝合金。成分位于 D 点右侧的合金，存在共晶组织，液态流动性好，适合铸造，称为铸造铝合金。对于变形铝合金，成分位于 F 点左侧的合金，其固溶体成分不会随温度而变化，因此不能进行时效强化，称为不可热处理强化的变形铝合金。成分在 F、D 两点之间的合金，其固溶体的成分会随温度而变化，可以进行时效强化，称为可热处理强化的变形铝合金。变形铝合金是先将合金配料熔铸成坯锭，再进行塑性变形加工，通过轧制、挤压、拉伸、锻造等方法制成各种塑性加工制品。铸造铝合金是将配料熔炼后用砂模、铁模、熔模和压铸法等直接铸成各种零部件的毛坯。

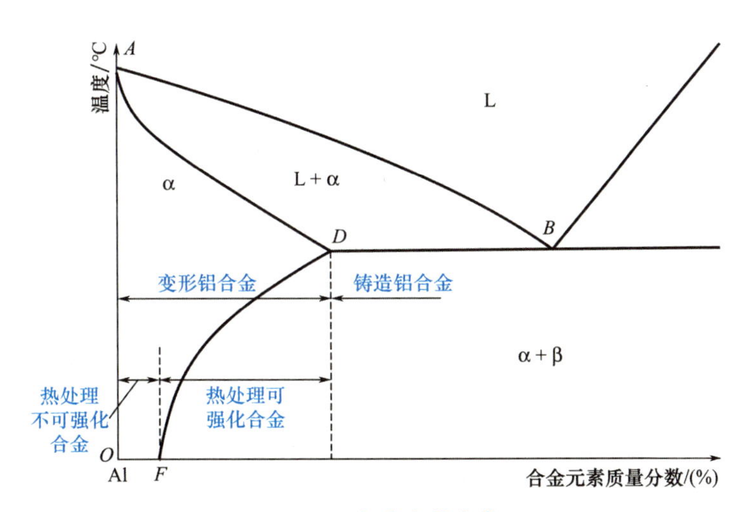

图 7-3 铝合金的分类

2. 铝合金的强化

铝合金的强化方式主要有以下五种。

(1) 固溶强化。这种方式是将合金元素加入纯铝中，形成无限固溶体或有限固溶体，这样不仅可以获得高强度，还能得到优良的塑性与良好的压力加工性。在一般铝合金中，固溶强化最常用的合金元素是Cu、Mg、Mn、Zn、Si等。例如，Al-Cu、Al-Mg、Al-Mn、Al-Zn、Al-Si等二元合金均形成有限固溶体，并且都有较大的极限溶解度，能起到较大的固溶强化效果。

（2）时效强化。通过对铝合金进行热处理可以得到过饱和的铝基固溶体。当这种过饱和铝基固溶体在室温或加热到某一温度时，其强度和硬度会随时间的延长而增高，但塑性会降低，这个过程称为时效。在时效过程中使合金的强度和硬度增高的现象称为时效强化或时效硬化。

（3）过剩相强化。当有限固溶体超过其极限溶解度时，在淬火加热时会出现一部分不能溶入固溶体的第二相，称为过剩相。在铝合金中，过剩相多为硬而脆的金属间化合物。它们在合金中起到阻碍滑移和位错运动的作用，使合金的强度、硬度提高，但塑性、冲击韧性降低。过剩相数量越多，强化效果越好；但过剩相太多时，合金会变脆而导致强度和塑性降低。

（4）细化组织强化。在铝合金中添加微量元素来细化组织可提高铝合金的力学性能。在变形铝合金中添加微量的Ti、Zr、Be、Sr及稀土元素能形成难熔化合物，在合金结晶时作为非自发晶核，起到细化晶粒的作用，合金的强度和塑性提高。

（5）冷变形强化。冷变形强化也称冷作硬化，即在再结晶温度以下对金属材料进行冷变形。冷变形时金属内部位错密度增大，并形成相互缠结的胞状结构，这样会阻碍位错运动。变形度越大，位错缠结越严重，变形抗力也就越大，强度越高。冷变形强化的程度取决于变形度、变形温度和材料本身的性质。在相同温度下，同一材料的变形度越大，强度就越高，但塑性随变形度的增加而降低。

3. 变形铝合金

变形铝合金是通过冲压、弯曲、轧制、挤压等工艺使其组织和形状发生变化的铝合金。它主要包括硬铝合金、超硬铝合金、锻造铝合金和防锈铝合金等。其中，前三类铝合金可以通过热处理的方式进行强化。变形铝合金广泛应用于航空、汽车、造船、建筑、化工、机械等行业。

根据GB/T 16474—2011《变形铝及铝合金牌号表示方法》，变形铝及铝合金可直接引用国际四位数字体系牌号或采用国标规定的四位字符牌号。未命名为国际四位数字体系牌号的变形铝及铝合金应采用国标规定的四位字符牌号命名。采用国际四位数字命名体系命名的变形铝及铝合金牌号由组别、改型序号和成分含量区别三部分组成。

① 一系。1×××表示铝含量不低于99.00%的纯铝。在所有系列中，1×××系列铝是铝含量最多的一个系列，纯度可以达到99.00%以上。1×××系列铝根据最后两位阿拉伯数字来确定这个系列的最低铝含量。例如，1050系列铝的最后两位阿拉伯数字为50，表示最低铝含量为99.50%。1×××系列铝具有良好的成形性和表面处理性，在铝合金中耐蚀性最佳。但是，1×××系列铝强度较低，并且纯度越高，强度越低。

▶ 变形铝合金

常用的1×××系列铝有1050、1070、1080、1085、1100，用于简单的挤压成形（不做折弯），其中1050和1100可以用于做化学打砂，以及光面、

雾面和法线效果，有较明显的材料纹路和良好的着色效果；1080 和 1085 镜面铝常用于做亮字、雾面效果，没有明显的材料纹路。1×××系列铝都相对较软，主要用于制作装饰件或内饰品。

② 二系。2×××表示 Al-Cu 系合金。2×××系列铝合金具有硬度较高、耐蚀性不佳的特点，其中以 Cu 元素含量最高。2×××系列铝合金的代表有 2024、2A16、2A02，Cu 含量为 3%～5%。2×××系列铝合金属于航空铝材，是结构材料，目前在常规工业中不常应用。

③ 三系。3×××表示 Al-Mn 系合金。3×××系列铝合金以 Mn 元素为主要成分。3×××系列铝合金以 3003、3105、3A21 为主要代表，Mn 含量为 1.0%～1.5%，是一类防锈功能较好的铝合金系列，常用于制造液体产品的槽和罐、建筑工件、建筑工具、各种灯具，以及薄板加工的各种压力容器与管道等。3×××系列铝合金具有良好的成形性、耐蚀性和焊接性能。

④ 四系。4×××表示 Al-Si 系合金。4×××系列铝合金的代表有 4A01。4×××系列的铝合金属于含 Si 量较高的系列，硅含量为 4.5%～6.0%。含硅量越高，铝合金强度就相对越高。4×××系列铝合金熔点低，耐蚀性好，具有耐热、耐磨的特性，多用于制造机械零件及作为锻造材料和焊接材料。

⑤ 五系。5×××表示 Al-Mg 系合金。5×××系列铝合金是较常用的铝合金系列之一，主要元素为 Mg，镁含量为 3%～5%。5×××系列铝合金的代表有 5052、5005、5083、5A05。5×××系列铝合金也称铝镁合金，主要特点为密度低、抗拉强度大、断后伸长率高。同样面积下，5×××系列铝合金的质量低于其他系列铝合金，在常规工业中应用也较广泛。

⑥ 六系。6×××表示是 Al-Mg-Si 系合金。6×××系列铝合金的代表有 6061，它主要含有 Mg 和 Si 两种元素，因此集中了 4×××系列铝合金和 5×××系列铝合金的优点。6061 是一种冷处理铝锻造产品，适用于制造对抗腐蚀性和抗氧化性要求高的零件。6×××系列铝合金具有良好的可使用性，容易涂层，加工性能也很出色。

⑦ 七系。7×××表示 Al-Zn 系合金。7×××系列铝合金主要含有 Zn 元素，该系列的代表有 7075，也属于航空系列，是铝镁锌铜合金，是可热处理合金。7×××系列铝合金属于超硬铝合金，具有良好的耐磨性。

⑧ 八系。8×××表示上述以外的合金体系。8×××系列铝合金的代表有 8011，属于其他系列。8×××系列铝合金大部分应用在铝箔上，而在生产铝棒方面不太常用。

⑨ 九系。9×××表示备用合金组。

常用变形铝合金的类别、牌号、化学成分、力学性能及用途举例见表 7-1。

① 防锈铝合金。防锈铝合金主要是 Al-Mn 系合金和 Al-Mg 系合金。Mn 和 Mg 的主要作用是提高铝合金的耐蚀性和塑性，并起到固溶强化的作用。防锈铝合金锻造后经退火处理后的组织为单相固溶体，耐蚀性和焊接性能好，易于变形加工，但切削性能差。防锈铝合金不能进行热处理强化，通常利用加工硬化来提高其强度。

② 硬铝合金。硬铝合金主要是 Al-Cu-Mg 系合金，并含有少量 Mn。硬铝合金可进行时效强化，也可进行变形强化。其强度和硬度高，加工性能好，耐蚀性比防锈铝合金差。常用的硬铝合金有 2A11、2A12 等，可用于制造冲压件、模锻件和铆接件，如螺旋

桨、梁、铆钉等。

表 7-1 常用变形铝合金的类别、牌号、化学成分、力学性能及用途举例

类别	牌号	化学成分(质量分数)/(%)								力学性能				用途举例
		Si	Fe	Cu	Mg	Mn	Zn	Ti	Al	R_m/MPa	$R_{p0.2}$/MPa	A/(%)	HBW	
防锈铝合金	5A05	0.50	0.50	0.10	4.8～5.5	0.3～0.6	0.20	—	余量	≥265	≥120	≥15	≥15	焊接油箱、油管、铆钉及中载零件
	3A21	0.6	0.7	0.20	0.05	1.0～1.6	0.10	0.15	余量	≥90	—	≥20	—	焊接油箱、油管、铆钉及轻载零件
硬铝合金	2A01	0.50	0.50	2.2～3.0	0.2～0.5	—	0.10	0.15	余量	≥430	≥275	≥10	—	工作温度低于100℃的零件，如铆钉
	2A11	0.7	0.7	3.8～4.8	0.4～0.8	0.4～0.8	0.30	0.15	余量	≥370	≥215	≥12	—	中等强度结构件，如螺旋桨、叶片
	2A12	0.50	0.50	3.8～4.9	1.2～1.8	0.3～0.9	0.30	0.15	余量	≥390	≥255	≥12	—	高强度结构件，如航空模锻件
超硬铝合金	7A01	0.30	0.30	0.01	—	—	0.9～1.3	—	余量	≥490	≥370	≥7	—	飞机大梁、桁架等
	7A03	0.20	0.20	1.8～2.4	1.2～1.6	0.10	6.0～6.7	0.02～0.08	余量	≥490	≥370	≥7	—	受力构件，如铆钉
锻铝合金	2A50	0.7～1.2	0.7	1.8～2.6	0.4～0.8	0.4～0.8	0.30	0.15	余量	≥355	—	≥8	—	形状复杂、中等强度的锻件，如飞机结构、卡车轮毂、螺旋桨
	2A70	0.35	0.9～1.5	1.9～2.5	1.4～1.8	0.20	0.30	0.02～0.10	余量	≥355	—	≥8	—	高温下工作的复杂锻件和结构件，如超声速飞机蒙皮、航空器发动机活塞、导风轮、轮盘
	2A14	0.6～1.2	0.7	3.9～4.8	0.4～0.8	0.4～1.0	0.30	0.15	余量	≥440	—	≥10	—	承受重载荷的锻件，如卡车构架与悬挂系统零件

③ 超硬铝合金。超硬铝合金主要是 Al-Zn-Mg-Cu 系合金，并含有少量 Cr 和 Mn。它的时效强化效果优于硬铝合金，热态塑性好，但耐蚀性差。常用的超硬铝合金有 7A01、

7A03 等，主要用于工作温度较低、受力较大的结构件，如飞机大梁、桁架等。

④ 锻铝合金。锻铝合金主要是 Al－Cu－Mg－Si 系合金，具有良好的可锻性和优秀的力学性能。锻铝合金主要用于制造形状复杂的锻件和模锻件，如喷气发动机压气机叶轮、导风轮等。常用的 Al－Cu－Mg－Fe－Ni 系耐热锻铝合金有 2A50、2A70、2A14 等，用于制造 150～225℃下工作的零件，如压气机叶片、超声速飞机蒙皮等。

4. 铸造铝合金

铸造铝合金

铸造铝合金是指用来制造铝铸件的铝合金。铸造铝合金的密度小，比强度高，铸造性能良好。其代号是由表示铸铝的汉语拼音首字母“ZL”及其后的三个阿拉伯数字组成。第一位数字代表合金的系列，其中 1、2、3、4 分别表示 Al－Si、Al－Si、Al－Mg、Al－Zn 系列合金，后两位数字为合金顺序号。常用铸造铝合金的类别、牌号、代号、化学成分、铸造方法、合金状态、力学性能及用途举例见表 7－2。

表 7－2 常用铸造铝合金的类别、牌号、代号、化学成分、铸造方法、合金状态、力学性能及用途举例

类别	牌号	代号	化学成分(质量分数)/(%)						铸造方法①	合金状态②	力学性能			用途举例
			Si	Cu	Mg	Mn	Zn	Ti			R_m/MPa	A/(%)	HBW	
Al-Si 系列合金	ZAlSi7Mg	ZL101	6.5～7.5	—	0.25～0.45	—	—	—	J、JB	T5	205	2	60	飞机、仪器零件
									S、R、K	T5	195	2	60	
	ZAlSi12	ZL102	10.0～13.0	—	—	—	—	—	SB、JB、RB、KB	F	145	4	50	形状复杂的铸件，如抽水机壳体
									J	F	155	2	50	
	ZAlSi5Cu1MgA	ZL105	4.5～5.5	1.0～1.5	0.4～0.6	—	—	—	S、J R、K	T1	155	0.5	65	风冷发动机气缸头、油泵壳体
									S、R、K	T6	225	0.5	70	
	ZAlSi2Cu2Mg1	ZL108	11.0～13.0	1.0～2.0	0.4～1.0	0.3～0.9	—	—	J	T1	195	—	85	活塞及高温下工作的零件
									J	T6	255	—	90	
Al-Cu 系列合金	ZAlCu5Mn	ZL201	—	4.5～5.3	—	0.6～1.0	—	0.15～0.35	S、J、R、K	T4	295	8	70	内燃机气缸头、活塞
									S、J、R、K	T5	335	4	90	
Al-Mg 系列合金	ZAlMg10	ZL301	—	—	9.5～11.0	—	—	—	S、J、R	T4	280	9	60	海水中工作的零件，如舰炮配件
Al-Zn 系列合金	ZAlZn11Si7	ZL401	6.0～8.0	—	0.1～0.3	—	9.0～13.0	—	S、R、K	T1	195	2	80	结构形状复杂的汽车、仪表配件
									J	T1	245	1.5	90	

① S—砂型铸造；J—金属型铸造；R—熔模铸造；K—壳体铸造；B—变质处理。

② F—铸态；T1—人工时效；T4—淬火＋自然时效；T5—淬火＋不完全时效；T6—淬火＋人工时效。

铝硅系铸造铝合金，又称硅铝明合金。铝硅系铸造铝合金具有优良的铸造性能、耐蚀性、耐热性和焊接性能。铝硅系铸造铝合金主要用于制造飞机、仪表、电动机壳体、气缸体、风机叶片、发动机活塞等。其中，ZL102 是一种含硅量为 12%的铝硅二元合金，称为简单硅铝明。在普通铸造条件下，ZL102 的组织几乎全部为共晶体，由粗针状的硅晶体和 α 固溶体组成，其强度和塑性都较差。为了提高其性能，生产上通常采用钠盐变质剂进行变质处理，得到细小均匀的共晶体加一次 α 固溶体组织。ZL102 变质处理前后的组织形态如图 7－4 所示。

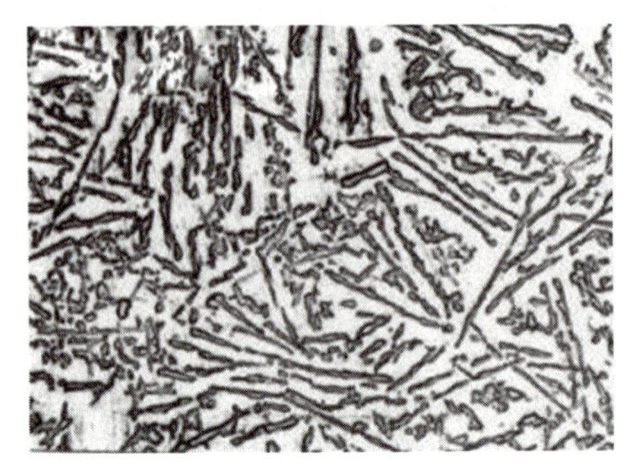

（a）变质处理前

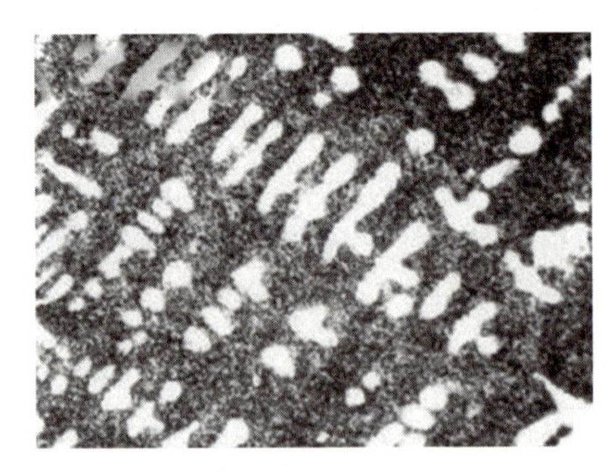

（b）变质处理后

图 7－4 ZL102 变质处理前后的组织形态

铝铜系铸造铝合金具有较好的耐热性和较高的强度；但其密度大，铸造性能和耐蚀性差，强度也低于铝硅系铸造铝合金。常用的铝铜系铸造铝合金代号有 ZL201、ZL203 等。铝铜系铸造铝合金主要用于制造在较高温度下工作的高强度零件，如内燃机气缸盖、汽车活塞等。

铝镁系铸造铝合金的耐蚀性好，强度高，密度小；但其铸造性能和耐热性差。常用的铝镁系铸造铝合金代号有 ZL301、ZL303 等。铝镁系铸造铝合金主要用于制造外形简单、承受冲击载荷、在腐蚀性介质下工作的零件，如舰船配件、氨泵等。

铝锌系铸造铝合金的铸造性能好，强度较高，可自然时效强化；但其密度大，耐蚀性较差。常用的铝锌系铸造铝合金代号有 ZL401、ZL402 等。铝锌系铸造铝合金主要用于制造形状复杂、受力较小的汽车、飞机、仪器零件。

7.3 铜及铜合金

7.3.1 工业纯铜

古老的青铜

纯铜呈紫红色，因此也称紫铜。它的密度为 8.9g/cm³，熔点为 1083℃。纯铜具有面心立方结构，不存在同素异构转变，也不具有铁磁性。纯铜具有优良的导电性和导热性，在大气、淡水和冷凝水中都具有良好的耐蚀性。然而，纯铜的强度较低（200～250MPa），硬度也较低（40～50HB），但塑性很好（45%～50%）。纯铜经过冷变形后，其强度可提高到 400～450MPa，硬度可达100～200HB，但断后伸长率会下降。纯铜主要用于配制铜合金，制造导电材料、导热材料及耐蚀器件等。

工业纯铜中含有较多杂质，这会使铜的电阻增大。S、O元素也能与铜形成共晶体，因此冷加工时容易产生加工裂纹。

7.3.2 铜合金

铜合金是通过在纯铜中添加合金元素制成的，常用的合金元素有Zn、Sn、Al、Mn、Ni、Fe、Be、Ti、Zr、Cr等。由于合金元素的固溶强化和第二相强化作用，铜合金既提高了纯铜的强度，又保持了纯铜的特性，因此在机械工业中得到了广泛应用。根据化学成分，铜合金可分为黄铜、青铜、白铜三大类。

1. 黄铜

黄铜是以锌为主要合金元素的一种铜合金，根据化学成分可分为普通黄铜和复杂黄铜，也可根据工艺分为加工黄铜和铸造黄铜。常用普通黄铜和复杂黄铜的牌号、化学成分及用途举例见表7－3。常用铸造黄铜的牌号、化学成分、铸造方法、力学性能及用途举例见表7－4。

表7－3 常用普通黄铜和复杂黄铜的牌号、化学成分及用途举例

类别	牌号	化学成分(质量分数)/(%)				用途举例
		Cu	Fe	Pb	其他	
普通黄铜	H70	68.5～71.5	0.10	0.03	Zn余量	弹壳、机械及电气零件
	H62	60.5～63.5	0.15	0.08	Zn余量	螺母、垫圈、散热器
	H59	57.0～60.0	0.3	0.5	Zn余量	热轧及热压螺母、垫圈、散热器
复杂黄铜	HPb59-1	57.0～60.0	0.5	0.8～1.90	Zn余量	销子、螺钉等冲压件或加工件
	HAl59-3-2	57.0～60.0	0.50	0.50	Al2.5～3.50 Ni2.0～3.0 Zn余量	船舶、化工机械等常温下工作的高强度耐蚀零件
	HMn58-2	57.0～60.0	—	—	Mn1.0～1.20 Zn余量	船舶零件及轴承等耐磨零件

表7－4 常用铸造黄铜的牌号、化学成分、铸造方法、力学性能及用途举例

牌号	化学成分(质量分数)/(%)				铸造方法①	力学性能				用途举例
	Cu	Fe	Pb	其他		R_m/MPa	$R_{p0.2}$/MPa	A/(%)	HBW	
ZCuZn38	60.0～63.0	—	—	Zn余量	S	295	95	30	60	机械、热轧制零件
					J	295	95	30	70	

续表

牌号	化学成分(质量分数)/(%)				铸造方法①	力学性能				用途举例
	Cu	Fe	Pb	其他		R_m/MPa	$R_{p0.2}$/MPa	A/(%)	HBW	
ZCuZn33Pb2	63.0～67.0	—	1.0～3.0	Zn 余量	S	180	70	12	50	煤气和给水设备的壳体；机器制造业、电子技术、精密仪器和光学仪器的部分构件、配件
ZCuZn40Pb2	58.0～63.0	—	0.50～2.50	Al0.20～0.80 Zn 余量	S、R	220	95	15	80	化学稳定的零件
					J	280	120	20	90	
ZCuZn16Si4	79.0～81.0	—	—	Si2.50～4.50 Zn 余量	S、R	345	180	15	90	轴承、轴套
					J	390	—	20	100	

① J—金属型铸造；S—砂型铸造；R—熔模铸造。

(1) 普通黄铜。

铜与锌的二元合金称为普通黄铜。普通黄铜以“H＋铜含量”命名，如 H68。

图 7－5 所示为铜锌二元合金相图。由图可以看出，锌在室温下的最大溶解度为 39.0%。当锌含量低于该溶解度时，显微组织为单相固溶体，此时合金称为 α 黄铜（或单相黄铜）；当含锌量为 39.0%～45.5%时，显微组织为 α＋β′，此时合金称为 α＋β′黄铜（或两相黄铜），β′相是以电子化合物 CuZn 为基的有序固溶体。图 7－6 所示为普通黄铜的显微组织。

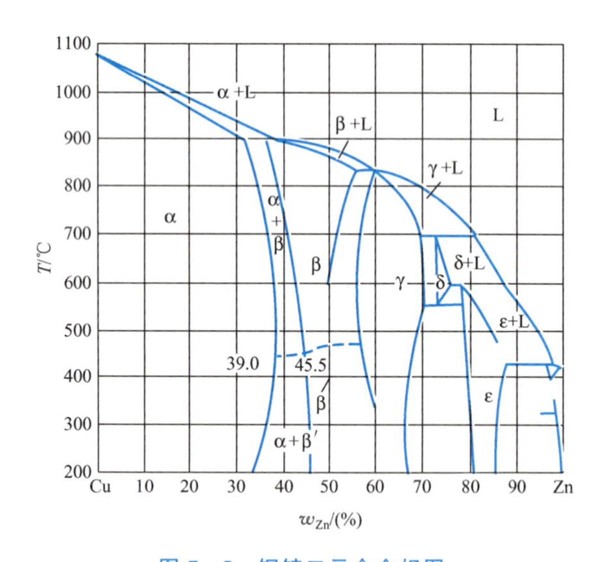

图 7－5 铜锌二元合金相图

单相黄铜塑性好，常用牌号有 H80、H70、H68，适用于制造冷变形零件，如弹壳、冷凝器等。两相黄铜热塑性好，强度高，常用牌号有 H59、H62，适用于制造受力件，如垫圈、弹簧、导管、散热器等。普通黄铜的耐蚀性较好，与纯铜接近，但含锌量超过 7% 的冷变形黄铜在湿气、海水中或氨的作用下容易产生腐蚀破裂的现象，这种现象称为应力

（a）单相黄铜

（b）两相黄铜

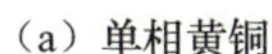

图 7－6 普通黄铜的显微组织

腐蚀破裂或季裂。因此，冷变形件必须进行去应力退火（250～300℃，保温 1h）。

（2）复杂黄铜。

复杂黄铜是在普通黄铜的基础上加入 Al、Fe、Si、Mn、Pb、Sn、Ni 等合金元素形成的。复杂黄铜以“H＋第二主加元素化学符号＋铜含量＋除锌外的各添加元素含量（数字间以‘－’隔开）”命名，如 HPb59－1。加入合金元素会影响 $\alpha+\beta'$ 相的相对量，提高黄铜强度；Al、Mn、Si、Sn 可提高耐蚀性；Pb 可改善切削加工性；Si 可改善铸造性能。复杂黄铜的常用牌号有 HPb63－3、HAl60－1－1、HSn62－1、HFe59－1－1 等。复杂黄铜的强度、耐蚀性比普通黄铜好，铸造性能与普通黄铜相比得到了改善，主要用于制造船舶和化工零件，如冷凝管、齿轮、螺旋桨、轴承、衬套及阀体等。

2. 白铜

白铜

白铜是以镍为主要合金元素的铜合金，分为普通白铜和复杂白铜。

普通白铜是铜镍二元合金，具有较高的耐蚀性和抗腐蚀疲劳性，并且冷热加工性能优良。普通白铜以“B＋镍含量”命名，如 B5、B19 等。普通白铜常用于制造在蒸汽和海水环境下工作的精密机械、仪表零件、冷凝器、蒸馏器、热交换器等。

复杂白铜是在普通白铜基础上添加 Zn、Mn、Al 等合金元素形成的，对应添加的元素可分别称锌白铜、锰白铜、铝白铜等。这类铜合金具有较好的耐蚀性、较高的强度和塑性，而且制造成本低。复杂白铜以“B＋第二主添加元素化学符号＋镍含量＋各添加元素含量（数字间以‘－’隔开）”命名，如 BMn40－1.5（康铜）、BMn43－0.5（考铜）。复杂白铜常用于制造精密机械、仪表零件及医疗器械等。

3. 青铜

除黄铜和白铜外的其他铜合金统称为青铜。青铜以“Q＋主添加元素化学符号＋各添加元素含量（数字间以‘－’隔开）”命名，如 QSn4－3（含 Sn4％、含 Zn3％）。常用的青铜有锡青铜、铝青铜、铍青铜、硅青铜和铅青铜等。常用青铜的类别、牌号、化学成分、加工状态、力学性能及用途举例见表 7－5。

表 7－5　常用青铜的类别、牌号、化学成分、加工状态、力学性能及用途举例

类别	牌号	化学成分（质量分数）/(%)		加工状态	力学性能			用途举例
		第一主加元素	其他		R_m/MPa	A/(%)	硬度/HBS	
锡青铜	QSn6.5－0.4	Sn6.0～7.0	P0.26～0.4 Cu 余量	软	400	65	80	精密仪器中的耐磨零件和抗磁元件、弹簧、艺术品
				硬	750	10	180	
	QSn4－3	Sn3.5～4.5	Zn2.7～3.3 Cu 余量	软	350	40	60	弹簧、化工机械的耐磨零件和抗磁零件
				硬	550	4	160	
铝青铜	QAl10－3－1.5	Al8.5～10.0	Fe2.0～4.0 Mn1.0～2.0 Cu 余量	退火	600～700	20～30	125～140	飞机、船舶用高强度、高耐磨性、高耐蚀性零件，如齿轮、轴承
				冷加工	700～900	9～12	60～200	
	QAl7	Al6.0～8.0	Cu 余量	退火	470	70	70	重要的弹簧及弹性元件
				冷加工	980	3	154	
铍青铜	QBe2	Be1.9～2.2	Ni0.2～0.5 Cu 余量	淬火	500	35	100	重要的弹簧及弹性元件、耐磨零件、高压高速高温轴承、钟表齿轮、罗盘零件
				时效	1250	2～4	330	

（1）锡青铜。

锡青铜是一种以锡为主要添加元素的铜合金，含锡量一般为 3%～14%。含锡量为 5%～7%的锡青铜具有较好的塑性，适合冷、热加工；锡含量大于 10%的锡青铜强度较高，适合铸造。锡青铜的铸造流动性差，铸件密度低，易渗漏，但体积收缩率在有色金属中是最小的。锡青铜的耐蚀性良好，在大气、海水及无机盐溶液中的耐蚀性比纯铜和黄铜好，但在硫酸、盐酸和氨水中的耐蚀性较差。锡青铜的常用牌号有 QSn4－3、QSn6.5－0.4 等。锡青铜主要用于制造耐腐蚀的承载件，如弹簧、轴承、齿轮轴、涡轮和垫圈等。

（2）铝青铜。

铝青铜是一种以铝为主要添加元素的铜合金，含铝量为 5%～11%。当含铝量在 10%左右时，其强度最高，常在铸态或经热加工后使用。铝青铜的强度、硬度、耐磨性、耐热性及耐蚀性均优于黄铜和锡青铜，铸造性能好；但体积收缩率比锡青铜大，焊接性能差。铝青铜的常用牌号有 QAl5、QAl7、QAl9－4、QAl10－4－4 等。前两者是低铝青铜，具有较好的塑性、耐蚀性，并具有一定的强度，主要用于制造高耐蚀性的弹簧和弹性元件；后三者为高铝青铜，具有较高的强度、较好的耐磨性和耐蚀性，主要用于制造船舶、飞机及仪器中的高强度、高耐磨性、高耐蚀性零件，如齿轮、轴承、涡轮、轴套、螺旋桨等。

青铜与紫铜

（3）铍青铜。

铍青铜是一种以铍为主要添加元素的铜合金，含铍量一般为1.7%～2.5%。铍青铜是一种时效强化型合金，经淬火加时效处理后，其抗拉强度为1200～1400MPa，硬度为350～400HB。铍青铜具有高强度、高弹性极限，好的耐磨性、耐蚀性，良好的导电性、导热性和耐低温性，无铁磁性，受冲击时不起火花，并且具有良好的冷、热加工性能和铸造性能；但价格较贵。铍青铜的常用牌号有QBe2、QBe1.7、QBe1.9等。铍青铜主要用于制造重要的弹性件、耐磨件等，如精密弹簧、膜片，高速、高压下工作的轴承及防爆工具、航海罗盘等重要零件。

扩展阅读

铜的起源

铜是人类最早使用的金属之一，早在史前时代人们就开始采掘露天铜矿，并用获取的铜制造武器、工具和器皿。铜的使用对早期人类文明的进步影响深远。

中国使用铜的历史源远流长。在六七千年以前，中国人的祖先就发现并开始使用铜。1973年，陕西省西安市姜寨遗址出土一件半圆形残铜片，经鉴定为黄铜。1975年，甘肃省临夏回族自治州林家马家窑文化遗址出土一件青铜刀，这件青铜刀目前是中国发现的最早的青铜器（约公元前三千年），是中国进入青铜时代的证明。西亚、南亚和北非在距今约六千五百年前先后进入青铜时代，中国青铜时代的到来较晚。在中国存在一个铜器和石器并用时期，距今约四千五百年。中国在此基础上发明了青铜合金，与世界青铜器发展模式相同。

国之大事，在祀与戎。对于先秦中原各国而言，最重要的事情莫过于祭祀礼仪和战争。青铜器作为当时最先进的金属冶炼和铸造技术的代表，主要用于祭祀礼仪和战争等重要场合。夏、商、周的青铜器的功能均为礼仪用具和武器，以及与此相关的附属用具。这形成了具有中国传统特色的青铜器文化体系，与世界各国的青铜器有所不同。

一般将中国青铜器文化的发展划分为三个阶段：形成期、鼎盛期和转变期。形成期指龙山时代，距今约四千多年；鼎盛期指中国青铜时代，包括夏、商、西周、春秋及战国早期，延续时间约一千六百多年；转变期指战国末期至秦汉时期，青铜器已逐渐被铁器取代，数量大幅减少，并变成日常用具。器物种类、构造特征、装饰艺术也发生了转折性的变化。

7.4 钛及钛合金

钛是20世纪50年代发展起来的一种重要的结构金属，并在航空航天、化工、能源、造船、医疗保健和国防等领域得到广泛应用。钛合金具有比强度高、耐蚀性和耐热性好等特点。钛虽然被列为稀有金属，但在地壳中的含量非常丰富，仅次于铝、铁、镁。我国钛矿储量居世界前列。然而，钛的化学活性高、熔点高、提炼困难及冶炼制取工艺复杂、价格昂贵等问题导致钛及钛合金的发展和应用受到一定限制。随着科学技术的进步和钛合金的熔炼技术、成形技术的发展，钛及钛合金作为尖端技术材料，被誉为正在崛起的“第三金属”。

7.4.1 工业纯钛

钛是一种银白色的过渡金属，熔点为1668℃，沸点为3287℃，密度为4.506g/cm^3。它质量轻、强度高、有金属光泽，并且还具有耐湿氯气腐蚀等特点。钛在882.5℃时发生同素异构转变，由具有体心立方结构的β-Ti转变为具有密排六方结构的α-Ti，β-Ti具有良好的塑性。

与常用金属相比，工业纯钛具有以下特点。

（1）钛密度小但强度高。在－253～600℃，钛的比强度是最高的。

（2）钛的弹性模量中等。$E=1.078\times10^5$MPa，适合制造弹性元件，但加工过程中工件回弹比较大。

（3）钛的熔点高。由于同素异构转变和高温下有吸气、氧化倾向的影响，钛的耐热性介于铝和镍之间。

（4）钛的化学活性高，切削加工性差。在切削加工过程中，温度升高容易导致“粘刀”，易造成黏着磨损。

钛的导热性差。切削加工时热量主要集中在刀尖上，刀尖容易软化。

工业纯钛主要用于制造工作温度在350℃以下的零件，这些零件对强度的要求不高，如石油化工用的热交换器、反应器，海水净化装置和舰船零部件等。

7.4.2 钛合金

钛合金是由钛为基础材料，加入其他合金元素（如Al、Mo、Cr、Sn、Mn、V等）形成的。钛合金几乎都含有铝，铝能提高钛合金的强度、比强度和再结晶温度。钛合金具有较高的强度，良好的耐热性、塑性、韧性、耐蚀性和焊接性能。

1. 钛合金的性能特点

（1）比强度高。

钛合金的密度一般在4.51g/cm^{3}左右，仅为钢的60%左右。纯钛的强度接近普通钢，一些高强度钛合金的强度甚至超过了许多合金结构钢的强度，因此钛合金的比强度远大于其他金属结构材料。由于这些特性，钛合金常用于制造比强度高、刚性好、质量轻的零部件。钛合金也常用于制造飞机发动机构件、骨架、紧固件和起落装置等。

可以制作超强合金的金属钛

（2）热强度高。

普通钛合金的使用温度通常在600℃以下，在中等温度下仍能保持所需的强度。钛合金可在450～500℃长期工作，而铝合金在150℃时的比强度会明显降低。

（3）耐蚀性好。

钛合金在550℃以下的空气中，表面很容易形成薄而致密的惰性氧化膜，在海水中的耐蚀性往往优于铝合金、不锈钢、铜合金和镍合金。钛合金对点蚀、酸蚀、应力腐蚀的抵抗力特别强，同时对碱、氯化物、硝酸、硫酸等具有优良的耐蚀性。但是，在800℃以上时，钛合金表面的氧化膜会发生分解，从而失去保护作用，使其很易氧化。

(4) 低温性能好。

钛合金在低温和超低温下仍能保持良好的力学性能。特别是间隙元素极低的α钛合金(如TA7)，在−253℃下仍能保持一定的塑性。因此，钛合金也是一种重要的低温结构材料，可用于制造火箭发动机或载人飞船的超低温容器。

(5) 化学活性高。

钛的化学活性高，能与大气中的氧气、氮气、氢气、一氧化碳、二氧化碳、水蒸气、氨气等进行强烈的化学反应，并且易与摩擦表面产生黏着磨损。当钛合金中含碳量大于0.2%时，钛合金中会形成硬质TiC；当温度较高时，钛与氮会形成TiN硬质表层；当温度在600℃以上时，钛吸收氧形成硬度很高的硬化层；当含氢量较多时，会形成脆化层。

(6) 热导率小、弹性模量小。

纯钛的热导率$\lambda=15.24$W/(m·K)，约为镍的1/4，铁的1/5，铝的1/14，而各种钛合金的热导率比纯钛的热导率约下降50%。钛合金的弹性模量约为钢的1/2，因此其刚性差，易变形，不适合制造细长杆和薄壁件。

2. 钛合金的分类

按退火组织不同，钛合金可分为α钛合金、β钛合金和α-β钛合金三类，它们的牌号分别用TA、TB、TC加顺序号表示，如TA5、TB2、TC4等。其中，TA0～TA3为工业纯钛。

(1) α钛合金。

α钛合金的主添加元素为铝，还有锡、硼等。由于不能进行热处理强化，因此α钛合金通常在退火状态下使用，其组织为单相α固溶体。相对于其他两类钛合金，α钛合金的强度较低，但具有较高的高温强度、低温韧性和耐蚀性，常用牌号有TA5、TA7等，主要用于制造工作温度低于500℃的零件，如飞机压气机叶片、导弹的燃料罐、超声速飞机的涡轮机匣及飞船上的高压低温容器等。

(2) β钛合金。

钛合金锻压全程

β钛合金中加入的合金元素有钼、铬、钒、铝等。通过淬火和时效处理后，其组织为β相基体上分布着细小的α相粒子。β钛合金强度高，但冶炼工艺复杂，难以进行焊接，因此其应用受到限制。

β钛合金可通过水冷或空冷得到单一的相组织，具有良好的塑性，可以冷成形。然而，β钛合金含有较多β共析元素，长时间受热易析出脆性相，而且β相具有较高的自扩散系数，所以其高温组织不稳定，耐热性差，时效后的塑性、高温强度和蠕变抗力也较低。因此，β钛合金主要用于制造工作温度低于350℃的结构件和紧固件，如飞机压气机叶片、轴、弹簧、轮盘等。

钛合金加工
液氮冷却

加工钛合金
航空零件

（3）α－β钛合金。

α－β钛合金是两相钛合金，在退火组织中同时含有α相和β相。添加β稳定元素可以调节组织，获得所需的力学性能。α－β钛合金的综合力学性能较好，具有较高的强度和良好的塑性，高温抗拉强度居所有类型钛合金之首，蠕变抗力及热稳定性也较好。由于α－β钛合金具有较好的机械性能和优良的高温变形能力，因此α－β钛合金能较顺利地进行各种热加工，并可通过淬火和时效处理进行固溶强化或弥散强化，大幅提高其力学性能。

我国α－β钛合金牌号以TC为前缀，后加顺序号。其中，TC4钛合金应用最广，用量最大。经过淬火和时效处理后，室温下抗拉强度可达1200MPa，并且能保持优良的塑性和韧性。α－β钛合金主要用于制造工作温度在500℃以下的飞机压气机叶片、火箭发动机外壳、火箭和导弹的液氢燃料箱部件及舰船耐压壳体等。

3. 钛合金的显微组织

钛合金的显微组织取决于钛合金的化学成分、变形的热力学参数和热处理制度。根据α相的形态、分布和含量，钛合金的显微组织（图7－7）一般可为分为四种：等轴组织、双态组织、网篮组织和魏氏组织。

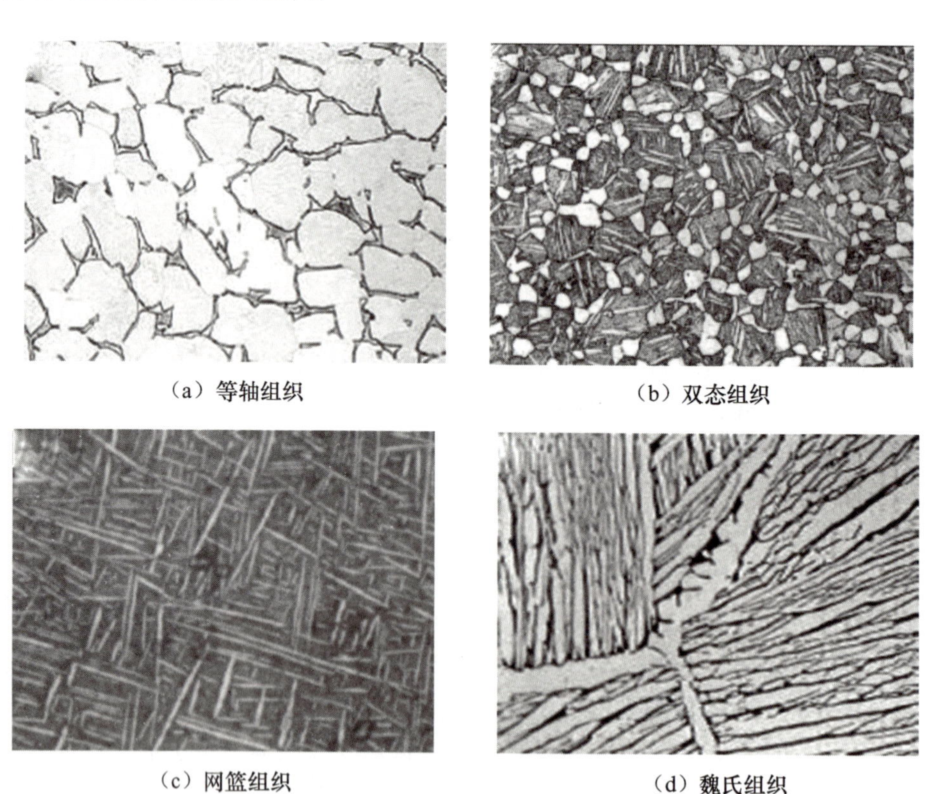

（a）等轴组织　（b）双态组织　（c）网篮组织　（d）魏氏组织

图7－7　钛合金的显微组织

（1）等轴组织。

等轴组织如图7-7（a）所示。钛合金在低于β相变点30～50℃加热或变形时会形成等轴组织。这种组织的特点是：等轴初生α相占的比例较大，含量超过50%；同时在基体上也会分布一定数量的β转变组织。

（2）双态组织。

双态组织如图7-7（b）所示。钛合金在（α+β）相区以上温度变形且变形量较大时会形成双态组织。这种组织的特点是在β转变组织的基体上均匀地分布着一定数量的等轴初生α相，其含量不超过50%（一般为20%～30%）。β转变组织是由次生α相和残留β相组成的。

（3）网篮组织。

网篮组织如图7-7（c）所示。钛合金在β相变点附近变形或在β相区开始变形，但在（α+β）相区终止变形时，会形成网篮组织。这种组织的主要特点是原始β晶粒及晶界α相破碎（或者只有少量晶界α未破碎），晶界α相已经不明显。晶内的α丛尺寸减小，α条变短，而且各α丛交错排列形成网篮状结构。

（4）魏氏组织。

魏氏组织如图7-7（d）所示。钛合金在整个锻造变形过程中的温度都在β相区，并且变形量不是很大，或合金加热到β转变温度以上以较慢的速度冷却时，会形成魏氏组织。这种组织的主要特点是低倍组织粗大，β晶界完整；高倍组织中α相沿粗大的原始β晶粒的晶界向晶内呈平行的粗条状析出，形成尺寸较大的α相束集。

扩展阅读

钛和钛合金的应用

习近平总书记在党的二十大报告中指出：“坚持把发展经济的着力点放在实体经济上，推进新型工业化。”20世纪30年代开始，一种名为“诺克斯工艺”的冶金技术开始盛行。这种技术加速了40年代和50年代钛的实际应用。最初，它被用于美国和俄罗斯的军用飞机和潜艇上。直到60年代，这种技术才开始广泛应用于商用飞机上。

钛是地球上所有金属中比强度最高的。纯钛和钢一样坚固，但其质量比钢轻45%。由于钛的比强度极高，因此钛合金成为制造飞机发动机和机身、火箭、导弹的首选材料。目前，空客A380是世界上最大的客机，每架空客A380中包括77t的钛，大部分装配在大型发动机中。

钛在人体中是无毒、无过敏性的，并且不会受到腐蚀。钛植入物能触发人体免疫系统，并直接在钛表面生长新骨骼，这一过程称为骨整合。因为钛在人体具有优良的生物相容性，所以它被广泛用作关节植入物、颅骨板、牙根植入物、人工眼、脊柱融合及尿道狭窄手术的材料。

7.5 轴承合金

7.5.1 轴承合金概述

制造滑动轴承的轴瓦及其内衬的耐磨合金称为轴承合金。根据轴承工作时的摩擦形式，轴承可分为滚动轴承和滑动轴承。滚动轴承是将运转的轴与轴座之间的滑动摩擦转变为滚动摩擦，从而减少摩擦损失的一种精密的机械元件，一般由内圈、外圈、滚动体和保持架四部分组成。滑动轴承是许多机器设备中对旋转轴起支撑作用的重要部件，由轴承体和轴瓦两部分组成。与滚动轴承相比，滑动轴承具有承载面积大、工作平稳、无噪声和拆装方便等优点。

轴承合金也称轴瓦合金，是用于制造滑动轴承（轴瓦）的材料。它通常附着在轴承座壳内，起减摩作用。当轴承支撑轴进行转动时，轴瓦表面承受一定的交变载荷，并与轴之间发生强烈的摩擦。由于轴是机器上最重要的零件，并且价格较贵，更换困难，因此在磨损不可避免的情况下，应从轴瓦材料方面确保轴受到最小的磨损。

轴承合金也称减摩合金，由美国著名冶金学家 I. 巴比特（Isaac Babbitt）发明。1839年，巴比特发明了锡基轴承合金（Sn－7.4Sb－3.7Cu），随后研制了铅基轴承合金。因此，锡基轴承合金和铅基轴承合金称为巴氏合金。

巴氏合金呈白色，常称白合金（white metal）。这种合金已发展出几十种牌号，相应合金牌号的成分十分相近，是各国广泛使用的轴承材料。巴氏合金具有软相基体和均匀分布的硬相质点组成的组织，具有较好的减摩性。

7.5.2 轴承合金的性能要求

当轴高速旋转时，轴瓦除与轴颈发生强烈摩擦外，还要承受轴颈施加的交变载荷和冲击力。因此，轴承合金需具备以下性能。

（1）足够强的韧性，以承受轴颈施加的压力、交变载荷及冲击力。

（2）较小的热膨胀系数，良好的导热性和耐蚀性，以防止轴与轴瓦之间咬合。

（3）较小的摩擦系数，良好的耐磨性和磨合性，以减少轴颈磨损，保证轴与轴瓦间良好的跑合。

为满足上述性能要求，轴承合金的组织应是软基体上分布着硬质点或硬基体上分布着软质点。当轴旋转时，软基体（或质点）会被磨损并产生凹陷，减小轴颈与轴瓦的接触面积，这有利于储存润滑油并促进轴与轴瓦间的磨合；硬质点（基体）则支撑着轴颈，起承载和耐磨作用。此外，软基体（或质点）还能嵌藏外来硬杂质颗粒，从而避免擦伤轴颈。

7.5.3 常用轴承合金

工业上应用的轴承合金种类很多，常用的有锡基轴承合金、铅基轴承合金、铜基轴承合金和铝基轴承合金等，其中锡基轴承合金和铅基轴承合金，即巴氏合金是应用最广的轴承合金之一。常用轴承合金的类别、牌号、化学成分、铸造方法、力学性能及用途举例见表7-6。

表7-6 常用轴承合金的类别、牌号、化学成分、铸造方法、力学性能及用途举例

<table>
<tr><th rowspan="2">类别</th><th rowspan="2">牌号</th><th colspan="5">化学成分（质量分数）/(%)</th><th rowspan="2">铸造方法①</th><th colspan="4">力学性能</th><th rowspan="2">用途举例</th></tr>
<tr><th>Sn</th><th>Sb</th><th>Pb</th><th>Cu</th><th>其他</th><th>R_m/MPa</th><th>$R_{p0.2}$/MPa</th><th>A/(%)</th><th>HBW</th></tr>
<tr><td rowspan="2">锡基轴承合金</td><td>ZSnSb11Cu6</td><td>余量</td><td>10.0～12.0</td><td>—</td><td>5.5～6.5</td><td>—</td><td>J</td><td>—</td><td>—</td><td>—</td><td>27</td><td>1500kW以上的高速汽轮机、400kW的涡轮机、高速内燃机轴承</td></tr>
<tr><td>ZSnSb8Cu4</td><td>余量</td><td>7.0～8.0</td><td>—</td><td>3.0～4.0</td><td>—</td><td>J</td><td>—</td><td>—</td><td>—</td><td>24</td><td>大型机械轴承及轴套</td></tr>
<tr><td rowspan="2">铅基轴承合金</td><td>ZPbSb16Sn16Cu2</td><td>15.0～17.0</td><td>15.0～17.0</td><td>余量</td><td>1.5～2.0</td><td>—</td><td>J</td><td>—</td><td>—</td><td>—</td><td>30</td><td>汽车、轮船、发动机等轻载荷高速轴承</td></tr>
<tr><td>ZPbSb15Sn5Cu3Cd2</td><td>5.0～6.0</td><td>14.0～16.0</td><td>余量</td><td>2.5～3.0</td><td>As0.6～1.0
Cd1.75～2.25</td><td>J</td><td>—</td><td>—</td><td>—</td><td>32</td><td>机车车辆、拖拉机轴承</td></tr>
<tr><td rowspan="4">铜基轴承合金</td><td>ZCuPb30</td><td>—</td><td>—</td><td>27.0～33.0</td><td>余量</td><td>—</td><td>J</td><td>—</td><td>—</td><td>—</td><td>25</td><td>高速、高压航空发动机、高压柴油机轴承</td></tr>
<tr><td rowspan="3">ZCuSn10P1</td><td rowspan="3">9.0～11.0</td><td rowspan="3">—</td><td rowspan="3">—</td><td rowspan="3">余量</td><td rowspan="3">P0.8～1.1</td><td>S</td><td>200</td><td>130</td><td>3</td><td>80</td><td rowspan="3">高速、高载荷柴油机轴承</td></tr>
<tr><td>J</td><td>310</td><td>170</td><td>2</td><td>90</td></tr>
<tr><td>Li</td><td>330</td><td>170</td><td>4</td><td>90</td></tr>
</table>

① S—砂型铸造；J—金属型铸造；Li—离心铸造。

1. 锡基轴承合金

锡基轴承合金是以锡为主要成分，加入少量锑、铜等合金元素的合金，其熔点较低，是软基体硬质点组织类型的轴承合金。典型牌号为ZSnSb11Cu6，其显微组织如图7-8所示。图中暗色组织为锑在锡中的α固溶体（软基体），白色方块是以SbSn化合物为基的固溶体（β′相硬质点），加入铜是为了防止β′相发生比重偏析。

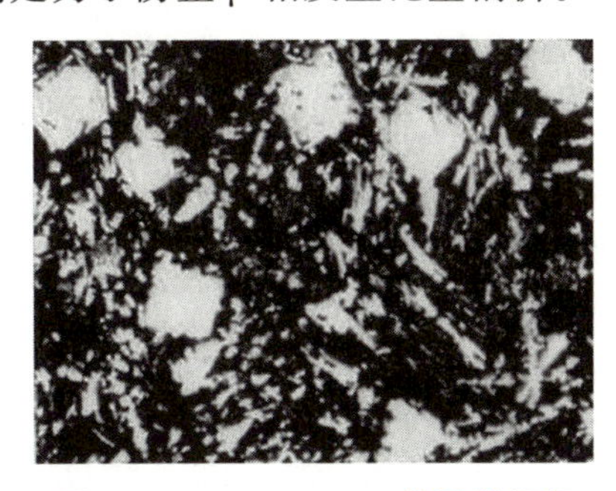

图7-8 ZSnSb11Cu6的显微组织

锡基轴承合金具有较高的耐磨性、导热性、耐蚀性和嵌藏性，摩擦系数和热膨胀系数小，但疲劳强度较低，工作温度不超过150℃。由于其高性能和高价格，锡基轴承合金广泛应用于重型动力机械，如汽轮机、涡轮机和内燃机等大型机器的高速轴瓦。

2. 铅基轴承合金

铅基轴承合金是以铅为主要成分，加入少量锑、锡、铜等合金元素的合金，也属于软基体硬质点组织类型的轴承合金。典型牌号为ZPbSb16Sn16Cu2，其显微组织如图7－9所示。软基体为（α＋β）共晶体，硬质点为白色方块状化合物SnSb，加入铜可形成针状化合物Cu_3Sn，以防止比重偏析。虽然铅基轴承合金的强度、硬度、耐蚀性和导热性都不如锡基轴承合金，但其成本低、高温强度好、有自润滑性，因此常用于低速、低载条件下工作的设备，如汽车、拖拉机曲轴的轴承等。锡基轴承合金和铅基轴承合金的强度比较低，为提高其承载能力和使用寿命，生产上常采用离心浇注法，将它们镶铸在低碳钢轴瓦上，形成一层薄而均匀的内衬，成为双金属轴承。

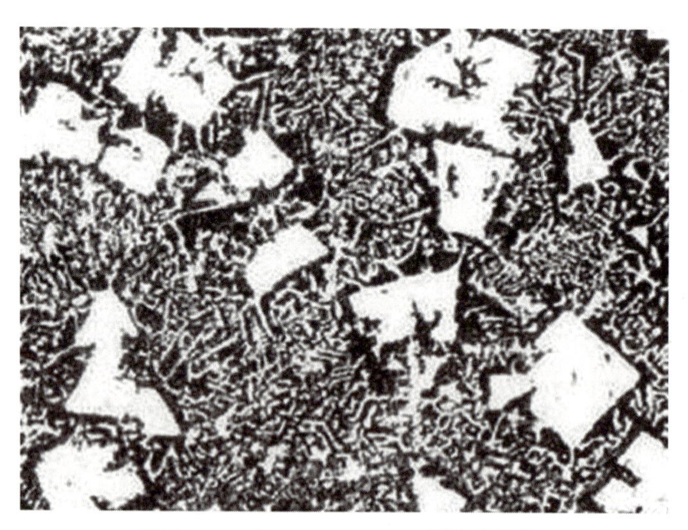

图7－9　ZPbSb16Sn16Cu2的显微组织

3. 铜基轴承合金

铜基轴承合金的组织是在硬基体铜上分布着独立的软铅颗粒。典型牌号为ZCuSn10P1、ZCuSn5Pb5Zn5等锡青铜和ZCuPb30等铅青铜。锡青铜强度高，适合于制造中速、承受较大载荷的轴承，如电动机、泵、机床上用的轴承；铅青铜具有好的耐磨性和导热性、高的疲劳强度、低的摩擦系数，工作温度可达350℃，适合于制造高速、重载条件下工作的轴承，如航空发动机、高速柴油机、汽轮机上的轴承。

4. 铝基轴承合金

铝基轴承合金一般含有锡、铜、锑、镁等合金元素，典型牌号为ZAlSn6Cu1Ni1。铝基轴承合金密度小，导热性好，疲劳强度高，价格低廉，广泛用于制造高速、高载荷条件下工作的轴承，如重型汽车、拖拉机、内燃机的轴承。

扩展阅读

地球上的有色金属之最

纯度最高的金属：用区域熔融技术提纯的锗，纯度达“13个9”（99.99999999999%）。

含量最多的金属：铝，约占地壳总质量的8%。

含量最少也最毒的金属：钋，1g钋可杀死100亿人。

最轻的金属：锂，质量相当于水的1/2，不但能浮在水面上，在煤油里也能浮起来。

熔点最高的金属：钨，熔点为3410℃，沸点为5700℃。中国是世界上最大的钨储藏国，主要有白钨矿和黑钨矿。

熔点最低的金属：汞，其凝固点为−38.7℃。

延展性最好的金属：金，1g金可拉成4000m长的细丝；若捶成金箔，厚度可达5×10^{-4}mm。

导电性最好的金属：银，其导电性为汞的59倍。

最贵的金属：锎，1975年全球生产的锎仅约1g，1g锎的价格在10亿美元左右。

最重的金属：铱，每立方米的铱重达22.65t，它的密度约为铅的2倍、铁的3倍（密度仅次于铱的金属锇，每立方米重达22.5t）。

硬度最小的金属：钠，莫氏硬度为0.4，室温下可用小刀切割。

硬度最高的金属：铬，铬是一种银白色金属，质地极硬而脆，莫氏硬度为9，仅次于钻石。

液态范围最大的金属：镓，熔点为29.78℃，沸点2205℃。

最怕冷的金属：锡，在温度低于−13.2℃时，锡便开始崩碎；当温度低于−40～−30℃时，锡会立即变成粉末，这种现象常称“锡疫”。

对人毒性最大的金属：钚，其致死性为砒霜的4.86亿倍，还是最强的致癌物质，1×10^{-6}g的钚就能使人患上癌症。

最常见的人体致敏性金属：镍，镍是最常见的致敏性金属，约有20%的人对镍离子过敏。

习　　题

一、判断题

1. 纯铝的强度、硬度高，适用于制造受力的机械零件。（　　）
2. H68表示含铜量为68%的黄铜。（　　）
3. 铝合金的热处理方式通常为固溶处理加时效处理。（　　）
4. 铝合金可以通过热处理强化。（　　）
5. 铝-镁合金系列铝合金的主要特点为密度低、抗拉强度高、断后伸长率高、疲劳强度

好，但不可做热处理强化。（　　）

6. 硬铝合金主要是铝锰系合金和铝镁系合金。（　　）

7. 以镍为主要合金元素的铜合金称为青铜。（　　）

8. 锡基轴承合金和铅基轴承合金又称巴氏合金。（　　）

9. 铝合金具有比强度和比刚度高的特点。（　　）

二、简答题

1. 为什么黄铜 H62 的强度高而塑性低，而黄铜 H80 的塑性好而强度低？

2. 滑动轴承合金必须满足哪些性能要求？常用滑动轴承合金有哪些特点？

3. 铝合金热处理强化的原理与钢的热处理强化原理有何不同？

4. 试说明钛合金的特性、分类及各类钛合金的主要用途。

参考文献

崔振铎，刘华山，2010. 金属材料及热处理［M］. 长沙：中南大学出版社.

崔忠圻，覃耀春，2020. 金属学与热处理［M］. 3 版. 北京：机械工业出版社.

戴起勋，2005. 金属材料学［M］. 北京：化学工业出版社.

邓至谦，周善初，等，1989. 金属材料及热处理［M］. 长沙：中南工业大学出版社.

谷莉，徐宏彤，2011. 金属材料及热处理［M］. 北京：中国水利水电出版社.

胡德林，1984. 金属学原理［M］. 西安：西北工业大学出版社.

胡光立，谢希文，2016. 钢的热处理：原理和工艺［M］. 5 版. 西安：西北工业大学出版社.

黄本生，2019. 金属材料及热处理［M］. 北京：石油工业出版社.

刘毅，1996. 金属学与热处理［M］. 北京：冶金工业出版社.

倪俊杰，2022. 金属热处理原理及工艺［M］. 北京：机械工业出版社.

戚正风，1987. 金属热处理原理［M］. 北京：机械工业出版社.

史美堂，1980. 金属材料及热处理［M］. 上海：上海科学技术出版社.

王进，王廷和，2020. 金属材料及热处理［M］. 北京：科学出版社.

王晓丽，张卫，2021. 金属材料及热处理［M］. 北京：机械工业出版社.

夏立芳，2008. 金属热处理工艺学：修订版［M］. 哈尔滨：哈尔滨工业出版社.

徐林红，饶建华，2019. 金属材料及热处理［M］. 武汉：华中科技大学出版社.

赵昌盛，等，2010. 不锈钢的应用及热处理［M］. 北京：机械工业出版社.